U0232365

城市群区域生态安全协同保障决策支持系统方法

方创琳　鲍　超　王振波　李广东等　著

科学出版社

北京

内 容 简 介

城市群是我国经济社会高质量发展的战略核心区，但因其快速发育带来了日益严重的生态环境安全威胁，城市群又成了生态环境问题集中治理的"重点区"。从区域协同联动角度构建科学合理的城市群生态安全格局，研发城市群区域生态安全协同保障决策支持系统，对优化城市群地区国土开发空间格局，确保实现生产空间集约高效、生活空间宜居舒适、生态空间山清水秀都具有非常重要的战略意义。本书从区域协同发展角度，以京津冀城市群为例，分析了城市群区域协同发展的规律性与生态安全保障态势，构建了城市群区域生态安全协同保障决策支持系统框架，研发了城市群区域生态安全协同会诊系统和生态安全格局优化系统，进一步研发了城市群区域生态安全协同保障决策支持系统（EDSS），生成了多要素、多情景、多目标和多重约束的协同发展方案，为生态环境容量和生态安全保障双约束下的京津冀协同发展和生态型城市群建设提供了重要的技术支撑。

本书可作为各级经济发展与改革部门、生态环境部门、城市发展与规划部门、自然资源部门工作人员的参考书，也可作为高等院校和科研机构相关专业研究生教材和科研工作参考用书等。

审图号：GS（2021）276 号

图书在版编目（CIP）数据

城市群区域生态安全协同保障决策支持系统方法 / 方创琳等著．
—北京：科学出版社，2021.7
ISBN 978-7-03-068869-9

Ⅰ．①城… Ⅱ．①方… Ⅲ．①城市群–区域生态环境–研究–中国
Ⅳ．①X321.2

中国版本图书馆 CIP 数据核字（2021）第 101264 号

责任编辑：杨逢渤 / 责任校对：樊雅琼
责任印制：吴兆东 / 封面设计：无极书装

科学出版社 出版

北京东黄城根北街 16 号
邮政编码：100717
http://www.sciencep.com

北京虎彩文化传播有限公司 印刷

科学出版社发行 各地新华书店经销

*

2021 年 7 月第 一 版 开本：787×1092 1/16
2021 年 7 月第一次印刷 印张：15 1/2
字数：370 000
定价：198.00 元
（如有印装质量问题，我社负责调换）

前　言

　　城市群是城市化和工业化发展到高级阶段的必然产物。首次召开的中央城镇化工作会议、党的十七大报告、党的十八大报告、党的十九大报告和国家连续三个五年计划都把城市群确定为国家推进新型城镇化的"主体区"。1980～2018 年，中国城市群由 1 个快速增加到 19 个，面积由 11.1 万 km^2 快速增加至 233.9 万 km^2，年均扩展速度 8.35%；建设用地由 1.6 万 km^2 快速增加至 11.86 万 km^2，年均扩展速度 5.41%。相反，城市群内的生态用地由 93.4 万 km^2 减少至 69.1 万 km^2，年均萎缩速度 0.79%；湿地由 4.6 万 km^2 减少至 2.8 万 km^2，年均萎缩速度 1.30%；生态系统服务价值由 12.61 万亿元减少至 10.14 万亿元，年均降低速度 0.57%。城市群的快速发育带来了日益严重的生态环境安全威胁，城市群成为生态环境问题集中治理的"重点区"。针对城市群快速发展面临的生态安全问题，2020 年 4 月 10 日，习近平总书记在中央财经委员会第七次会议上的讲话中明确指出："增强中心城市和城市群等经济发展优势区域的经济和人口承载能力，这是符合客观规律的。同时，城市发展不能只考虑规模经济效益，必须把生态和安全放在更加突出的位置，统筹城市布局的经济需要、生活需要、生态需要、安全需要。要坚持以人民为中心的发展思想，坚持从社会全面进步和人的全面发展出发，在生态文明思想和总体国家安全观指导下制定城市发展规划，打造宜居城市、韧性城市、智能城市，建立高质量的城市生态系统和安全系统。"如何从区域协同联动角度构建科学合理的城市群生态安全格局，研发城市群区域生态安全协同保障决策支持系统，为城市群地区生态安全保障提供技术支撑，是当前需要解决的现实技术问题。

　　为了解决这一现实技术问题，国家重点研发计划选择生态环境问题较为突出的京津冀城市群，专门立项开展了"京津冀城市群生态安全保障技术"的研究，特设"京津冀城市群区域协调联动与生态安全保障决策支持系统研发"课题（编号 2016YFC0503006），针对京津冀城市群生态环境问题的区域性、复合性特点及对系统决策支持的国家需求，运用 GIS 一体化开发平台和地理空间优化模拟技术，在对城市群区域协同发展现状及存在问题进行客观评述的基础上，研发了城市群区域生态安全协同会诊系统和生态安全格局优化系统，进一步研发了城市群区域生态安全协同保障决策支持系统（EDSS），生成了多要素、多情景、多目标和多重约束的协同发展方案，为生态环境容量和生态安全保障双约束下的京津冀协同发展和生态型城市群建设提供了重要的技术支撑。通过 EDSS 系统的研发与应用示范，实现了对京津冀城市群及不同发展阶段与不同类型城镇化地区生态安全状况的会诊评估，进而对城市群区域生态安全进行联防联控，对生态安全格局进行联合优化，对受损生态空间进行恢复，协同提升其生态系统服务功能。本书各章撰写分工如下：

前言   方创琳

第一章 城市群区域协同与生态安全保障研究进展   范育鹏

第二章 城市群区域协同发展的规律性与生态安全保障态势   方创琳

第三章 城市群区域生态安全协同保障决策支持系统设计   方创琳

第四章 城市群区域生态安全协同会诊系统研发   王振波，方创琳

第五章 城市群区域生态安全格局优化系统研发   李广东，方创琳

第六章 城市群区域生态安全协同保障决策支持系统研发

鲍超，方创琳，王振波，李广东

全书由方创琳负责统稿。本书在撰写过程中，先后得到中国科学院生态环境研究中心陈利顶研究员、周伟奇研究员，中国科学院地理科学与资源研究所李秀彬研究员、马海涛副研究员、孙思奥副研究员、张蔷高级工程师等的指导和帮助，博士生崔学刚、罗奎、任宇飞、杨智奇、陈丹、牟旭方等协助搜集了大量资料、完成了数据加工和制图工作。在此对各位老师和同学付出的辛勤劳动表示最真挚的感谢！

作为一位从事城市发展研究的科研工作者，研究中国城市群是笔者学术生涯中的重要主题，由于对城市群区域生态安全协同保障决策支持系统研究的热点难点问题至今尚未形成共识，学术界、政界和新闻界仁者见仁、智者见智，书中不妥之处在所难免，敬请广大同仁批评指正！本书在成文过程中，参考了许多专家学者的论著或科研成果，文中对引用部分一一做了注明，但仍恐有挂一漏万之处，诚请多加包涵。竭诚渴望阅读本书的同仁们提出宝贵意见！期望本书为中国城市群的生态建设和生态安全格局优化提供科学决策依据！

2020 年 10 月于中国科学院奥运村科技园区

目　　录

第一章 | 城市群区域协同与生态安全保障研究进展

城市群是国家新型城镇化与经济发展的战略核心区，又是生态环境问题比较突出、亟待治理的"重点区"。1980~2018 年，我国城市群以年均 8.35% 的速度快速扩展并在承载全国 80% 经济总量的同时，导致生态用地减少 24.3 万 km^2，生态环境安全受到严重威胁。城市之间尚未建立有效的区域协调联动机制，产业布局一体化和生态建设及环境保护一体化程度不足，导致生态用地减少，生态系统服务价值下降，生态风险加大。如何从区域协调联动角度构建科学合理的生态安全格局，研发城市群区域生态安全协同保障决策支持系统（EDSS），为城市群地区生态安全保障提供技术支撑，是当前需要尽快解决的现实问题。本章针对区域协同和生态安全保障等理论及技术方法，从问题由来、内涵、机制、理论与方法及评估保障等方面，系统梳理了城市群区域协同与生态安全保障研究的总体进展，为进一步研制城市群区域生态安全协同保障决策支持系统奠定基础。

第一节 区域协同研究进展

区域协同是实现可持续发展的必然趋势。一方面，区域协同是我国实现区域经济持续发展的内在要求；另一方面，对于公共危害的系统性治理也驱动着区域之间的协同。区域之间存在非帕累托最优、无效率和不公平问题，区域经济差距日益明显，区域发展不均衡的矛盾日益尖锐，必然涉及协同机制的建立。京津冀城市群区域环境污染的跨域性复杂特点，要求加强环境保护与生态建设的协同性。加强对京津冀区域环境保护的协同研究，提出可行性对策，对京津冀城市群区域环境保护与生态安全具有重要意义。

一、区域协同问题

（一）问题的提出

1. 区域协同发展的客观要求

早在 20 世纪中期，一些经济学家就在传统发展经济学经济增长理论的基础上提出了新古典区域均衡发展理论。Rosenstein Rodan（1943）的大推进理论主张发展中国家应该全面发展产业，突破发展瓶颈，实现经济高速发展。Perroux（1950）提出了增长极理论，该理论承认了区域发展存在不均衡的现实特征，推翻了新古典均衡理论，认为集中力量发展优势主导产业，可以通过外部经济和产业之间的关联乘数效应推动其他产业发展。Hirschman（1958）从集聚的视角来分析"核心–外围"理论，认为在区域经济发展不平衡的条件下，区域发展会形成核心地区和边缘地区。不均衡理论承认了区域不均衡发展这一事实，却未能找到破解这一问题的合适路径。典型的非均衡发展理论包括梯度理论、反梯度转移理论、增长极理论和网络开发理论。梯度理论、反梯度转移理论都强调通过产业转移推动区域协调发展，不同的只是转移顺序，但是这两个理论都会导致产业的重复，引发经济结构趋同等问题。虽然增长极理论的研究已经深入产业层面，但过度强调增长极反而忽视了区域协调、配套发展的分析。网络开发理论强调了区域间网络化结构形成的重要性，但简单的网络化效应分析缺乏有效的说服力。不管是均衡发展理论还是非均衡发展理论都表达了对区域协调发展的期望，也提出了相应的解决方法，但都具有局限性。

改革开放以来，我国区域经济从东部率先发展到西部大开发、振兴东北老工业基地、中部崛起，经历了从非平衡发展到追求平衡发展的历程。当前，区域协调发展成为经济研究的热点问题，区域协调理论也随着区域经济发展而演进，区域协调机制的研究主要集中在协调机制的构建及对区域发展的影响等方面。区域协调是人口、资源、环境、发展大系统的协调发展（毛汉英，2018），一些学者针对如何构建区域协调机制提出建议，如杨刚强等（2012）以土地兼具资源、资产和资本"三位一体"属性为基点，从土地要素供给、土地资产价格、土地金融三个方面构建了土地政策差别化调控区域协调发展的传导路径，研究表明差别化土地政策有利于提高土地资源的空间配置效率，增强区域发展活力，促进区域协调发展。自 20 世纪 90 年代区域经济协调发展理念被提出起，学者们就对其内涵进行了深入的研究。覃成林和姜文仙（2011）、覃成林等（2011）从市场开放程度、经济联系程度及经济发展方向三个角度出发，定义了区域经济协调发展，认为在区域开放的条件下，在区域间的联系和依赖程度不断加深，区域经济发展关联并且相互存在正向的促进作用的情况下，如果各区域经济持续发展并且差距越来越小，那么该区域就实现了经济协调发展。区域经济协调发展首先要保证经济发展总量和效率提升，然后采取相应的措施促进区域经济的均衡发展，将区域之间的经济差距保持在适当的范围，进而实现充分发挥区域比较优势，实现区域间相互促进、共同发展的目标。范恒山（2013）在充分调查我国经济发展水平后，认为区域经济协调发展应该包含五大内涵：一是区域间人均 GDP 差距应处于合理范围内；二是不同区域的居民可以平等地享用基本公共服务；三是地域比较优势得到充分有效发挥；四是区域间良性互动；五是人与自然协调发展。虽然不同学者对区域经济协调发展内涵的研究有所不同，但都强调了区域比较优势和区域开放在区域经济协调发展过程中的重要性。总体来说，区域经济协调发展是指在国民经济发展过程中，一方面要保持国民经济整体高效运行和适度增长，另一方面要促进区域经济的发展，并且区域之间的发展差异要稳定在适当的范围内，从而实现各区域协调互动、共同发展的理念。区域经济协调发展理念表达了各区域和谐共处、共同发展的基本诉求。

2. 污染协同治理的迫切需求

20 世纪 70 年代开始，欧盟开始重视土壤资源保护和污染治理，通过制定《欧洲土壤宪章》强化对土壤的保护。1998 年欧盟成员国之间确定了有关土壤保护的政策目标，明确了应当遵循的共同原则，2004 年土壤保护被列为欧盟六个环境行动计划重点战略之一。有关区域环境污染防治的协同治理理论同样始于 20 世纪 70 年代，欧盟提出要在成员国之间针对环境污染问题进行统一规范、统一行动，提出了"环境无国界"的口号（孙法柏，2013），目的在于推动欧盟范围内环境污染整体的治理。这是欧盟在有关环境污染治理领域的重大探索。欧盟于 1972 年出台了《欧洲土壤宪章》，1973 年出台第一个环境行动计划（1973～1976 年），要求欧盟各个成员国的环境政策和行动纲领由区域统一协商制定，破除了原先各国孤立地制定本国环境政策的机制。加强政府间在环境领域的合作使欧盟内部的环境政策逐步具有了统一性和整体性，为之后各国土壤污染跨区域治理奠定了基础。Morrison 和 Wolfrum（2000）分析了区域环境污染协同治理的必要性和重要意义，并对相关机制的建立提出了建议。Davies（2017）提出要建立相应的法制协调机制，以促进欧盟成员国之间的环境污染协同治理，并明确了有关环境法原则。

美国在 20 世纪 30 年代爆发"黑色风暴"事件后开始了对土壤资源进行立法保护，如《土壤保护法》（1935 年）、《固体废物处置法》（1967 年）、《综合环境反应、赔偿和责任法》（1980 年）等法律法规，这一系列法律文件强化了对土壤的保护和对污染的治理（Sands and Peel，2012）。美国学者 Mandell（1988）提出了区域协调的理论，主张各州政府要进行环境污染治理的协作，各州之间应当建立环境治理网络。Burby 和 May（1998）提出了区域协调治理环境问题的理论，并分析了这项制度的优势。Percival 等（2017）也运用区域公共物品理论，提出了要将区域内的环境看作区域公共物品，并作为一个整体进行污染防治和政策制定。这些研究成果都为美国国内环境问题的跨区域治理提供了理论指导，也是区域环境理论的重要组成部分。

日本 1970 年颁布了《农用地土壤污染防治法》，对农用地的土壤污染进行了规制（朱静，2011）。20 世纪 70 年代后期，日本开始对土壤污染进行立法保护，通过制订《土壤污染对策法》等一系列法律文件保护土壤环境（陈平和李金霞，2015）。环境污染的区域协同理论也随之被提出，日本学者户田清在著作《探求环境的公正》中提出环境正义是在环境利益以及环境破坏的负担上的公平（王子彦，1999）。而各区域在享受环境利益与环境破坏的负担上又是不公平的，这也推动了日本土壤污染防治跨行政区域的合作。

（二）京津冀城市群区域协同发展概述

20世纪80年代中期，我国开始实施国土整治战略，将京津冀地区作为"四大"试点地区之一（其他三个试点地区是沪苏浙、珠江三角洲和"三西"煤炭能源基地），要求环渤海和京津冀地区开展全面的国土整治工作，以实现区域分工协作，发挥资源比较优势，治理生态环境，开展跨区域基础设施建设，优化产业和人口布局，实现区域协调发展。这次区域合作在跨区域交通基础设施建设、水资源节约利用、土壤污染等方面取得了一定成效，为以后的区域合作打下了一定基础。

2004年，为配合北京市新的功能定位和天津市滨海新区建设，国家发展和改革委员会（简称国家发展改革委）牵头在河北省廊坊市举行了京津冀三方政府、企业和学者等各界人士参与的京津冀区域合作论坛，并达成了著名的"廊坊共识"，提出了在公共基础设施、资源和生态环境保护、产业和公共服务等方面加速一体化进程的愿望，标志着理论界研究探讨了多年的区域经济发展战略问题由务虚转入了实质性操作阶段。2014年2月底，京津冀协同发展上升为国家发展战略，京津冀真正步入协同发展快车道。

近年来，京津冀区域环境污染问题引起政府和社会的广泛关注，致力于区域生态环境协同保护的趋势不断加强，区域发展战略由以往注重区域经济发展合作转向了注重区域经济与生态环境的共赢。尤其是近几年，京津冀区域在环境保护方面做了不少努力，区域协同发展不断增强。京津冀三地不仅享受着区域合作带来的经济红利，而且区域环境保护问题也已提上议事日程。京津冀区域生态环境协同发展是改善京津冀环境污染问题的重要战略定位。京津冀生态环境问题已成为该区域的"短板"，生态环境作为公共产品，具有较强的外部性，环境污染又具有跨域性，凭借地方政府一己之力，无法真正解决区域环境污染问题，或者说只解决一个地方的问题不可能从本质上解决区域环境问题。这就需要综合区域内不同地区以及多元主体的力量，形成区域合力，推进京津冀区域生态环境保护的协调联动（王雪莹，2016）。

2015年12月，《京津冀协同发展生态环境保护规划》正式发布，将改善区域生态环境质量落到实处。京津冀区域环境保护协同发展的重要性备受关注，众多专家学者针对该区域环境保护协同问题从不同角度进行了研究，并建言献策。但是由于三地间存在着利益博弈、相关规定缺乏、企业意识薄弱等多重阻碍因素，较为完善的京津冀区域环境保护协同机制体系尚未形成。京津冀区域环境保护协同效率比较低，需要进一步研究与完善京津冀区域环境保护协同的长效机制，建立利益补偿机制和利益协调保障机制，推动京津冀协同发展。

二、区域协同内涵与机制

（一）城市群区域协同的概念

"协调"一词，在《现代汉语词典》中的意思是"①配合得适当；②使配合得适当"。在《新华字典》中"协"的含义是"共同合作，辅助"，"调"的基本解释是"搭配均匀，使配合均匀"。"协同"是指元素对元素的相干能力，表现了元素在整体发展运行过程中协调与合作的性质。"联动"指若干个相关联的事物，一个运动或变化时，其他的也跟着运动或变化，具有"联系"和"互动"之意。区域协调发展核心在于不同区域的产业分工与协作，不同区域根据各自优势条件选择优势产业加以扶持发展，避免产业结构的趋同性，实现在整体上互补互利。

协调联动机制理论上起源于协同理论。协同学即"协同合作之学"，由德国著名物理学家赫尔曼·哈肯于 20 世纪 70 年代创立。协同学是研究由完全不同性质的大量子系统诸如电子、原子、分子、细胞、神经元、力学元、光子、器官、动物乃至人类所构成的各种系统，是研究系统从无序到有序的理论，力图阐明在具体性质极不相同的系统中产生新结构和自组织的共同性，揭示合作效应引起的系统自组织作用。自组织是开放系统在子系统的合作下出现的宏观尺度上的新结构，自组织过程是一种非平衡相变（系统所处的不同结构或状态称为不同的相，在一定条件下，系统从一种相转变为另一种相的现象称为相变过程）。产生于自然科学研究领域的协同学为公共危机管理研究提供了不少有益的启示，也为人们认识和分析公共危机管理系统提供了有效的工具。首先，协同学的基本概念如协同、竞争、序参量、支配、涨落等及相关原理深刻地揭示了系统从无序到有序演化的内部过程和机制；其次，协同学指出非线性相互作用是系统演化的动力，并用数学语言表述非线性相互作用的特点和效能，这为人们认识系统演化的机制提供了科学的思维方式和方法。区域发展动力是由系统内各个组织单元以及各自之间的非线性相互作用，推动区域发展从无序到有序演化。

党的十九大报告提出建设现代化经济体系的任务之一就是实施区域协调发展战略，提出"要以城市群为主体、构建大中小城市和小城镇协调发展的战略格局"。在城市群快速发展的背景下，如何认知城市群发展对区域协调发展、城乡协调的影响？城市群是国家实现区域协调发展和城乡协调的重要支撑，城市群规划要强化中小城市发展，增强小城镇的公共服务和居住功能，城市群之外的地区应促进区域性中心城市发展，从而带动周边地区发展。区域发展不协调问题是区域发展空间结构调整滞后的问题。中国区域发展空间结构战略性调整，从东、中、西"三大地带"，到东、中、西、东北"四大板块"，再到"一带一路"、京津冀协同发展、长江经济带、粤港澳大湾区、黄河流域生态保护与高质量发展等，是在全国范围对区域发展不协调进行的治理。中国区域空间结构调整已发生了三次阶段性转型：第一次转型是以农村为主导向以城市为主导转型，出现了城市化；第二次转型是城市化发展由以单个城市为主导向以城市群为主导转型，出现了城市群；第三次转型是城市群发展由单中心、层级化向多中心、网络化转型（程必定，2015）。严汉平和白永秀（2007）提出区域协调发展不仅是指地区、行业以及城市与乡镇之间的协调发展，而且要整体上体现出一个国家或地区经济社会发展各个方面的全面进步和国民生活水平的普遍提升。魏后凯和高春亮（2011）指出区域协调发展应该具有全面的协调发展、可持续的协调发展、新型的协调机制三方面的含义。区域协调发展要求在不断提高各区域经济增加值的同时，处理好人与自然、地区之间、经济与社会，以及当前与未来的关系，以促使区域结构、区域关系形成一种良性循环态势（李裕瑞等，2014）。概括地讲，区域协调就是要在促进各区域经济增长的同时，能够维持各个区域的经济系统、社会系统与生态系统都良性运转，区域协调的本质是不同区域不同群体利益的共同增进。区域分工的利益分配不均造成的区域冲突与区域差距的现实状况长期存在，区域之间无法消除的区域竞争也会长期存在。值得注意的是，区域协调发展并不是不允许存在区域发展差距，而是要把区域发展差距、地区消费水平差距控制在合理的范围内。

（二）城市群区域协同的机制和作用

在我国以城市群为主体构建大中小城市和小城镇协调发展的城镇格局背景下，把握群核、群网、群集、群合、群力的生成规律及其协调联动与融合趋势，对于城市群建设是极为重要的。实现区域整体协调发展是区域发展的最终目标，而区域协调机制正是区域实现真正协调发展目标的重要途径。区域协调发展机制实际上是一套从目标内容到实际操作的完善体系，具体包括区域协调发展的根本目标、协调内容、协调主体、协调手段、协调程序等。区域协调发展是一个全面的目标，应包括两个方面的内容：一是区域内部各个要素在不同地域空间上的整体发展，强调的是区域内部子系统的协调，也就是以地方政府利益为主体的不同地区之间产业结构的协调发展、区域空间结构的协调发展、区域基础设施建设的协调发展、资源环境开发与保护的协调发展以及区域内部各种行政关系的协调发展；二是区域作为一个利益整体对外与不同区域利益主体之间的协调，包括如何建立完善区域规划机制以及区域发展合作机制。这两方面相辅相成，共同构成区域整体协调发展的主要内容和目标体系，是区域协调发展目标实现的前提，也是区域协调机制建立的又一重要依据。区域协调机制的建立与完善实际上是一个组织创新的过程，其本身也是区域协调发展必不可少的一部分。

区域协调的行为主体行使和担负区域协调的权利与责任。行为主体代表区域整体利益的机构组织，是各种协调措施手段的具体执行者，参与并组织各种特定的协调程序。对于区域发展而言，区域协调的行为主体兼有"协调员"和"指挥员"的双重职责，既要调解区域内部的现有矛盾，又要统筹安排关系趋于整体协调发展的重要事务。中央政府与地方政府、专设的区域协调机构、地方政府的协作组织，以及各种非政府组织如行业协会、各种学术和研究机构等都可以承担部分的区域协调工作，但由于它们在国家和区域社会经济生活中的性质和功能不同，其发挥的作用也不同，采取的协调措施也各具特色。协调手段是协调的行为主体为协调矛盾、解决问题采取的方法、措施，它既可以是直接的行政命令；也可以是法律手段，如按照法定方式进行裁决；还可以是经济手段，如利用转移支付和政府拨款等财政政策来引导区域的发展。作为政府对区域发展干预的一个方面，区域协调在协调手段上与政府干预的手段具有继承性。协调的程序是指在协调过程中关于协调行为发生和利益主体介入的顺序、期限的详细规定，主要包括区域协调组织的程序和区域协调工作的基本程序，应当是公开的、公平的和高效的。

（三）区域协同的战略意义

实施区域协调发展战略，对增强区域发展协同性、拓展区域发展新空间、推动建设现代化经济体系、实现"两个一百年"奋斗目标，都具有重大战略意义。

1. 实施区域协调发展战略是增强区域发展协同性的重要途径

区域差异大、发展不平衡是我国的基本国情。区域发展战略是经济社会发展战略的重要组成部分。1999 年以来，我国逐步形成西部开发、东北振兴、中部崛起、东部率先的区域发展总体战略。党的十八大报告提出建设"一带一路"倡议和京津冀协同发展、长江经济带发展战略，推动形成东西南北纵横联动发展新格局。党的十九大报告根据我国社会主要矛盾的变化，立足于解决发展不平衡不充分问题，以全方位、系统化视角提出今后一个时期实施区域协调发展战略的主要任务，着力提升各层面区域战略的联动性和全局性，增强区域发展的协同性和整体性，必将进一步开创我国区域协调发展新局面。

2. 实施区域协调发展战略是拓展区域发展新空间的内在要求

随着大规模基础设施特别是高速铁路网和通信网的建设，我国区域间互联互通达到前所未有的水平，为从整体上形成东西南北纵横联动的区域发展新格局创造了条件。城镇化进程加快，推动城市群和都市圈在经济社会发展中扮演越来越重要的角色。与此同时，海洋经济迅猛发展，拓展蓝色经济空间的重要性日益显现。实施区域协调发展战略，将区域、城乡、陆海等不同类型、不同功能的区域纳入国家战略层面统筹规划、整体部署，推动区域互动、城乡联动、陆海统筹，对于优化国土空间结构、拓展区域发展新空间具有重大战略意义。

3. 实施区域协调发展战略是推动建设现代化经济体系的重要支撑

区域经济是国民经济体系的重要组成部分。当前，我国经济已由高速增长阶段转向高质量发展阶段，区域经济发展必须加快转变发展方式、优化经济结构和转换增长动力。实施区域协调发展战略，推动各区域充分发挥比较优势，深化区际分工；促进要素有序自由流动，提高资源空间配置效率；缩小基本公共服务差距，使各地区群众享有均等化的基本公共服务；推动各地区依据主体功能定位发展，促进人口、经济和资源、环境的空间均衡，进而实现各区域更高质量、更有效率、更加公平、更可持续的发展，将对提高我国经济发展质量和效益、建设现代化经济体系发挥重要支撑作用。

4. 实施区域协调发展战略是实现"两个一百年"奋斗目标的重大举措

实施区域协调发展战略既是增强区域发展协同性的重要途径，也是拓展区域发展新空间的内在要求，更是建设现代化经济体系，实现"两个一百年"奋斗目标的重要支撑。党的十九大从全方位、系统化的角度提出今后一个时期实施区域协调发展战略的主要任务，推动形成以长江经济带绿色发展、京津冀协同发展、长江三角洲一体化发展、粤港澳大湾区建设、黄河流域生态保护与高质量发展等国家战略为核心，东西南北纵横联动发展新格局。这就需要将区域、城乡、陆海等不同类型、不同功能的区域纳入国家战略层面统筹规划、整体部署，推动区域互动、城乡联动、陆海统筹的协调发展模式，支撑我国现代化经济体系更高质量、更有效率、更加公平、更可持续的发展。

5. 城市群是区域协调联动的重要载体和实践对象

规模效应、技术外溢和不完全竞争会引导经济活动在空间集中。在市场机制作用下，各类生产要素也会自发向资本回报率高的地区集聚。这种集中和集聚多在城市中实现，发展到一定阶段，就逐步形成了城市群。城市群有利于促进要素自由流动，不断拓展市场边界；有利于形成规模经济，降低企业的生产成本和交易成本；有利于劳动分工、知识溢出，产生正外部性，促进创新并带动收益递增；有利于在区域内形成合理的发展格局和健全的协调机制。换句话说，城市群通过引领区域经济转型升级、资源高效配置、技术变革扩散，在增强区域经济活力、提升区域经济效率、促进区域协调联动方面发挥着重大作用。

三、城市群区域协同研究进展

（一）区域公共危机管理协同研究

协调联动最早出现在公共危机管理领域，当时世界上许多国家都建立起城市应急联动系统。其原因是，城市居民希望在人身或财务受到侵害时，能够得到政府及时、高效的救助服务，政府也希望通过提供紧急救助服务的方式架起政府与市民的桥梁，更好地为市民服务，稳定社会。另外，政府可以利用这个系统对重大突发事件进行统一指挥，以减轻各种灾害带来的损失。

从危机信息和沟通视角进行的研究。Salmon 等（2011）研究了军方试图与民间组织合作开展危机管理出现的问题，确定了在多机构应急反应期间妨碍机构间协调的一系列因素，提出了消除这些障碍和增强协调水平的潜在解决方案。

从决策视角进行的研究。Annelli（2006）概述了美国所有政府部门普遍建立的事件管理系统——国家事件管理系统，该系统已纳入美国农业部机构的程序，这一模式增强了美国农业部在可能影响美国农业大范围紧急事件中的有效性，包括自然灾害（如地震、旱灾、飓风、虫害和疾病暴发、荒野或其他类型的灾害），建立了以计算机为基础的系统模型来支持危机管理协调联动中的群体决策。

从实证角度进行的个案研究。Jain（2006）通过对弗吉尼亚州当地从业者的民意调查，分析了弗吉尼亚州地方对联邦国土安全优先事项的接受程度。一些学者认为由于京津冀三地地理位置毗邻以及空气的流动特性，仅仅依靠地方政府各自为政的治理方式存在很大局限性，往往会高投入、低回报，继而从府际关系的视角来研究京津冀雾霾治理的区域联动机制问题，阐述了京津冀雾霾治理过程中的央地关系、地方政府的横向府际关系以及地方政府部门间的联动机制，在此基础上挖掘京津冀雾霾治理府际联动过程中存在的深层问题，最终提出联动应对之策（寇大伟和崔建锋，2018；韩兆柱和卢冰，2017；郭施宏和齐晔，2016）。还有一些学者分析了城市群协调发展战略问题。王雅莉和宋月明（2016）认为传统经济体制、地方产业链没有形成，以及核心城市功能不突出是辽中南城市群集聚力偏弱的主要原因，提升辽中南城市群集聚力的重点是打破行政垄断，积极引入社会资本促进产业链形成。长株潭城市群发展的主要问题在于整体层次不高，创新能力不强，行业的外向度、企业的国际化水平较低，部分产能明显过剩，破解这些问题，必须三市统筹协调，进行高水平的顶层设计（宋姣姣和彭鹏，2017）。而天山北坡城市群的发展要重点解决水资源和生态环境的压力较大、城市之间发展不平衡、兵地融合，以及跨行政区域政策协调等问题（段祖亮等，2013）。

从其他视角进行的研究。有些研究基于地理信息系统（geographic information system，GIS）的视角对危机管理的协调联动进行了探析，提出了危机管理的策略，即指挥、控制、沟通、协调和合作，并指出协调联动是危机管理的基础，危机管理系统的正常运转离不开多层次协调联动的运行（Tomaszewski et al.，2015）。基于协调理论和任务技术拟合理论，Shen 和 Shaw（2004）建立了一个模型以更好地理解信息技术对应急响应系统协调的影响，并提出了相应的协调机制。此外，有学者着眼于社会力量的参与，指出形成全社会处理危机事件协调互动的良好氛围对提高危机效能十分重要（周芳检和何振，2018）。

（二）区域经济与产业间协同研究

区域经济合作是优化资源配置，增强竞争优势的重要手段，对我国经济发展有重要推动作用。全毅文（2017）提出要通过建立区域经济合作利益分享与补偿机制开拓区域合作发展的新局面，平衡各经济合作主体的利益冲突，提高区域竞争能力。徐现祥和李郇（2005）以长江三角洲城市群为例进行实证分析，定量分析地方政府自愿成立协调组织、主动推动市场一体化进程对地区协调发展的影响。结果发现在 1990～2002 年，市场分割确实阻碍了长江三角洲地区的协调发展，但随着地方政府自愿成立协调组织、主动推动市场一体化进程，市场分割对区域协调发展的阻碍作用逐年下降，这表明市场一体化有利于区域协调发展。方创琳（2011）建议组建国家级城市群协调发展管理委员会和地方级城市群协调发展管理委员会，建立跨城市的行业协调组织，确立协同共治理念，建立城市群横向利益分享机制和利益补偿机制。刘普和李雪松（2009）以经济外部性为基础建立了区域关联效应模型，发现区域关联效应具有乘数关系，并探讨了"区域合作和区域经济一体化"与"区域补偿政策"这两种区域协调机制的运行机理和实际运用。杜荣江和蔡元成（2014）对长株潭城市群一体化、协调发展机制和模式进行了实证研究；莫师节（2010）、夏艳华（2011）、陈晨（2012）研究了产业转移、网络化治理等区域协调发展路径。王庆明（2013）对环渤海地区应急管理协调联动机制构建过程中存在的问题及原因进行剖析，提出建立环渤海地区应急管理协调联动机制的建议，内容主要包括加强区域协调机构建设；完善区域协调联动工作内容，推动机制建设的制度化与规范化；完善区域协调联动机制评价体系，落实问责制度；建立区域应急协调联动系统，提供整合应急资源的平台。王海杰和陈稳（2018）选取郑州航空港经济综合试验区与长江三角洲经济区作为研究对象，在要素流动加剧和跨区域联动发展应运而生的背景下，重点探究郑州航空港经济综合试验区与其他经济区的区域联动机制，指出统筹协调区域联动发展规划是引导区域间发展合理布局的关键，在此基础上适当的利益协调机制能够促进区域之间资源要素的高效流转、合理配置，并加强区域间的联系。姚鹏（2018）对我国区域比较优势的类型及比较优势的演化进行了深入分析，从而提出促进区域协调联动的路径及重点任务，即优化区域分工格局，实现产业联动发展；优化空间格局，实现空间联动；深化区域合作，促进一体化发展；发挥重点地区的引领带动作用；支持单一结构地区转型发展。

充足的原料以及物流的高效支持是实施全球化战略的基础，制造企业的协调发展是提升公司竞争力的重要手段之一。制造全球化依赖于有竞争性的网络：一是产品链的资源配置和设备位置；二是产品设施间的链接与整合，即协调（高波阳，2017）。随着信息技术的发展和广泛应用，现代物流业等生产性服务业与制造业间的边界越来越模糊，两业协同关系出现了相互融合、相互渗透的发展趋势（Francois and Woerz，2008）。Xia 和 Zhou（2009）分析了制造业集群和生产性服务业的协同共生关系，认为两者间共生关联，且两业协同发展时的产出水平要远大于单独发展时的产出水平。叶茂盛（2007）对现代物流业与制造业升级互动关系进行了研究，认为现代物流业和制造业相互影响、相互作用；制造业为物流业提供了先进的装备和技术，制造业的发展释放了物流需求，同时物流业的发展推动了制造业的技术改进。张孝琪等（2013）通过构建制造业与物流业联动发展的协调性评价模型，对芜湖市制造业与物流业联动发展进行了实证研究，发现芜湖市制造业与物流业的协调性不断增强，两者关系从临界协调发展逐渐转变为高度协调发展。肖晓昀（2016）综合运用复合系统协调度模型和耦合协调度模型，测算制造业与物流业协调性程度并探究其协调阶段以及动态演变规律；鉴于不同要素密集型制造业与物流业供需关系存在一定差异，度量各细分制造业与物流业的协调程度，判定所处协调阶段。

（三）城市群区域协同测度评估方法

测度区域经济协调发展程度是进行后续研究的基础，国外学者主要采用间接方法对区域经济协调发展程度进行测度，从经济趋同、经济差距和经济空间联系等方面出发，反映区域经济协调发展的内在机理。而国内学者主要是通过建立相应的指标体系，通过一系列统计方法直接测度，更直观有效。两种方式各有优缺点，在以后研究中应该将两种方式结合起来对区域经济协调发展程度进行测度（梁伟杰，2018）。Chen 和 Fleisher（2001）在利用索洛（Solow）模型分析中国各省区市经济数据时发现，改革开放战略的推行使中国各省区市人均收入发生了相反的发展趋势，呈现出速度为 5.6% 的条件趋同状态。不同于以上学者，Demurger（2001）在运用 Barro 模型研究中国各省区市 1985~1999 年经济发展情况时发现，各省区市之间不存在绝对趋同现象，而存在相对趋同效应。在国外学者研究基础上，国内学者也进行了较多的研究。沈正平等（2007）在阐述产业地域联动内涵的基础上，对其测度方法进行了讨论，并以苏北、苏中、苏南为代表，定量分析了近年来三大区域产业联动的实际状况，提出了加快产业地域联动促进江苏区域经济发展的对策建议。徐子青（2009）构建了以区域联动影响因素为基础，体现区域联动效果和程度的区域联动发展评价指标体系，旨在对各区域联动发展进行实证分析和量化评价，判断区域联动发展所处阶段，从而为推动区域经济步入一体化和协调发展之路提供政策依据。刘钊和李琳（2011）基于 Malmquist 指数，对 1997~2008 年环渤海区域产业联动促进区域经济协调发展效率进行了评价，结果表明产业联动有效地促进了环渤海区域经济协调发展，但表现出明显的波动性和区域差异性。韩兆洲等（2012）将我国各省区市经济情况作为研究对象，利用空间自相关莫兰指数对其进行空间自相关检验，结果显示我国区域经济发展空间相关性较为明显，并基于此提出了区域经济协调发展的相关建议。覃成林等（2013）以我国四大区域和各省区市为研究对象，分别计算了空间莫兰指数、区域经济增长系数和区域经济差异系数，并将这三个系数合并起来作为衡量区域经济协调发展的综合指标，结果显示我国区域经济发展水平在不断提高。王佳丽（2017）通过构建城市群新型城镇化水平测度模型，从城市群整体层面、内部城市层面、新型城镇化人口-经济-土地-社会-资源环境子系统层面分析成渝城市群新型城镇化水平与协调发展的演进过程及影响因素，认为制约其协调发展的主要原因在于缺少有效的区域协调机制。

在国家与地区发展中，经济、社会、生态子系统的目标应按系统论观点进行协调。这种协调不是各个子系统目标的简单相加，而是强调各目标之间的相互依存和有机统一。能源、经济和环境之间实现协调发展，是国家与地区和谐发展的主要表征。刘志亭和孙福平（2005）以协调发展相关理论为基础，提出了能源-经济-环境（3E）协调度概念，建立了相应的协调度评价模型，并据此对我国 30 个省区市（因缺乏数据未包含西藏和港澳台）进行了 3E 协调度的计算、排序和评价分析。

（四） 城市群区域协同保障机制研究

区域经济协调发展就是区域内部的和谐及与区域外部的共生，发展机制大致可以从政府、市场、企业三个方面来探析。Barro（1990）发现政府公共支出是影响经济发展的重要内生变量之一，因此可以通过改善单个生产要素的生产效率的方式来实现经济增长。Devarajan 等（1996）将地方财政支出分为资本性财政支出、经常性财政支出两类，并且发现两大支出对于区域经济有着截然相反的作用，经常性财政支出会对区域经济增长产生积极影响，而资本性财政支出会对经济增长产生消极影响。因此，要有选择地发挥政府机制对区域经济协调发展的作用。Breton 和 Scott（1978）提出的"竞争性政府"理论认为政府间的竞争是影响区域经济协调发展的重要原因。国内学者也对区域经济协调发展的影响因素进行了深入研究。杨向辉和陈通（2010）对天津市的科技资源配置及技术转移总体效率等与区域经济协调发展的关系进行了分析，发现科学技术边际产出弹性较高，对促进区域经济协调发展具有积极意义。刘生龙和胡鞍钢（2011）研究了交通基础设施对区域经济一体化发展的正向影响路径。张辽和宋尚恒（2014）发现，政府竞争对区域之间的要素流动和产业转移产生影响，进而改变原有经济格局，推动经济健康发展。区域之间能否缩小差距，实现协调均衡发展受很多因素影响。政府政策、市场机制和企业等不同因素对区域经济协调发展的影响存在极大差异，因此在促进区域经济协调发展时应该综合发挥各要素的作用。随着世界各国经济的快速发展，区域间差距越来越大，由此引发的一系列问题越来越成为制约经济发展的重要因素，促进区域经济协调发展也就成为各国制定经济政策的重中之重。

当前中国学者以不同的案例区对区域协调机制进行研究。案例区多为空间尺度较大的经济区，主要集中在珠江三角洲、长江三角洲、东北老工业基地等。区域协调机制的构建主要集中在构建区域整合发展的协调机制和区域产业协调机制（邢焕峰和岳国菊，2007）。对于区域协调发展的研究尺度逐渐突破了行政界线，研究视角开始转向不同主体功能区的区域协调发展（贾若祥，2011）。

区域协调发展机制体现在基础设施、产业、文化、公共服务设施等多个方面，区域基础设施共建共享是区域经济协调发展的重要组成部分。崔德赛和康丽滢（2018）以区域交通一体化的理论研究及发展思路为基础，针对京津冀城市群高速公路跨行政区域应急保畅、信息共享、收费稽查等具体问题，初步构建了京津冀区域高速公路运营管理一体化联动保畅机制，即构建养护管理协调联动机制、收费管理协调联动机制、信息管理协调联动机制，以期使京津冀地区高速公路由交界区域的点对点联动，发展成为区域和地区之间的整体联动。王业强等（2017）通过对科技创新与地区差距的关系分析，基于对中国科技创新驱动区域协调发展的实践评价，提出科技创新驱动区域协调发展的模式路径、动力机制和政策工具。

第二节　生态安全保障研究进展

生态安全是指一国生态环境确保国民身体健康、为国家经济提供良好的支撑和保障能力的状态。构成生态安全的内在要素包括充足的资源和能源、稳定与发达的生物种群、健康的环境因素和食品。换言之，如果一个国家各种生物种群系统多样稳定、资源与能源充足、空气新鲜、水体洁净、近海无污染、土地肥沃、食品无公害，那么该国家的生态环境是安全的。

一、生态安全的概念与内涵

（一）生态安全的概念

1. 安全的概念及属性

"安全"作为现代汉语的一个基本词语，在各种现代汉语词典中有着基本相同的解释。《新华字典》（第 12 版）对"安"字的第 3 个释义是"安全，平安，跟'危'相对"；《现代汉语词典》对"安全"的解释是"没有危险；平安"。安全具有以下几个本质属性。

（1）没有危险是安全的特有属性。安全就是没有危险的状态，而且这种状态是不以人的主观意志为转移的，是客观的。无论是安全主体自身，还是安全主体的旁观者，都不可能仅仅因为对于安全主体的感觉或认识不同而真正改变主体的安全状态。

（2）安全必须依附实体。客观的安全状态，必然依附于一定的主体。在定义"安全"概念时，把安全是一种属性而不是一种实体这一特点反映出来。

（3）安全是一个相对概念。有危险并不代表不安全，只要"危险、威胁、隐患等"在人们的可控范围内，就可以认为是安全的。所以对于"安全"一词可能在理解上有一些误区或者是理解不完全，如在工作、生活等环境中，危险是无处不在的，如开车、乘飞机、操作设备等，但是不能因为这些危险的存在就说不安全。面对危险是否有对策？对策是否有效？对策是否已落实？才是判断安全的有效方法。

2. 生态安全的概念辨析

"生态安全"是近年来新提出的概念，有广义和狭义的两种理解。1989 年国际应用系统分析研究所定义生态安全是指人类在生活、健康、安乐、基本权利、生活保障来源、必要资源、社会秩序和人类适应环境变化的能力等方面不受威胁的状态，包括自然生态安全、经济生态安全和社会生态安全，组成一个复合人工生态安全系统。狭义的生态安全是指自然和半自然生态系统的安全，即生态系统完整性和健康的整体水平反映。生态系统健康是环境管理的一个新方面和新目标，通常认为功能正常的生态系统为健康系统，它是稳定的和可持续的，在时间上能够维持它的组织结构和自治，以及保持对胁迫的恢复力。反之功能不完全或不正常的生态系统，即不健康的生态系统，其安全状况则处于受威胁之中。如果说生态系统健康诊断是对所研究的特定生态系统质量与活力的客观分析，那么生态安全研究则是从人类对自然资源的利用与人类生存环境辨识的角度来分析与评价自然和半自然的生态系统，因而它带有某种先验性。

一般认为，安全与风险互为反函数，风险是指评价对象偏离期望值的受胁迫程度，或事件发生的不确定性，其计算值为概率与可能损失结果的乘积。而安全是指评价对象在期望值状态的保障程度，或防止不确定事件发生的可靠性。生态风险是指特定生态系统中所发生的非期望事件的概率和后果，如干扰或灾害对生态系统结构和功能造成的损害，其特点是具有不确定性、危害性与客观性。虽然安全概念与风险紧密联系，但为了更好地体现人类在安全管理和安全预警等方面的主动设计与能动性，将生态安全与保障程度相联系，把生态安全定义为人类在生产、生活和健康等方面不受生态破坏与环境污染等影响的保障程度，包括饮用水与食物安全、空气质量与绿色环境等基本要素。

（二）生态安全的内涵

1. 生态安全的内涵与属性

生态安全主要包括两个方面含义：一是生态系统自身是否安全，即其自身结构和功能是否保持完整和正常；二是生态系统对于人类是否安全，即生态系统提供给人类生存所需的资源和服务是否持续、稳定，两方面相互交叉、不可分割。生态系统保持本身的健康与活力是其为人类提供持续、稳定资源与服务的前提，而人类所需的资源和服务本身也体现了生态系统结构和功能状态。其具体包含的内容大致有以下几个方面。

（1）生态安全是生态系统的一种存在状态，是人类生存环境或人类生态条件的一种状态，一种必备的生态条件和生态状态。生态安全是人与环境关系演化过程中，生态系统满足人类生存与发展的必备条件。

（2）生态安全是一个相对的概念。没有绝对的安全，只有相对安全。生态安全由众多因素构成，其对人类生存和发展的满足程度各不相同。若用生态安全系数来表征生态安全满足程度，则各个区域生态安全的保证程度可以不同。因此，生态安全可通过建立反映生态因子及其综合质量的评价指标，来定量评价某一区域或国家的安全状况。

（3）生态安全是一个动态概念。一个要素、区域和国家的生态安全不是一劳永逸的，它可以随环境变化而变化，同时受人类影响，即产生生态因子的变化，并反馈给人类生活、生存和发展条件，导致安全程度的变化，甚至由安全变为不安全，使人类实现可持续发展的基础遭到破坏。

（4）生态安全具有区域性和外溢性。真正导致全球、全人类生态灾难的情况是不存在，生态安全的威胁往往具有区域性、局部性；这个地区不安全，并不意味着另一地区也不安全。但是某一区域生态安全状况会影响相邻区域的生态安全，即生态安全效应具有外溢性。

（5）生态安全可以调控。针对不安全的区域状态，人类可以通过整治、采取措施、加强生态建设和环境保护来减轻、解除环境灾难，变不安全因素为安全因素。这里应该遵循复合生态系统的调控规律，以便更科学地为区域规划与区域发展综合决策提供依据。

（6）维护生态安全需要成本。生态安全的威胁往往来自人类活动，人类活动引起对环境的破坏，导致生态系统退化，给人类带来安全隐患甚至威胁。为了解除这种威胁，人类就要付出代价，或增加投入，这些计入人类开发和发展的成本。

2. 城市群生态安全的内涵

城市群生态安全是通过对区域内的生态要素，如关键节点、斑块、廊道及生态网络的生态系统服务供给和需求的综合调控，实现城市群内部和外部、行政区之间的生态系统功能的充分发挥。目前，城市群生态安全研究方向主要侧重于生态安全的理论研究和定性评价（李中才等，2010）。城市群生态安全的内涵主要体现在两个方面。①城市内部与外部的生态平衡与协调（方创琳等，2016），主要有两方面的含义：一是城市内部与外部的空间结构、自然环境、人类需求、人口构成与分布、社会经济活动方式和强度、基础设施有很大的差异性，生态系统服务和功能也不尽相同，因此构建生态安全格局须将两者分别考虑，并通过供需关系进行综合评价；二是城镇化发展对生态系统服务供给和需求的影响，通过对生态系统服务供需的预测和模拟，进而构建可持续的生态安全格局，实现人类需求与生态系统的协调发展。②城市群内不同行政单元间的生态系统服务流的正常运转。生态系统服务流是生态系统服务在自然和人为的双重驱动下，从供给源向受益汇发生的时空转移。其供给源为由生物（动植物、微生物）与非生物成分（光、热、水、土、气）相互作用形成的生态系统，其受益汇是人类从生态系统中获取利益的区域（姚婧等，2018），其本质就是生态系统服务、生态过程、生态功能和景观格局的耦合（王晓峰等，2012）。城市群生态安全是区域内土地利用变化、生态基础设施建设、生物流、物质流、能量流构成的供需网络的动态格局的综合表现，由于区域内不同行政区的生态环境、经济条件、城市定位、人口和产业构成的不同，区域内的生态系统服务流网络非常复杂，因此生态安全格局的构建要实现生态系统服务流的正常运转（景永才等，2018）。

二、城市群生态安全评价与调控研究进展

随着人口增长、城市化和经济的快速发展，城市群已成为人类生活与生产的主要空间，以城市群为对象的生态安全保障研究成为人类社会可持续发展的重要基础（方创琳，2014）。

（一）城市群生态安全评估方法

城市群生态安全也可以理解为城市群生态系统的健康与稳定，它已经超越了城市群建设与环境保持协调的层次，融合了社会、文化、经济等因素，体现的是种广义的生态观。随着生态安全研究的深入，在融合各相关学科和研究领域成果的基础上出现了一系列评价生态安全的方法，如综合指数法、生态足迹法、景观生态格局法及其他生态安全评价法，这些研究方法都不同程度地考虑了人类活动对环境的压力、自然资源的质量变化和人类活动的状况。

1. 综合指数评价法

目前，许多学者基于"压力–状态–响应"（PSR）模型，结合相应的数学方法对区域及城市生态安全进行了评价，数学方法一般涉及层次分析法、综合指数法、熵值法、灰色关联度方法等，这些方法的评价结果清晰明确，对城市生态安全的评价研究具有一定的借鉴和实际指导意义。基于 PSR 概念模型，从资源环境压力、资源环境状态、人文环境响应三方面选取具有代表性的指标，建立生态安全评价指标体系，结合层次分析法构建评价指标体系，采用综合指数评价法对区域的生态系统进行综合评价，得到其生态安全状态。并通过聚类分析法分析影响区域生态安全的单项评价指标，将其按照安全程度进行相应等级的划分，该方法能有效地利用评价指标的信息，所给出的综合评价结果既能用于描述所评价区域或城市的生态安全状况，也可对不同区域或城市的生态安全状况进行比较。Fan 和Fang（2020）采用 PSR 模型构建区域生态安全评价指标体系，利用熵权法确定各指标的权重，运用生态安全度计算模型对实际年份内区域生态安全状况进行分级评价。改进的PSR 模型在生态安全评价中也有较多运用，如杨俊等（2008）运用"驱动力–压力–状态–响应"（DPSRC）模型进行了大连城市空间环境分异评价，对压力的来源进行了追踪，引入驱动力指标，更加突出了人在环境中的作用，可解决多重指标间的详细分级并解释其相互联系。PSR 模型具有多种改进形式和用法，即使是相同的形式，不同学者对其的理解和用法也不尽相同。方振锋（2007）利用改进 PSR 模型对深圳宝安区的生态安全进行评价，改进 PSR 模型的形式虽未变，但资源、环境、经济三方面都被赋予了压力、状态、响应的特征。PSR 模型在指标分类上具有很大的灵活性，在选择具体模型方法时应针对具体的评价对象选择合适的评价指标，并可因地制宜地赋予其特殊含义。

区域生态系统是一个社会–经济–自然复合生态系统，是动态的、开放的复杂系统，李华和蔡永立（2009）运用复合生态系统和系统科学的理论及分析方法，并选择揭示系统生态安全演变过程内部机制的 PSR 模型为指标体系构建概念框架，提出区域生态安全评价ANP-PSR- SENCE 框架体系（图 1.1）：①运用复杂系统的网络分析（analytic network process，ANP）法作为指标体系构建的基本方法，以控制层和网络层作为指标体系的基本结构；②以 PSR 模型为理论框架，内容主要涵盖压力（生态风险）、状态（生态健康）、响应（生态保障），作为顶层指标设计的理论基础，构建准则层综合指标；③依据社会-经济-自然复合生态系统理论（social-economic-natural complex ecosystem，SENCE），从社会、经济和自然三方面选择具体指标构建指标体系。根据该框架建立的评价指标体系进行崇明岛生态安全评价实证研究。评价结果显示，崇明岛生态安全综合指数处于Ⅲ级水平（生态安全程度一般）；生态安全的综合得分在近几年呈现总体逐渐提高的趋势；在二级综合指数评分结果中，生态健康指数相对较高，而生态保障指数较低，是目前制约生态安全综合水平的主要因素，也是提高崇明岛生态安全水平的关键。另外，有学者将 PSR 模型与景观生态安全指标结合，利用 ANP 法构建城市生态安全评价指标，构建快速城市化区域的景观生态安全指标（卢小丽和秦晓楠，2015；汪盾，2016）。

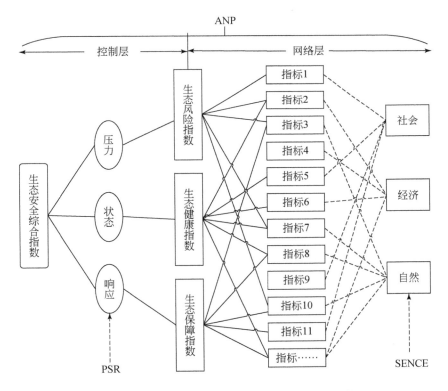

图 1.1　区域生态安全评价 ANP-PSR-SENCE 框架体系

资料来源：李华和蔡永立（2009）

有学者利用 BP 神经网络方法，选取指标构建城市土地生态安全评价指标体系，评价城市土地生态安全（李明月和赖笑娟，2011；曾浩等，2011）；余健等（2012）针对目前生态安全评价中信息屏蔽和主观性问题，运用物元分析法和熵权法对皖江地区马鞍山、合肥、芜湖等 9 市的土地生态安全水平进行评价。

基于 GIS 的城市生态安全评价流程主要包括：地理信息基础地图的建立与评价指标体

系的确立，城市生态安全指标的量化处理 GIS，城市生态安全矢量网格数据库的建立和 GIS 空间分析，城市生态安全综合指数的计算，城市生态空间特征分异与城市生态安全分区，以及城市生态安全空间决策与管理。该方法较好地解决了多重生态指标间的相互联系，突出人在城市生态系统中的核心节点作用，为城市决策者正确分析与决策提供科学参考依据。李月臣（2008）结合 GIS 空间分析的方法，对我国北方 13 个省（自治区、直辖市）的生态安全动态变化及其空间变异特征进行分析，指出研究区生态安全指数具有较强的空间相关性，人类活动等随机因素对生态安全的作用强度在增大，以及结构性因素仍然是该区生态安全空间分异的决定性因素 3 个特点。康相武等（2007）基于 GIS 和模糊数学建立生态安全评价指标体系，根据陆地表层气候–植被–土壤自然综合体的地带性分布规律，综合区域自然环境背景、生态系统稳定性、景观结构和外界干扰几个方面，对北京西南地区生态安全进行评价。龚建周等（2008）利用已完成的生态安全数字评价结果，进行生态安全指数分布的空间统计分析和生态安全等级结构的景观指数分析，探讨广州生态安全空间分布与配置关系及其动态变化规律。孙翔等（2008）以遥感数据为主要信息源对指标进行空间量化，对空间插值指标进行格网采样空间插值，对不可空间插值指标进行专家赋值，结合遥感（remote sensing，RS）和 GIS 技术，通过空间叠加得到厦门市景观生态安全综合指数，以揭示厦门市区域景观生态安全的空间分布规律。

王耕等（2010）针对各种灾害因素对生态安全的威胁和影响，从生态隐患视角提出生态安全是隐患因素触发概率、损失度和响应能力的函数，并依据隐患因素触发的空间，建立基于大气圈–水圈–岩石圈–生物圈–人类活动圈五大圈层结构的生态安全评价指标体系。基于模糊优选与风险度量理论，提出矿业城市生态安全模糊循环迭代评价模型，并可获得方案隶属度和目标权重，为解决矿业城市在决策信息不完全确知情况下的生态安全评价问题提供了方法和理论指导。

2. 土地利用/覆盖变化（LUCC）模型

LUCC 模型是区域土地资源生态安全状态改变的最主要驱动因素。通过 LUCC 模型可以分析人类不合理的土地利用方式对自然的影响，既包括不同尺度上的自然地表覆盖状况的改变导致的水文、气候、地质等环境要素发生相应改变的生物物理效应，还包括以人类社会济活动为表征的城市代谢活动所产生的废水、废气、固废等污染胁迫效应；受损的自然生态系统则表现为生态服务功能的降低与丧失，进而损害城市赖以生存和发展的生态基础。国际上对城市 LUCC 与生态安全的系统性研究起步不久，由于研究对象的广泛性、复杂性以及受限于不成熟的理论体系与研究方法，目前开展的研究中存在一些值得深入探讨的问题。基于 LUCC 的城市生态安全研究，实质体现了人类对自然施加的影响程度以及自然对城市生态系统的反馈作用。城市的发展实际上是一个从破坏和改造自然到逐渐形成人类占主导的生态系统的相对稳定过程。自 1995 年以来在国际地圈–生物圈计划（international geosphere- biosphere programme，IGBP）和国际全球环境变化人文因素计划

（international human dimensions programme on global environmental change, IHDP）推动的 LUCC 系列研究中，城市化过程中 LUCC 环境效应及其对人类栖境的影响研究逐渐得到了加强。研究关注的重点也从以往单一的生态安全因素逐渐扩展到涵盖多个因素的综合研究领域（Alberti，2008；Buyantuyev and Wu，2010）。欧美发达国家较早地推动了相关研究工作，我国在此研究领域起步较晚。20 世纪 90 年代以来，国内相关研究多注重 LUCC 对气候演变、水文过程、土壤养分循环和生物多样性维持等方面的影响（高练和周勇，2008）。国外研究有北美东部城市群 LUCC 与环境关系研究（Seto et al.，2012；Güneralp and Seto，2013），东南亚、北美和南美洲 LUCC 和植被遥感研究（Zhu and Woodcock，2014），然而，对城市化进程中 LUCC 的环境效应及其对城市生态安全影响的研究只是在近些年才得到重视。目前，国内外的相关研究工作主要集中于以下几个方面。

在城市大气环境响应方面，研究主要关注城市气候尤其是热岛效应及空气污染对 LUCC 的响应，得出随着城市扩张过程中下垫面性质的改变，城市热岛的影响范围基本与城市扩张方向一致；受气象因素及城市密集发展的影响，城市群之间的污染迁移具备明显的区域特征（Buyantuyev and Wu，2010；Sun et al.，2016）。许珊等（2015）以长株潭城市群核心区为对象，利用 GIS 和 RS 技术结合景观指数移动窗口分析结果，分年均和季节时间尺度分析大气污染物浓度空间分布特征与土地利用格局的耦合关系，指出长株潭城市群土地利用/覆盖对空气污染物浓度变化的影响显著，具有季节效应。宋文杰等（2018）通过人为干扰度和景观脆弱度构建生态安全度，利用 1965～2015 年 5 期 LUCC 数据开展了长时间、大尺度、高精度的天山北坡经济带绿洲人为干扰和生态安全变化研究。

在城市生态损益响应方面，研究侧重于城市生态安全对 LUCC 的多重响应。20 世纪 90 年代，美国森林协会主导进行了旨在评估区域地表覆盖状况改变的生态损益的系列研究，这些研究基于 GIS/RS 技术，利用外部成本法和 TR-55 暴雨径流模型，评估了 20 世纪 70～90 年代纽约、亚特兰大、芝加哥和休斯敦等城市 LUCC 与区域生态损益的情况，发现城市扩张导致林地高度覆盖区比例急剧下降和城市化地区不透水面积迅速增加，整个区域在植被对空气污染物的净化功能、水文调蓄功能和固碳功能等方面的生态损益亦相应地随之增加（American Forests，2000，2001）。杨志峰等（2004）基于 GIS 和多期遥感影像图分析了深圳市、广州市等沿海经济地区城镇用地变化特征及其动力机制，并评价了城镇用地变化过程中包括空气污染、城市热岛、水土流失、地面沉降在内的生态环境质量的动态变化。

在城市洪灾对 LUCC 响应方面，袁建新等（2011）以珠江三角洲腹地典型城市佛山市为例，运用 GIS/RS 技术分析了佛山市快速城市化进程导致的区域土地利用/覆盖方式的巨大转变及其对洪灾风险的影响，指出迅速扩张的城市化区域和平原低地的集约化农业生产区增加了排涝压力，从而使西江、北江平原三角洲迅速发展的城市化地区面临着严峻的防汛压力；Dewan 和 Yamaguchi（2008）以孟加拉国大达卡地区为例，利用遥感数据识别土地覆盖变化与河流流量关系，对 1960~2005 年的土地覆盖变化规律和趋势进行了评价，发现大达卡地区的洪水风险潜力正在上升，快速变化的土地覆盖在加剧洪水过程中起着至关重要的作用。

在城市水质对 LUCC 的响应方面，Tu（2011）应用地理加权回归（GWR）分析了美国马萨诸塞州东部不同城市化水平的流域的土地利用与水质之间的空间变化关系。岳隽等（2006）应用统计分析和空间分析方法论证了深圳市 5 个流域 10 年间用地结构变化对相应河流水质的有机物污染有明显的正向影响。

3. 生态承载力分析法

生态承载力分析法主要分为生态经济法和状态空间法两大类。生态经济法是国内外目前分析生态承载力最热门的方向，其中以生态足迹法和能值分析法最具代表性。生态足迹法可直接分析某国家或地区在给定时间所占用的地球生物生产率的数量，通过国家或地区的资源与能源消费同自己所拥有的资源与能源的比较，判断一个国家或地区的发展是否处于生态承载力范围内，其生态系统是否安全（庞雅颂和王琳，2014）；基于生态经济系统的热力学特征提出的能值分析原理，通过把生态经济系统中不同种类、不可比较的能量转换成同一标准的能值，来衡量生态系统运行和发展的可持续性（王楠楠等，2013）。状态空间法利用空间中的原点同系统状态点所构成的矢量模数表示区域承载力的大小（熊建新等，2012）。考虑到资源环境各要素和人类活动影响对区域生态承载力的作用不同，且生态系统间复杂的相互作用使得矢量模数比较复杂，近年来空间状态法与系统动力学和综合指数法相结合成为该方法的发展趋势。生态承载力分析方法定量化程度较高，可用较少的因素定量测算生态承载力状况，但因无法考虑影响生态承载力复杂因素间的作用，且单纯从人类对自然资源的占有与利用角度分析复杂生态系统的承载力水平，显然失之偏颇，尤其是生态足迹法和能值分析法过于强调经济社会发展对环境的影响而忽略了其他环境影响因素的作用。如果能克服这些不足，生态承载力分析法应该是生态安全定量评估中概念与原理最简单明确并最具生命力的方法。

4. 其他方法

除了综合指数评价法、LUCC 模型、生态承载力分析法外，还有一些基于耗散结构理论和城市复合生态系统理论的城市生态安全评价方法。另外，有学者从城市生态系统中的某一组成部分来研究城市生态安全问题，如研究城市化对城市生态系统中生物多样性的影响，对城市鸟类的影响，对河流、地下水和海洋水质的影响，对水生生物的影响，以及对人体健康的影响。通过上述分析，伴随生态安全研究的逐步深入，生态安全评价由前期的定性分析向定量分析推进。定量评价可表明生态安全的现状和水平，使研究结果更具可操作性与准确性，为未来生态安全的管理及可持续发展战略的制定提供科学依据。总体来看，目前的研究在融合相关学科及相关领域研究成果的基础上，已形成一系列评估生态安全的方法，主要包括综合指数评价法、景观生态模型法、比较法、部门产出法、多目标综合优化等。

通过空间异质性分析景观生态空间稳定性的景观生态模型法逐步成为生态安全研究的重要途径（Naveh and Lieberman，2013），该方法将遥感影像与 GIS 技术相结合，同步研究空间结构与功能，获得生态安全涉及的多方面问题。除了评价，生态模型法主要用于设计或预测未来潜在的风险（宋丽丽和白中科，2017），但将一些成熟的生态模型法运用到生态安全研究中也成为生态安全评价领域重要的发展方向，这些模型尺度主要分为个体与群落尺度、生境尺度、区域尺度、景观尺度以及生态系统尺度，近来具有代表性的模型包括海滨生态系统风险评价的 DPSIR 模型、BACHMAP 模型及评估气候变化对森林生态系统影响的 GAP 模型等（Yao，2012；Dunning，2001；李博和甘恬静，2019）。

从以往的研究成果发现，生态安全研究以宏观为主，微观为辅；以全球、国家等大范围为主，小区域为辅。所应用的研究方法以定性分析为主，如针对生态安全的概念界定、现状评价、问题分析以及解决措施等。定量方法比较单一，一般是在建立指标体系基础上，运用模型进行评价和预警研究；前者主要是评估生态系统的安全现状，后者则主要对未来限定时段的安全状况发出警报。建立国家生态安全衡量指标体系和监测预警系统，目的在于制定国家生态安全的衡量标准，通过实施标准将生态系统维持在能够满足当前需要而又不削弱子孙后代满足其需要的能力的状态。用可量化的指标衡量资源与环境的安全度，对存在的不安全趋势发出预警报告，使之得以适时适度地调整。

（二）城市生态安全调控技术分析

保障城市生态安全离不开技术支撑。要充分利用技术，构建城市生态安全综合数据库，通过对生态安全现状及动态的分析评估，预测未来城市生态安全情势及时空分布信息。

1. 基于景观生态安全格局的调控技术

生态安全格局构建目的是保障人类社会的生存需求，实现人与生态环境可持续发展。生态安全格局构建不是一个抽象的概念，需要具有可操作性和可实施性。生态安全格局的构建需要在一个公认的、客观的生态安全评价体系下，从多角度、多尺度开展生态安全研究，并依据安全评价体系对人类活动发展需求与生态环境现状进行格局优化、风险预警模拟，而生态系统服务供需评价是综合生态格局-过程-服务的生态格局评价的有效手段（马克明等，2004）。①生态安全是生态系统服务的表征。生态安全是保障人类福祉的关键，随着人类活动干扰的加剧，生态风险增加，生态脆弱性增加，生态安全受到严重威胁，导致生态系统服务功能不正常发挥，生态系统服务供给无法满足人类发展需求，而人类为满足自身需求加剧生态系统的索取，导致生态系统功能持续下降甚至消失的恶性循环。②生态系统服务是生态安全的前提。生态安全是一个抽象概念，而生态安全格局构建必须具有可操作性和实施准则与标准，生态系统服务评估是生态过程、生态功能、人类活动等的综合评价，正好契合了生态安全格局构建的标准，生态系统服务流的研究为生态安全格局构建的动态模拟提供了理论指导。通过探讨生态系统服务供需关系可以达到对生态安全的测度。③生态系统服务供需平衡是实现生态安全与人类福祉的纽带。生态系统服务供需失衡加剧生态安全风险，生态安全受到破坏影响人类生产生活，对人类福祉造成影响，如近几年出现的大气雾霾，就是生态系统调节失衡的结果。为保证人类福祉的可持续发展，必须保障生态系统服务的供需平衡，保障生态安全不受威胁。生态系统服务供需平衡是实现生态安全格局构建的保证。

生态安全格局已成为缓解生态保护与经济发展之间矛盾的重要途径之一（杜悦悦等，2017）。耦合生态系统服务与生态过程的生态安全格局构建的关键步骤包括斑块的划分，生态系统服务"源""汇"和关键节点的识别，生态廊道的识别，以及生态系统服务流的流向和流量的计算（景永才等，2018）。目前，生态安全格局主要的评价方法有：PSR 模型（于海洋等，2017）、熵值法和灰色预测模型（李魁明等，2017）、生态系统服务价值与生态安全耦合模型（程鹏等，2017）、基于生态系统服务"供-流-需"的生态网络模型（姚婧等，2018）。其中，基于生态系统服务流的生态网络模型是目前研究的主要方向（Bagstad et al.，2013）。李燕飞（2014）采用 GCAM 模型（global change assessment model）和 DLS（dynamics of land system）模型模拟未来草地面积、结构和植物净初级生产力（NPP），采用基于 GIS 技术的多层级空间配置的方法评价分析历史和未来时期我国草地生态系统服务功能变化及其对我国生态安全的保障作用。

刘畅和田野（2015）以延安市为例，结合区域生态格局要素，提出了基于小流域汇水自然特征保护的"分散式"空间布局形态、基于水土流失防治的淤池坝综合利用、以挖建填避策略为导向的建筑布局模式以及城市功能整合引导人口再分布的山地城镇空间建构模式。钟祥浩等（2010）对以青藏高原脆弱生态环境和独特生态系统不受破坏、生态系统服务功能与人类生存发展相协调，并对邻近区域环境起到安全保障作用为目的的生态安全进行研究，围绕人类与生态环境之间的相互关系，以生态学、生态经济学和可持续发展原理为指导，采用 3S 技术、野外调查和数理统计相结合的方法，对西藏生态环境问题与成因、经济社会发展对生态环境的影响、生态系统服务功能区域分异、生态承载力与生态风险对生态安全的影响等进行了系统调查与评价。通过多学科综合集成，揭示了生态环境脆弱度、人类干扰度和生态安全空间格局，构建了青藏高原生态安全屏障保护与建设体系。

生态安全格局构建应依据格局与过程的交互作用，遵循城市发展定位与政策，通过构建区域生态安全格局，达到对生态过程的有效调控，从而保障生态功能的充分发挥，实现区域自然资源和社会基础设施的合理配置，确保自然资源的生态和物质福利，最终实现生态安全（马克明等，2004；Su et al.，2016）。通过对生态系统服务供需的分类，对计算方法与生态安全格局评价和优化模拟方法的梳理，可以发现目前研究存在的不足。①未能综合考虑城市扩张、经济发展和生态保护需求，从生态完整性和区域一体化协同发展角度，构建适宜的、可持续发展的生态安全格局（俞孔坚等，2010），城市群生态安全格局构建应注重区域协调发展。②与生态环境问题耦合不足，城市绿地能有效减缓热岛效应（张昌顺等，2015），城市生态格局构建应在满足对生态系统服务需求的同时，耦合城市热岛、交通拥堵等问题，综合分析、优化。③城市内部数据的有效获取和数据分析方法创新不足，随着城市化进程的加快，城市成为人类生存与生产的主要空间，城市内部生态安全格局的构建成为生态安全格局构建的重要组成部分，城市内部结构异质性导致景观格局变化研究的缺乏，城市内部数据获取、处理和分析较为薄弱。

2. 对生态系统要素的调控技术

陈亚宁（2010）针对干旱荒漠区新垦土地贫瘠、土壤次生盐渍化严重、绿洲—荒漠过渡带萎缩、绿洲外围荒漠生态系统受损以及绿洲农业面临的干旱、盐碱、风沙三大环境问题，以干旱荒漠区水土资源开发与生态保护为重点，以新垦绿洲土地生产力培植与绿洲外围荒漠生态系统维护为主线，采用关键技术研发集成、试验示范、推广应用相结合的方法，重点开展干旱荒漠区土地开发保护技术、土地生产力提升技术、绿洲边缘荒漠生态系统保育、恢复以及干旱荒漠区新垦绿洲生态安全保障体系建设技术的研发与示范，提出干旱荒漠区新垦绿洲生态安全与经济高效相协调的技术模式，为干旱荒漠区水土资源可持续开发利用与生态安全提供科技支撑和示范样板。

张雷（2012）对国家资源环境安全的概念、要素及其相互作用进行了系统论述，以整体性观点综合选取 6 项资源环境要素表征指标（耕地、水资源、矿产资源、能源矿产、森林资源和 CO_2 排放量），对 10 个人口大国进行安全系数计算并依据安全系数大小进行分类，通过数值和类别的比较来说明我国的资源环境安全程度。

郑丙辉等（2014）提出了湖库生态安全调控的技术框架。根据该框架，湖库生态安全调控的技术步骤主要包括：在生态安全问题识别、生态安全评估等成果的基础上，明确调控对象、保护目标；结合研究实际，确定湖库生态安全调控类型和调控管理定位，根据实际开展调控管理分区；初步确定湖库生态安全保障的目标；围绕调控目标，结合生态承载力研究，从影响湖库生态安全状况的人口增长–产业发展–资源利用–负荷控制–生态保护–政策管理（population-industry-resources-load-ecosystem-policy，PIRLEP）的耦合作用过程出发，筛选优化湖库生态安全调控措施。

周海燕（2012）通过剖析威胁湘江流域生态安全的种种问题，提出应在综合考虑湘江流域生态环境治理现状的基础上，加强湘江流域生态安全保障，要突出重点，抓重金属、重点矿区、重点河段、重点行业。城市联动，职能部门联动，产业之间联动，全体居民共同推动生态安全保障建设。朱静亚等（2016）分析 2004～2015 年丹江口水库水常规监测指标的动态变化，旨在掌握库区经济社会发展对水质的影响，并讨论了中线水源区水质安全保障方面存在的问题，根据中线水源区水环境质量现状和面临的挑战，从构建水环境安全预警体系点面源污染综合防治和开展水环境新领域的研究等方面提出了构建后调水时代中线工程水生态安全保障体系的建议。

邝奕轩（2013）以长株潭城市群为研究对象，基于城市群湿地生态系统服务功能价值评价，探讨长株潭城市群湿地生态安全策略。长株潭城市群湿地生态安全策略包括：①构建基于湿地生态保护目标的文化体系；②构建基于湿地资源利用创新的管理体系；③构建基于湿地生态安全质量提高目标的生态恢复体系；④构建基于公平、效率兼顾的生态保护补偿体系；⑤构建基于功能精准定位的湿地功能分区规划。将长株潭城市群湿地划分为三个功能区：一是湿地生产区，主要发挥湿地资源产品供给功能，如稻田湿地；二是湿地保育区，主要开展湿地生态多样性保护和生态功能恢复；三是湿地科教文化区，主要利用湿地资源特征，将其定位为开展湿地科普教育、传播生态文明、开展生态旅游、保存独特文化的场所。

3. 城市生态安全保障调控技术

城市生态系统评估的模拟修复和调控早为各国所重视。Lyytimäki等（2009）从城市生态系统多成分之间相互影响的角度研究了不同生态损害对城市绿地规划的影响。Ernstson等（2010）从城市生态系统各成分的尺度特征角度分析了城市生态过程和社会发展过程的尺度差异，并提出了斯德哥尔摩城市绿地规划方案。Stott等（2015）研究了闲置土地对城市生态功能的影响。Zhao和Chai（2015）基于最大信息熵法对城市生态系统的健康进行了评估。Su等（2019）提出了"结构-功能-过程-发展"的创新性评估框架，建立了四层评估指标来反映城市生态系统的健康状况。Wolman（1965）提出城市代谢概念，定义城市代谢为物质能量输入城市以及产品废物输出城市的完整过程，以描述物质能量流动的基本方式，揭示城市对外环境的影响。Kennedy等（2007）对城市代谢内涵进行延伸，将其看作是城市中一切技术与社会经济过程的总和。Pandit等（2017）提出了一个基于基础设施生态学的城市可持续发展范式。Sophiya和Syed（2013）构建了一套濒海城市生态脆弱性评价模型，并研究了海水倒灌对印度西部濒海城市生境的影响，提出了相应的修复建议。整体而言，国际上对于城市生态系统研究的现状可以归结为：对于单个城市生态系统的研究较为深入，但对城市群生态系统的复杂性和联动性研究不足，我国对城市生态系统的相关研究起步稍晚，但近年来也取得了诸多研究成果（徐琳瑜和杨志峰，2011；杨志峰等，2013）。李媛和王建廷（2010）构建了生态城市规划决策支持系统框架，并以中新天津生态城为例进行了实证研究。张立民和赵强（2014）分析了城市生态系统规划的不确定性。张妍等（2007）从城市物质代谢通量及其生态效率出发，构建了城市物质代谢生态效率的度量模型，并将其应用于深圳的城市管理研究中。吴玉琴等（2009）从城市生态经济系统的观点出发，建立了城市系统动态模拟模型并模拟了广州的生态环境变迁情况。刘耕源等（2013）基于生态网络的概念模拟了大连的城市代谢结构。龚建周等（2010）采用空间统计学方法对广州生态安全进行了分析，对其形成与发生变化机制进行了识别，并探讨了区域生态安全的主要影响因子。安佑志（2011）采用多风险源多风险受体的区域生态风险评价方法对上海进行了城市生态风险评价。李锋等（2014）从城市湿地生态基础设施、绿地生态基础设施和城市地表硬化的生态工程改造三个方面对国内多个城市的生态基础设施进行了评估。在城市群尺度，生态服务空间结构规划经济地理研究已有一定基础但相对较少，主要集中在珠江三角洲、长株潭及中原城市群等地区（郭荣朝和苗长虹，2007），如长江三角洲城市生态系统服务价值研究（阎水玉等，2005）、长株潭城市群空间结构研究（汤放华等，2010）。

保障生态安全的生态系统应该包括自然生态系统、人工生态系统和自然-人工复合生态系统。从范围大小也可分成全球生态系统、区域生态系统和微观生态系统等若干层次。从生态学观点出发，一个安全的生态系统在一定的时间尺度内能够维持其组织结构，也能够维持其对胁迫的恢复能力，即它不仅能够满足人类发展对资源环境的需求，而且在生态意义上也是健康的。其本质是要求自然资源在人口、社会经济和生态环境三个约束条件下稳定、协调、有序和永续利用。随着人口的增长和社会经济的发展，人类活动对环境的压力不断增大，人地矛盾加剧。尽管世界各国在生态环境建设上已取得不小成就，但并未能从根本上扭转环境逆向演化的趋势；环境退化和生态破坏及其所引发的环境灾害和生态灾难没有得到减缓，全球变暖、海平面上升、臭氧层空洞的出现与迅速扩大，以及生物多样性锐减等全球性的、关系到人类本身安全的生态问题，一次次向人类敲响警钟。

因此，不管作为个人、聚落、住区的安全，还是作为区域和国家的安全，都面临着来自生态环境的挑战。生态安全与国防安全、经济安全、金融安全等具有同等重要的战略地位，并构成国家安全、区域安全的重要内容。保持全球及区域性的生态安全、环境安全和经济的可持续发展等已成为国际社会和人类的普遍共识。

主要参考文献

安佑志. 2011. 基于GIS的城市生态风险评价——以上海市为例. 上海：上海师范大学.

程必定. 2015. 中国区域空间结构的三次转型与重构. 区域经济评论，(1)：34-41.

陈晨. 2012. 网络化治理理论视角下沈抚同城化过程中的区域协作机制建设研究. 沈阳：辽宁大学.

陈平，李金霞. 2015. 日本土壤环境质量标准体系形成历程及特点. 环境与可持续发展，40 (2)：105-111.

陈亚宁. 2010. 干旱荒漠区生态保育恢复技术与模式. 北京：科学出版社.

程鹏，黄晓霞，李红旮，等. 2017. 基于主客观分析法的城市生态安全格局空间评价. 地球信息科学学报，19 (7)：924-933.

崔德赛，康丽滢. 2018. 京津冀区域高速公路运营管理一体化与协调联动保畅机制的构建. 交通世界，(8)：3-4.

杜荣江，蔡元成. 2014. 区域协调发展视角下的安徽省城市群发展模式与机制研究. 科技与经济，(3)：61-65.

杜悦悦，胡熠娜，杨旸. 2017. 基于生态重要性和敏感性的西南山地生态安全格局构建——以云南省大理白族自治州为例. 生态学报，37 (24)：8241-8253.

段祖亮，刘雅轩，王建锋，等 . 2013. 城市生态位测度研究——以天山北坡城市群为例 . 干旱区地理，
    36（6）：1153-1161.

范恒山 . 2013. 全方位深化中部地区对外开放与区域合作 . 宏观经济管理，（5）：26-29.

方创琳，周成虎，顾朝林，等 . 2016. 特大城市群地区城镇化与生态环境交互耦合效应解析的理论框架及
    技术路径 . 地理学报，71（4）：531-550.

方创琳 . 2011. 中国城市群形成发育的新格局及新趋向 . 地理科学，31（9）：1025-1034.

方创琳 . 2014. 中国城市群研究取得的重要进展与未来发展方向 . 地理学报，69（8）：1130-1144.

方振锋 . 2007. 基于改进 PSR 模型的生态安全评价研究以深圳市宝安区为例 . 武汉：华中科技大学 .

高菠阳 . 2017. 全球电子信息产业贸易网络演化特征研究 . 世界地理研究，26（1）：1-11.

高练，周勇 . 2008. 武汉市土地利用/土地覆盖变化的生态环境效应分析 . 农业工程学报，（s1）：73-77.

龚建周，夏北成，陈健飞，等 . 2008. 基于 3S 技术的广州市生态安全景观格局分析 . 生态学报，28（9）：
    4323-4333.

龚建周，夏北成，刘彦随 . 2010. 基于空间统计学方法的广州市生态安全空间异质性研究 . 生态学报，
    30（20）：5626-5634.

郭荣朝，苗长虹 . 2007. 城市群生态空间结构研究 . 经济地理，27（1）：104-107.

郭施宏，齐晔 . 2016. 京津冀区域大气污染协同治理模式构建——基于府际关系理论视角 . 中国特色社会
    主义研究，（3）：81-85.

韩兆洲，安康，桂文林 . 2012. 中国区域经济协调发展实证研究 . 统计研究，29（1）：38-42.

韩兆柱，卢冰 . 2017. 京津冀雾霾治理中的府际合作机制研究——以整体性治理为视角 . 天津行政学院学
    报，19（4）：73-81.

贾若祥 . 2011. 主体功能区战略：区域协调发展新模式 . 中国中小企业，（3）：60-63.

景永才，陈利顶，孙然好 . 2018. 基于生态系统服务供需的城市群生态安全格局构建框架 . 生态学报，
    38（12）：4121-4131.

康相武，刘雪华，张爽，等 . 2007. 北京西南地区区域生态安全评价 . 应用生态学报，18（12）：
    2846-2852.

寇大伟，崔建锋 . 2018. 京津冀雾霾治理的区域联动机制研究——基于府际关系的视角 . 华北电力大学学
    报（社会科学版），（5）：21-27.

邝奕轩 . 2013. 长株潭城市群湿地生态安全保障策略研究——基于生态系统服务价值评价视角 . 武陵学
    刊，38（3）：15-19.

李博，甘恬静 . 2019. 基于 ArcGIS 与 GAP 分析的长株潭城市群水安全格局构建 . 水资源保护，35（4）：
    80-88.

李锋，王如松，赵丹 . 2014. 基于生态系统服务的城市生态基础设施：现状、问题与展望 . 生态学报，
    34（1）：190-200.

李华，蔡永立 . 2009. 基于 ANP- PRS- SENCE 框架的崇明岛生态安全评价 . 地理与地理信息科学，
    25（3）：90-94.

李魁明，朱桃花，石云，等 . 2017. 基于县域视角的环京津地区生态安全格局分析 . 农村经济与科技，
    28（11）：20-22.

李明月，赖笑娟 . 2011. 基于 BP 神经网络方法的城市土地生态安全评价——以广州市为例 . 经济地理，

31（2）：289-293.

李燕飞. 2014. 中国草地变化及其生态安全保障功能的分区评价. 武汉：湖北大学.

李裕瑞, 王婧, 刘彦随, 等. 2014. 中国"四化"协调发展的区域格局及其影响因素. 地理学报, 69（2）：199-212.

李媛, 王建廷. 2010. 基于 GIS 的生态城市规划决策支持系统框架研究——以中新天津生态城为例. 城市,（12）：52-57.

李月臣. 2008. 中国北方 13 省市区生态安全动态变化分析. 地理研究, 27（5）：1150-1160.

李中才, 刘林德, 孙玉峰, 等. 2010. 基于 PSR 方法的区域生态安全评价. 生态学报, 30（23）：6495-6503.

梁伟杰. 2018. 区域经济协调发展的测度及政府策略研究. 哈尔滨：哈尔滨商业大学.

刘畅, 田野. 2015. 生态线索·山地城镇化的生态安全保障思考——以陕北黄土丘陵沟壑地区延安市为例. 中国园林, 31（12）：22-25.

刘耕源, 杨志峰, 陈彬, 等. 2013. 基于生态网络的城市代谢结构模拟研究——以大连市为例. 生态学报, 33（18）：5926-5934.

刘普, 李雪松. 2009. 外部性、区域关联效应与区域协调机制. 经济学动态,（3）：70-73.

刘生龙, 胡鞍钢. 2011. 交通基础设施与中国区域经济一体化. 经济研究,（3）：72-82.

刘钊, 李琳. 2011. 基于 malmquist 指数的产业联动促进区域经济协调发展效率评价研究——以环渤海为例. 河北大学学报（哲学社会科学版）, 36（3）：79-84.

刘志亭, 孙福平. 2005. 基于 3E 协调度的我国区域协调发展评价. 青岛科技大学学报（自然科学版）, 26（6）：555-558.

卢小丽, 秦晓楠. 2015. 沿海城市生态安全系统结构及稳定性研究. 系统工程理论与实践, 35（9）：2433-2441.

马克明, 傅伯杰, 黎晓亚, 等. 2004. 区域生态安全格局：概念与理论基础. 生态学报, 24（4）：761-768.

毛汉英. 2018. 人地系统优化调控的理论方法研究. 地理学报, 73（4）：608-619.

莫师节. 2010. 湖北省产业转移的经济增长效应及政策研究. 武汉：华中科技大学.

庞雅颂, 王琳. 2014. 区域生态安全评价方法综述. 中国人口·资源与环境,（S1）：340-344.

全毅文. 2017. 区域经济合作中的利益分享与补偿机制构建研究. 改革与战略, 33（2）：88-91.

沈正平, 简晓彬. 2007. 施同兵产业地域联动的测度方法及其应用探讨. 经济地理, 27（6）：952-955.

宋丽丽, 白中科. 2017. 煤炭资源型城市生态风险评价及预测——以鄂尔多斯市为例. 资源与产业, 19（5）：15-22.

宋姣姣, 彭鹏. 2017. 汨罗融入长株潭城市群发展战略研究. 城市,（10）：14-19.

宋文杰, 张清, 刘莎莎, 等. 2018. 基于 LUCC 的干旱区人为干扰与生态安全分析——以天山北坡经济带绿洲为例. 干旱区研究, 35（1）：235-242.

孙法柏. 2013. 国际环境法基本理论专题研究. 北京：对外经济贸易大学出版社.

孙翔, 朱晓东, 李杨帆. 2008 港湾快速城市化地区景观生态安全评价——以厦门市为例. 生态学报, 28（8）：3563-3573.

覃成林, 姜文仙. 2011. 区域协调发展：内涵、动因与机制体系. 开发研究,（1）：14-18.

覃成林，郑云峰，张华 . 2013. 我国区域经济协调发展的趋势及特征分析 . 经济地理，33（1）：9-14.

覃成林，张华，毛超 . 2011. 区域经济协调发展：概念辨析、判断标准与评价方法 . 经济体制改革，（4）：34-38.

汤放华，陈立立，曾志伟，等 . 2010. 城市群空间结构演化趋势与空间重构——以长株潭城市群为例 . 城市发展研究，17（3）：65-69.

汪盾 . 2016. 基于"3S"及 SD 的攀枝花市生态安全评价研究 . 成都：成都理工大学 .

王耕，高红娟，高香玲，等 . 2010. 基于隐患因素的矿业城市生态安全评价研究——以辽宁省为例 . 资源科学，32（2）：331-337.

王海杰，陈稳 . 2018. 郑州航空港经济区与长三角经济区的联动机制研究 . 河南农业大学学报，52（4）：632-639.

王佳丽 . 2017. 成渝城市群新型城镇化水平测度与协调发展研究 . 重庆：重庆大学 .

王楠楠，章锦河，刘泽华，等 . 2013. 九寨沟自然保护区旅游生态系统能值分析 . 地理研究，32（12）：2346-2356.

王庆明 . 2013. 建立环渤海地区应急管理协调联动机制的对策 . 中共济南市委党校学报，（1）：81-84.

王晓峰，吕一河，傅伯杰 . 2012. 生态系统服务与生态安全 . 自然杂志，34（5）：273-276，298.

王雪莹 . 2016. 基于协同理论的京津冀协同发展机制研究 . 北京：首都经济贸易大学 .

王雅莉，宋月明 . 2016. 东北地区市场化差距与成因的比较分析 . 城市发展研究，23（4）：8-14.

王业强，郭叶波，赵勇，等 . 2017. 科技创新驱动区域协调发展：理论基础与中国实践 . 中国软科学，（11）：86-100.

王子彦 . 1999. 日本的环境社会学研究 . 北京科技大学学报：社会科学版，（4）：85-88.

魏后凯，高春亮 . 2011. 新时期区域协调发展的内涵和机制，福建论坛·人文社会科学版，10：147-152.

吴玉琴，严茂超，许力峰 . 2009. 城市生态系统代谢的能值研究进展 . 生态环境学报，18（3）：1139-1145.

夏艳华 . 2011. 湖南承接珠三角产业转移的制约因素及政策建议 . 长沙：国防科学技术大学 .

肖晓昀 . 2016. 长江三角洲地区制造业与物流业协调性研究 . 北京：北京工业大学 .

邢焕峰，岳国菊 . 2007. 东北老工业基地地区协调发展机制构建研究 . 长白学刊，（1）：95-99.

熊建新，陈端吕，谢雪梅 . 2012. 基于状态空间法的洞庭湖区生态承载力综合评价研究 . 经济地理，32（11）：138-142.

徐琳瑜，杨志峰 . 2011. 城市生态系统承载力 . 北京：北京师范大学出版社 .

徐现祥，李郇 . 2005. 市场一体化与区域协调发展 . 经济研究，40（12）：57-67.

徐子青 . 2009. 区域联动发展指标体系与评价方法探讨 . 福建师范大学学报（哲学社会科学版），（2）：34-41.

许珊，邹滨，蒲强，等 . 2015. 土地利用/覆盖的空气污染效应分析 . 地球信息科学学报，17（3）：290-299.

严汉平，白永秀 . 2007. 我国区域协调发展的困境和路径 . 经济学家，5：127-129.

阎水玉，杨培峰，王祥荣 . 2005. 长江三角洲生态系统服务价值的测度与分析 . 中国人口·资源与环境，15（1）：93-97.

杨俊，李雪铭，孙才志，等 . 2008. 基于 DPSR 模型的大连城市环境空间分异 . 中国人口·资源与环境，

18 (5): 8689.

杨刚强, 张建清, 江洪. 2012. 差别化土地政策促进区域协调发展的机制与对策研究. 中国软科学, 10: 185-192.

杨向辉, 陈通. 2010. 基于 VAR 模型的天津市技术转移与区域经济发展动态关系研究. 软科学, 9: 67-70.

杨志峰, 何孟常, 毛显强. 2004. 城市生态可持续发展规划. 北京: 科学出版社.

杨志峰, 徐琳瑜, 毛建素. 2013. 城市生态安全评估与调控. 北京: 科学出版社.

姚婧, 何兴元, 陈玮. 2018. 服务流研究方法最新进展. 应用生态学报, 29 (1): 335-342.

姚鹏. 2018. 新优势及区域的协调联动路径. 区域经济评论, (6): 1-8.

叶茂盛. 2007. 制造业升级互动关系探析. 市场周刊: 新物流, (10): 62-63.

于海洋, 张飞, 曹雷, 等. 2017. 土地生态安全时空格局评价研究——以博尔塔拉蒙古自治州为例. 生态学报, 37 (19): 6355-6369.

余健, 房莉, 仓定帮, 等. 2012. 熵权模糊物元模型在土地生态安全评价中的应用. 农业工程学报, 28 (5): 260-266.

俞孔坚, 王思思, 李迪华, 等. 2010. 扩张的生态底线——基本生态系统服务及其安全格局. 城市规划, (2): 19-24.

袁建新, 王寿兵, 王祥荣, 等. 2011. 基于土地利用/覆盖变化的珠江三角洲快速城市化地区洪灾风险驱动力分析——以佛山市为例. 复旦学报 (自然科学版), 50 (2): 238-244.

岳隽, 王仰麟, 李正国. 2006. 河流水质时空变化及其受土地利用影响的研究——以深圳市主要河流为例. 水科学进展, 17 (3): 359-364.

曾浩, 张中旺, 张红. 2011. BP 神经网络方法在城市土地生态安全评价中的应用——以武汉市为例. 安徽农业科学, 39 (33): 20687-20689.

张昌顺, 谢高地, 鲁春霞, 等. 2015. 北京城市绿地对热岛效应的缓解作用. 资源科学, 37 (6): 1156-1165.

张雷. 2012. 国家资源环境安全要素的综合评价. 地球信息科学学报, 4 (4): 86-92.

张立民, 赵强. 2014. 城市生态规划中的不确定性分析. 科学与财富, (1): 187-187.

张辽, 宋尚恒. 2014. 政府竞争、要素流动与产业转移——基于省际面板数据的实证研究. 当代财经, (3): 21-28.

张孝琪, 龚本刚, 孙刚. 2013. 芜湖市制造业与物流业联动发展协调性研究. 安徽工业大学学报 (社会科学版), 30 (6): 6-8.

张妍, 杨志峰. 2007. 城市物质代谢的生态效率——以深圳市为例. 生态学报, 27 (8): 3124-3131.

郑丙辉, 王丽婧, 李虹, 等. 2014. 湖库生态安全调控技术框架研究. 湖泊科学, 26 (2): 169-176.

钟祥浩, 刘淑珍, 王小丹, 等. 2010. 西藏高原生态安全研究. 山地学报, 28 (1): 1-10.

周芳检, 何振. 2018. 大数据时代城市公共危机治理的新态势. 吉首大学学报: 社会科学版, 39 (4): 63-69.

周海燕. 2012. 湘江流域生态安全保障研究. 环境与可持续发展, 237 (4): 109-112.

朱静. 2011. 美、日土壤污染防治法律度对中国土壤立法的启示. 环境科学与管理, 36 (11): 21-26.

朱静亚, 朱延峰, 闫荣义, 等. 2016. 后调水时代南水北调中线水源区水质生态安全保障对策研究. 南阳师范学院学报, 15 (6): 35-40.

Alberti M. 2008. Urban Patterns and Ecosystem Function. Advances in Urban Ecology. New York: Springer US.

American Forests. 2000. Urban ecosystem analysis for the Houston gulf coast region: Calculating the value of nature. America Forests Series Reports.

American Forests. 2001. Urban ecosystem analysis for Atlanta Metro Area: Calculating the value of nature. American Forests series reports.

Annelli J F. 2006. The national incident management system: A multi-agency approach to emergency response in the United States of America. Revue scientifique Et Technique-Office International des épizooties, 25 (1): 223.

Bagstad K J, Johnson G W, Voigt B, et al. 2013. Spatial dynamics of ecosystem service flows: A comprehensive approach to quantifying actual services. Ecosystem Services, 4: 117-125.

Barro R. 1990. Government Spending in a simple Model of Endogenous Growth. Journal of Political Economy, (8): 103-125.

Breton A, Scott A. 1978. The Economic Constitution of Federal States. Toronto: University of Toronto Press.

Burby R J, May P J. 1998. Intergovernmental environmental planning: Addressing the commitment conundrum. Journal of Environmental Planning and Management, 41 (1): 95-110.

Buyantuyev A, Wu J. 2010. Urban heat islands and landscape heterogeneity: Linking spatiotemporal variations in surface temperatures to land-cover and socioeconomic patterns. Landscape Ecology, 25 (1): 17-33.

Chen J, Fleisher B M. 2001. Regional income inequality And economic growth: An explanation for regional disparities in China. Journal of Comparative Economics, (29): 95-117.

Davies P G. 2017. European Union Environmental Law: An Introduction to Key Selected Issues. Oxford: Taylor and Francis.

Demurger S. 2001. Infrastructure development and economic growth: an exploration for regional disparity in China. Journal of Comparative Economics, 29: 95-117.

Devarajan S, Swaroop V, Zou H. 1996. The composition of public expenditure and economic growth. Journal of Monetary Economics, (37): 313-344.

Dewan A M, Yamaguchi Y. 2008. Effect of land cover changes on flooding: Example from Greater Dhaka of Bangladesh. International Journal of Geoinformatics, 4 (1): 11-20.

Dunning J B, Stewart D J, Liu J. 2001. Exploring BACHMAP: Bachman's sparrow mobile animal population model. Manual for Landscape Ecology Laboratory.

Fan Y, Fang C. 2020. Evolution process and obstacle factors of ecological security in western China, a case study of Qinghai Province. Ecological Indicators, 117: 106659.

Ernstson H, Barthel S, Andersson E, et al. 2010. Scale-crossing brokers and network governance of urban ecosystem services: The case of Stockholm. Ecology and Society, 15 (4): 28.

FrancoisJ, Woerz J. 2008. Producer services, manufacturing linkages, and trade. Journal of Industry, Competition and Trade, 8 (3): 199-229.

Güneralp B, Seto K C. 2013. Sub-regional Assessment of China: Urbanization in Biodiversity Hotspots// Elmqvist T, Fragkias M, Goodness J. Urbanization, Biodiversity and Ecosystem Services: Challenges and Opportunities. Berlin: Springer Netherlands.

Hirschman A O. 1958. The Strategy of Economic Development. New Haven: Yale University Press.

Jain C R. 2006. The post- 9/11 federal homeland security paradigm and the adoptive capacity of public administration theory and practice. Richmond Virginia: Virginia Commonwealth University.

Kennedy C, Cuddihy J, Engel- Yan J. 2007. The changing metabolism of cities. Journal of Industrial Ecology, 11 (2): 443-459.

Lyytimäki J, Sipilä M. 2009. Hopping on one leg-The challenge of ecosystem disservices for urban green management. Urban Forestry and Urban Greening, 8 (4): 309-315.

Mandell M P. 1988. Intergovernmental management in interorganizational networks: A revised perspective. International Journal of Public Administration, 11 (4): 393-416.

Morrison F L, Wolfrum R. 2000. International, regional and national environmental law. Holland: Kluwer law international. 71-110.

Naveh Z, Lieberman A S. 2013. Landscape Ecology: Theory and Application. Berlin: Springer Science and Business Media.

Pandit A, Minne E, Li F, et al. 2017. Infrastructure ecology: an evolving paradigm for sustainable urban development. Journal of Cleaner Production, 163: 19-27.

Percival R V, Schroeder C H, Miller A S, et al. 2017. Environmental Regulation: Law, Science, and Policy. Wolters Kluwer Law and Business.

Perroux F. 1950. Economic space: theory and applications. The Quarterly Journal of Economics, 64 (1): 89-104.

Rosenstein-Rodan P N. 1943. Problems of industrialization of Eastern and South-Eastern Europe. Economic Journal, (53): 202-211.

Salmon P, Stanton N, Jenkins D, et al. 2011. Coordination during multi- agency emergency response: issues and solutions. Disaster Prevention and Management: An International Journal, 20 (2): 140-158.

Sands P, Peel J. 2012. Principles of international environmental law. England: Cambridge University Press.

Seto K C, Güneralp B, Hutyra L R. 2012. Global forecasts of urban expansion to 2030 and direct impacts on biodiversity and carbon pools. Proceedings of the National Academy of Sciences, 109 (40): 16083-16088.

Shen S, Shaw M. 2004. Managing Coordination in Emergency Response Systems with Information Technologies. 10th Americas Conference on Information Systems, AMCIS 2004, New York, NY, USA. DBLP.

Sophiya M, Syed T. 2013. Assessment of vulnerability to seawater intrusion and potential remediation measures for coastal aquifers: a case study from eastern India. Environmental Earth Sciences, 70 (3): 1197-1209.

Stott I, Soga M, Inger R, et al. 2015. Land sparing is crucial for urban ecosystem services. Frontiers in Ecology and the Environment, 13 (7): 387-393.

Su M, Xie H, Yue W, et al. 2019. Urban ecosystem health evaluation for typical Chinese cities along the Belt and Road. Ecological Indicators, 101: 572-582.

Su Y, Chen X, Liao J, et al. 2016. Modeling the optimal ecological security pattern for guiding the urban constructed land expansions. Urban forestry and urban greening, 19: 35-46.

Sun L, Wei J, Duan D H, et al. 2016. Impact of Land-Use and Land-Cover Change on urban air quality in representative cities of China. Journal of Atmospheric and Solar-Terrestrial Physics, 142: 43-54.

Tomaszewski B, Judex M, Szarzynski J, et al. 2015. Geographic information systems for disaster response: A review. Journal of Homeland Security and Emergency Management, 12 (3): 571-602.

Tu J. 2011. Spatially varying relationships between land use and water quality across an urbanization gradient explored by geographically weighted regression. Applied Geography, 31 (1): 376-392.

Wolman A. 1965. The metabolism of cities. Scientific American, 213 (3): 179-190.

Xia Q, Zhou M. 2009. Symbiotic Relationship of Producer Services and Manufacturing Industries in Industry Cluster. 2009 International Conference on Management and Service Science.

Yao Y. 2012. Study on Index System of the Environmental Change and Ecological Security for a River Basin Based on DPSIR Model. Meteorological and Environmental Research, 3 (6): 50-54.

Zhao S, Chai L. 2015. A new assessment approach for urban ecosystem health basing on maximum information entropy method. Stochastic Environmental Research and Risk Assessment, 29 (6): 1601-1613.

Zhu Z, Woodcock C E. 2014. Continuous change detection and classification of land cover using all available Landsat data. Remote Sensing of Environment, 144 (1): 152-171.

第二章　城市群区域协同发展的规律性与生态安全保障态势

为了贯彻落实《京津冀协同发展规划纲要》，建设以首都为核心的世界级城市群，本章以京津冀城市群为典型案例，系统分析京津冀城市群区域协同发展与生态安全保障取得的重要成效和存在的主要问题。分析认为，京津冀协同发展进展顺利，相关规划同编并得到顺利落实，协同发展政策得到顺利实施，协同发展机制不断创新，重点地区的协同发展取得实质性突破，重点领域的协同发展取得了显著性进展，协同发展取得了令人满意的阶段性成效，协同发展总体处在中级阶段。未来协同发展尚存在一系列亟待解决的现实问题，还需要创新体制机制、依托区域协调联动与生态安全保障关键技术推动协同发展由中级阶段迈向更高层次和更高阶段。

第一节　城市群区域协同发展的基本内涵与规律性

城市群是指以 1 个超大城市或特大城市为核心，由 3 个及以上都市圈为基本单元，依托发达的基础设施网络，形成的经济联系紧密、空间组织紧凑，并最终实现高度一体化的城市集合体（方创琳等，2011；方创琳，2015；方创琳和毛其智，2015）。从高度一体化分析，推进城市群建设一体化重点是推进基础设施建设一体化、区域性产业发展布局一体化、环境保护与生态建设一体化、城乡统筹与城乡建设一体化、区域性市场建设一体化、社会发展与基本公共服务一体化六大一体化。可见，城市群是工业化和城镇化发展到高级阶段的产物（方创琳等，2010；方创琳，2014）。京津冀城市群协同发展是党中央做出的一项重大战略决策，推动京津冀协同发展是一个重大国家战略。2015 年 4 月 30 日中共中央政治局召开会议审议通过了《京津冀协同发展规划纲要》，该纲要成为高层力推的国家级区域规划，其核心就是有序疏解北京非首都功能，调整经济结构和空间结构，走出一条内涵集约发展的新路子，探索出一种人口经济密集地区优化开发与生态环境协同发展的新模式。京津冀城市群协同联动发展的突破口是推动京津冀交通一体化、生态环境保护一体化和产业升级转移一体化等。

基于京津冀城市群协同发展的战略背景，京津冀城市群协同发展的战略目标就是实现共同繁荣昌盛，共享蓝天白云，共担发展风险，共建世界都会。通过协同发展，进一步解决京津冀城市群目前面临的区域性重大问题，包括环境污染问题、经济发展问题、生态建设问题、互联互通问题、发展差距问题、公共服务不均问题等，进一步化解区域冲突，彼此取长补短，实现优势互补，强化分工合作，将京津冀城市群建成一个具有国际影响力的经济发展共同体和命运共同体。

一、城市群协同发展的基本内涵

真正意义上的城市群协同发展是实现了规划协同、交通协同、产业协同、城乡协同、市场协同、科技协同、金融协同、信息协同、生态协同和环境协同的联动发展共同体（方创琳，2017），其基本科学内涵如图 2.1 所示。

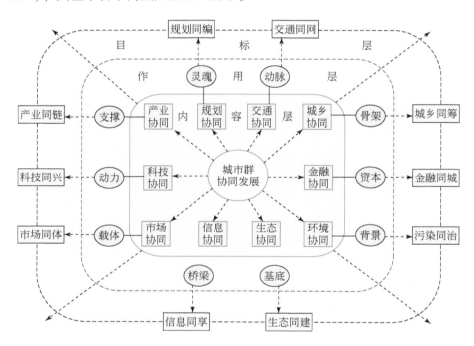

图 2.1　城市群协同发展的基本科学内涵示意图

（一）规划协同：协同发展之魂，实现规划同编

编制好各城市利益相关方都能接受的城市群规划是城市群协同发展之魂，也是城市群协同发展的首要内容和首要任务。一部高水平的城市群规划是城市群形成发育的最大财富，也是城市群内部各城市从过去的无序竞争关系转为未来的有序竞合关系的关键。在编制城市群规划过程中必须照顾到各城市的利益，各城市在城市群这个平台上是优势互补、利益共享、问题共解、责任共担的共同体。这就要求以规划作为城市群建设的总体指导性文件和统一行动纲领，并为更大范围内的城市群"多规合一"奠定基础。

（二）交通协同：协同发展之脉，实现交通同网

交通协同是城市群协同发展的大动脉，畅通这一大动脉需要在城市群内部建设客运快速化、货运物流化的智能型综合交通运输体系，实现城市之间交通同环、收费同价、道路同网、标准同等，形成由城区快速轨道交通系统、城际高速铁路系统和环状或放射状高速公路网系统组成的综合交通运输系统，实现城市群发展的半小时经济圈、1 小时经济圈和 2 小时经济圈的建设。

（三）产业协同：协同发展之基，实现产业同链

产业协同是城市群协同发展的基本支撑。城市群经济发展必须突出特色，深化分工，优化结构，延伸产业链条，加快产业集群建设，在城市群内部形成有链有群型产业体系，把城市群建成各城市产业共链、风险共担、利益共沾的"经济共同体"和"利益共同体"，成为全球和国家先进制造业基地和现代服务业基地。

（四）城乡协同：协同发展之架，实现城乡同筹

城乡协同是城市群协同发展的基本骨架。城市群地区是一个由城市地区和农村地区共同组成的城乡统筹与互动发展区域，既包括城市的建设与发展，也包括广大乡村的建设与繁荣。因此，真正意义上的城市群是以若干个城市为中心，以广大乡村地区为基质的城乡一体化区域，城市群协同发展过程就是化解"城市病"和"乡村病"，推动城乡健康发展的过程，就是实现城乡统筹和城乡一体化的过程。

（五）市场协同：协同发展之体，实现市场同体

市场协同是城市群协同发展的载体，包括建设城市群统一市场，规范市场运作，形成统一开放、功能齐全、竞争有序、繁荣活跃的区域性市场体系，统一市场准入和市场退出机制，在协同的基础上，统一市场准入的条件和标准，消除条块分割的市场壁垒，确保公平的市场竞争环境和格局，最终推行区域市场建设的一体化。

（六）科技协同：协同发展之力，实现科技同兴

科技协同是城市群协同发展的驱动力。充分发挥城市群各城市科技教育资源创新优势，整合城市群内部科技创新资源，构建面向城市群的区域创新体系，建设创新型城市，推动城市群实现整体创新，形成包括研发共同体、教育共同体、科技服务共同体和科技成果转化共同体在内的创新共同体。

（七）金融协同：协同发展之本，实现金融同城

金融协同是城市群协同发展的资本。实现金融同城就是要在城市群内部建设以中国

人民银行为网络处理中心和安全认证中心、各商业银行为网络处理中心的安全、高效、统一的金融网络系统，实现中国人民银行与各商业银行和其他金融机构的网络互连，建立统一的通信出入口和网络防火墙体系。实施金融卡工程，全面实现城市群"金融同城"，通存通兑。

（八）信息协同：协同发展之桥，实现信息同享

信息协同是城市群协同发展的桥梁和纽带。实现城市群信息同享就是要建设面向城市群的大容量高速传输网，实现通信同局同城同价，把城市群内部的本地电话网统一为大区域网，实现同城计算机网络互联互通互享，推动通信系统实现城市群内部同城计费。

（九）生态协同：协同发展之底，实现生态同建

生态协同是城市群协同发展的基底。必须按照保护基底的要求，按照生态功能区划和主体功能分区要求，以城市群为空间尺度，推进区域性生态建设的一体化和景观生态结构的同构同建，实现共享一片蓝天，共饮一河清水，共享自然环境的生态共建共享目标。

（十）环境协同：协同发展之源，实现污染同治

环境协同是城市群协同发展的背景。城市群内部所涉及的大气污染、水污染和固体废弃物污染等跨行政区划的环境污染综合整治问题，无法由某一个城市独立完成，需要多个城市共同合作，协同作战，实现联防联控联治，实现对城市群内大气环境和水环境的同防同治。

二、城市群协同发展的阶段性规律分析

按照城市群协同发展的科学内涵，城市群发展的协同过程是一个漫长的博弈过程，其间不可避免地经历博弈、协同、突变、再博弈、再协同、再突变等重复循环的非线性螺旋式上升过程，每一次博弈—协同—突变过程，都推进城市群的协同发展迈向更高级的协同阶段。处在不同发展阶段的城市群，表现出来的协同程度、协同特征、暴露出的区域性问题和冲突程度各不相同。据此引入协同度的度量概念，定量刻画协同发展程度，这里的协同度是指在特定阶段城市群各城市之间为实现某种共同目标而采取步调一致的行动的程度，它是与冲突程度相对而言的，协同度越大，则冲突程度越小。按照协同度的大小，可将城市群协同发展阶段划分为协助阶段、协作阶段、协调阶段、协合阶段、协同阶段、协振阶段、一体化阶段和同城化阶段共八大阶段（方创琳，

2017）（表2.1，图2.2）。

表2.1　城市群协同发展的阶段性特征比较表

序号	阶段名称	协同度/%	协同特征	区域性问题与冲突	协同需求	对应的城市群发展时期
1	协助阶段	0～10	原始协同	区域性问题与冲突很少，相互之间很少有合作联系	无需求	雏形期
2	协作阶段	10～20	初级协同	区域性问题与冲突出现，相互之间有较少合作联系	需求较少	初级期
3	协调阶段	20～30	低级协同	区域性问题与冲突增多，相互之间开展协商与合作	需求渐增	初级期
4	协合阶段	30～40	中低级协同	区域性问题与冲突剧增，相互之间只有密切合作才能缓解冲突，解决各自问题	需求增大	成长期
5	协同阶段	40～50	中级协同	区域性问题与冲突升级为风险或灾难，相互之间只有协同应对，才能共同渡过难关	需求增大	成长期
6	协振阶段	50～70	中高级协同	区域性问题与冲突缓解之后，相互之间建立起化解冲突、防范灾难的协作机制，共同进入协同共荣状态	需求很大	成熟期
7	一体化阶段	70～85	高级协同	区域性问题与冲突缓解之后，相互之间经济技术联系进一步加强，共同进入一体化发展状态	需求很大	成熟期
8	同城化阶段	85～100	完全协同	区域性问题与冲突缓解之后，相互之间融合程度进一步加强，共同进入高度同城化发展状态	需求极大	顶级期

（一）协助阶段：原始协同阶段

协助阶段是城市群协同发展的原始阶段，也叫原始协同阶段，协同程度极低，协同度低于10%，对应城市群形成发育的雏形阶段。处在这一阶段的城市群，各城市相互之间面临的问题与冲突很少，城市发展中遇到的问题可以通过各城市内部的努力得以解决，并不会对其他城市的发展造成影响，城市之间彼此独立，极少有合作与联系。城市发展中偶尔遇到一些困难和问题时，可通过一次或多次协助方式解决，城市之间没有任何合作机制或约定。

（二）协作阶段：初级协同阶段

协作阶段是城市群协同发展的初级阶段，也叫初级协同阶段，协同度为10%～20%，

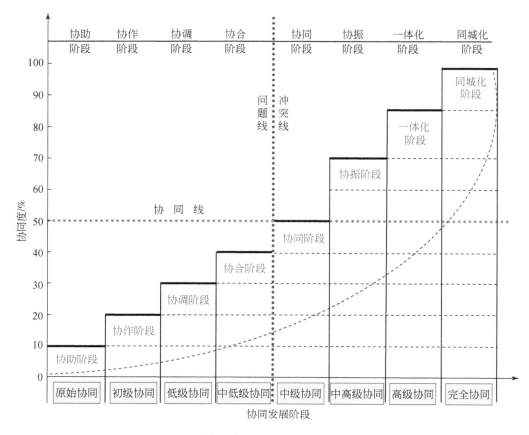

图 2.2　城市群协同发展的阶段性规律示意图

对应城市群形成发育的初级阶段。处在这一阶段的城市群，各城市之间相互面临的问题与冲突较少，城市发展中遇到的区域性问题开始通过各城市的共同努力解决，城市之间彼此仍较独立，但开始加强相互合作与联系，城市发展中遇到的少量区域性问题通过各城市之间的协作得到解决，城市之间开始建立松散的合作机制。

（三）协调阶段：低级协同阶段

协调阶段是城市群协同发展的低级阶段，也叫低级协同阶段，协同度为 20%～30%，对应城市群形成发育的初级阶段。处在这一阶段的城市群，各城市之间相互面临的问题与冲突逐步加大，城市发展中遇到的区域性问题越来越多，单个城市已经无法解决面临的区域性问题，必须通过多个城市的联合协作才能解决，这些区域性问题与冲突的解决有利于各城市的健康发展。城市之间开始建立起相互促进、相互依存和相互制约的协同关系，城市之间不再是一个独立的个体，而是一个由多城市联盟的集合体，城市之间开始建立起较为紧密的合作机制与协同制度。

（四）协合阶段：中低级协同阶段

协合阶段是城市群协同发展的中低级阶段，也叫中低级协同阶段，协同度为 30%~40%，对应城市群形成发育的成长阶段。处在这一阶段的城市群，各城市之间相互面临的问题与冲突急剧增多，城市发展中遇到的区域性问题越来越多，单个城市已经无法解决面临的区域性共性问题，如区域性交通问题、污染联防联治问题、生态屏障建设问题、流域综合治理问题、城市功能疏解问题等，这些问题及其暴露出的区域冲突必须通过多个城市的紧密联合协作才能解决，城市之间建立起相互促进、相互依存和相互制约的协同关系和日益紧密的合作机制与协同制度，城市之间开始结盟成为一个命运共同体。

（五）协同阶段：中级协同阶段

协同阶段是城市群协同发展的中级阶段，也叫中级协同阶段，协同度为 40%~50%，对应城市群形成发育的成长阶段。处在这一阶段的城市群，各城市之间相互面临的问题和冲突与通过协同方式化解的冲突从总量上基本相当，各城市对协同发展的愿望强烈，期望通过协同发展解决共性问题，实现互利共赢的目标。城市之间建立起紧密的协同合作机制，结盟成为命运共同体。

（六）协振阶段：中高级协同阶段

协振阶段是城市群协同发展的中高级阶段，也叫中高级协同阶段，协同度为 50%~70%，对应城市群形成发育的成熟阶段。处在这一阶段的城市群，各城市之间通过协同方式解决的区域性问题与冲突远远多于通过非协同方式解决的问题与冲突，协同发展在各城市发展中占据主导地位，协同是各城市发展的生产力，协同出效益，协同促进城市振兴和有机成长。各城市对协同发展有着严重的路径依赖，期望通过协同发展实现共荣目标。

（七）一体化阶段：高级协同阶段

一体化阶段是城市群协同发展的高级阶段，也叫高级协同阶段，协同度为 70%~85%，对应城市群形成发育的成熟阶段。这里，协同不等于一体化，但一体化是协同发展的高级阶段。处在这一阶段的城市群，各城市之间通过协同方式实现了区域性产业发展与布局一体化、基础设施建设一体化、城乡发展与城乡同筹一体化、区域性市场建设一体化、社会发展与基本公共服务一体化、生态建设与环境保护一体化等，城市群地区演进成为高度一体化地区，形成高度依存、高度促进的经济共同体、市场共同体、环保共同体和命运共同体。

（八）同城化阶段：完全协同阶段

同城化阶段是城市群协同发展的顶级阶段，也叫顶级协同阶段，协同度为 85%~100%，对应城市群形成发育的顶级阶段。这里，协同发展不等于同城化，但同城化是协同发展的最高级阶段和终极目标。处在这一阶段的城市群，各城市之间通过同城化方式实现了规划同编、产业同链、城乡同筹、交通同网、金融同城、信息同享、市场同体、生态同建、污染同治、科技同兴的高度同城化，城市群演进成为高度一体化地区，形成高度融合的大都会地区。

在上述八大协同发展的阶段中，京津冀城市群目前处在第五阶段，即协同阶段，协同度为40%～50%，对应城市群形成发育的成长阶段。处在这一阶段的城市群，各城市对协同发展的愿望强烈，期望通过协同发展解决共性问题，实现互利共赢的目标。城市之间建立起紧密的协同合作机制，结盟成为命运共同体。

第二节　城市群区域协同发展与生态安全保障成效

按照《京津冀协同发展规划纲要》，重点从城市群产业发展一体化、交通基础设施建设一体化、生态建设和环境保护一体化、公共服务建设一体化四大重点领域分析2015～2017年京津冀城市群区域协同联动发展与生态安全保障取得的阶段性显著成效，以及存在的问题（表2.2）。

表2.2　2015～2017年京津冀城市群区域协同发展与生态安全保障取得的成效与存在的问题

重点领域	取得的成效	存在的问题
城市群产业发展一体化	<ul><li>汽车、新能源装备、大数据、生物医药、智能制造等重点产业对接协作成果丰富；</li><li>曹妃甸协同发展示范区、北京新机场临空经济区、张承生态功能区、天津滨海新区4个战略合作功能区取得重大进展，"4+N"产业合作格局得到巩固；</li><li>产业协同创新共同体逐步构建，北京在京津冀中的创新引领作用进一步强化；</li><li>非首都功能的低端产业和低端市场疏解快速推进；</li><li>区域产业协同政策体系不断完善，农业、新能源、养老、智能终端等具体产业相继出台协同办法</li></ul>	<ul><li>产业协同政策制定仍不够平等；</li><li>产业协同总体框架缺失，可能导致重复建设问题；</li><li>区域产业基础差距大致使产业链衔接相对困难</li></ul>
交通基础设施建设一体化	<ul><li>高效密集的轨道交通建设超前进行，正在构筑"轨道上的京津冀"；</li><li>便捷通畅的高速公路正在完善，"断头路"逐步打通；</li><li>依托津冀现代化港口群，打通北京便捷出海口；</li><li>建设国际一流的航空运输枢纽；</li><li>城市交通推行公交优先，京津冀交通一卡通互联互通覆盖面扩大</li></ul>	<ul><li>区域统筹、协调和决策的常态化机制尚不完善，区县一级缺乏直接对话协调机制；</li><li>"断头路""瓶颈路"仍存在，交通微循环不够通畅；</li><li>政策和制度保障滞后，缺乏跨区域交通基础设施投融资机制</li></ul>

续表

重点领域	取得的成效	存在的问题
生态建设和环境保护一体化	• 区域大气污染联防联控与空气质量协同改善效果显著。PM$_{2.5}$年均浓度显著降低至64μg/m³，协同治霾成效显著；大气污染治理工程成效显著；大气污染联防联控联治机制初步建立，京津冀三地统一区域重污染天气预警标准，联合应急、联动执法、协同治污力度不断加大。 • 区域水环境协同治理与水生态保护积极推进。永定河综合治理与生态修复工程正式实施，京津冀流域生态补偿探索实施，建成京津冀统一水环境监测网。 • 区域绿色生态空间共建稳步推进。京津风沙源治理二期工程顺利实施，京津冀生态屏障建设稳步推进，京津冀生态修复工程顺利进行。 • 京津冀区域生态补偿机制初步建立并取得一定成效。京津冀流域生态补偿处于探索阶段，京津冀碳交易市场初步建立，生态补偿处于初步探索阶段。 • 首都水源涵养功能区和生态环境支撑区建设规划编制完成并实施	• 大气污染治理缺乏统一协调机构，各地治霾目标不一致；雾霾污染合作治理机制水平低，区域补偿机制尚未构建； • 区域地表水总体为中度污染，治理难度大；京津冀协同发展与水污染协同治理"不同步"；京津冀水资源利用机制和水生态补偿机制"不协同"；农村地区缺乏相应污染源控制机制； • 区域生态体系不完备，生态保障能力低；区域生态建设协同推进机制不完善； • 尚未形成多元化的京津冀区域生态补偿机制，补偿标准过低且缺乏可持续性，补偿方式单一、横向补偿不足
公共服务建设一体化	• 基础教育一体化快速推进，学校联盟、结对帮扶、开办分校等跨区域合作成效显著；建立了京津冀跨区域职教集团，职业教育一体化加速发展；组建了京津冀创新发展联盟，互派高校教师挂职，高等教育一体化有序推进； • 医疗卫生实现全面合作，跨省定点医疗机构增加到1093家；重点医疗合作项目扎实推进；医疗协同成效显著，进京看病人数比例降低； • 人力社保合作框架体系初步建立，京津冀就业创业服务、社保顺畅衔接、职称资格资质互认、留学人员创业园实现共建；人力社保一体化有序推进，京冀互认定点医疗机构；就业创业一体化服务取得突破，京冀两地人力资源服务机构统一了就业创业服务标准； • 养老服务协同政策体系基本建立，协同养老机构建设有序推进，协同养老财政支持逐步增加，京津冀三地都建立了养老机构建设、运营补贴制度和养老机构责任保险补贴制度； • 协同创新机制和协同支撑平台取得突破；区域创新产业生态系统初步构建；区域科技创新合作有序推进	• 京津冀教育协同发展的管理体制需进一步明晰，合作机制需进一步理顺，基础教育配套建设和资源平衡问题需加快解决，京津冀干部教师队伍交流需进一步制度化、规范化； • 医疗政策规定不统一，信息共享不畅通，协同机制未确定，医疗水平差距大； • 人力社保协同发展机制尚未建立，人力资源互通共享机制缺位，人力社保异地服务标准化、信息化水平不足； • 养老政策不统一，养老资源配置不均，养老机构不够规范； • 区域科技创新联系与协作程度低；科技资源合理配置机制缺乏，创新要素流动性不足；科技成果转化不畅

一、产业发展一体化与产业转型转移协同发展

2015～2017 年，京津冀城市群在产业发展一体化与转型转移和一体化协同发展方面取得了显著成效。具体表现如下。

（一）区域产业协同发展的政策体系不断完善

2015 年先后出台了《中共河北省委、河北省人民政府关于贯彻落实〈京津冀协同发展规划纲要〉的实施意见》《京津冀协同发展产业转移对接企业税收收入分享办法》《京津冀协同发展产业升级转移规划（2015—2020 年)》《京津冀协同发展科技创新专项规划》《京津冀区域环境保护率先突破合作框架协议》《京津冀协同发展交通一体化规划》等，2016 年相继出台了《京津冀现代农业协同发展规划（2016—2020 年)》《"十三五"时期京津冀国民经济和社会发展规划》等，2017 年进一步出台了《京津冀能源协同发展行动计划（2017—2020 年)》《关于加强京津冀产业转移承接重点平台建设的意见》《关于进一步健全京津冀协同发展产业疏解配套政策意见》《保险公司跨京津冀区域经营备案管理试点办法》《保险专业代理机构跨京津冀经营备案管理试点办法》《京津冀休闲农业协同发展框架协议》《京津冀能源协同发展行动计划（2017—2020 年)》《京津冀协同推进北斗导航与位置服务产业发展行动方案（2017—2020 年)》等。这些产业协同政策向纵深层次发展，产业协同机制更加完善。从政策实施主体看，参与产业协同的部门不断增多，产业协同从宏观走向具体，农业、新能源、养老、智能终端等具体产业相继出台协同办法，产业协同的方向更加明确。

（二）重点产业和重点园区协同成效显著

一方面，汽车、新能源装备、大数据、生物医药、智能制造等重点产业对接协作成果丰富，现代制造业要素在京津、京保石、京唐秦等主要通道沿线地区快速集聚，跨界协同建设汽车、新能源装备、大数据、生物医药等优势产业链取得丰富成果。北京与承德、高碑店等重点地市积极展开现代农业科技示范带的对接。另一方面，曹妃甸协同发展示范区、北京新机场临空经济区、张承生态功能区、天津滨海新区 4 个战略合作功能区取得有效进展。曹妃甸协同发展示范区引导钢铁深加工、石油化工、装备制造、新能源部件等产业及产业链上下游企业向示范区集聚，促进金融、贸易、信息等生产性服务业集聚发展，吸引医疗、养老服务、旅游开发、现代农业等企业入驻，形成高端制造业与生产性服务业互促发展的循环共生产业链；北京新机场临空经济区大力发展科技研发、跨境电子商务、金融服务等知识密集型资本密集型的高端服务业，以及电子信息、先进制造等高新高端产业，打造国际交往中心功能承载区、国家航空科技创新引领区和京津冀协同发展示范区；

张承生态功能区突出生态屏障和水源涵养功能，推动健康、旅游、数据存储等生态友好型产业发展，共建京张文化体育旅游带；天津滨海新区引导北京金融服务平台、数据中心机构以及科技企业、高端人才等创新资源向滨海-中关村科技园集聚，首创京津合作示范区作为京津两市推进区域协同发展体制机制创新的试点平台，重点从环境技术、健康医疗、文化教育、旅游休闲度假、高技术研发及高端商务商贸六大产业层面展开合作。

（三）构建了产业协同创新共同体，非首都功能的低端产业和低端市场疏解快速推进

2015～2017年启动建设了46个产业转移承接重点平台（图2.3），其中涉及协同创新平台15个，现代制造业平台20个，服务业平台8个，现代农业合作平台3个。出台了《中关村国家自主创新示范区京津冀协同创新共同体建设行动计划（2016—2018年)》。跨京津冀区域科技创新园区链逐步形成，北京在京津冀地区的科技创新引领作用进一步强化。以2016年为例，中关村企业在津冀两地新设分公司134家、子公司720家，北京输出到津冀两地技术合同金额154.7亿元，同比增长38.7%。

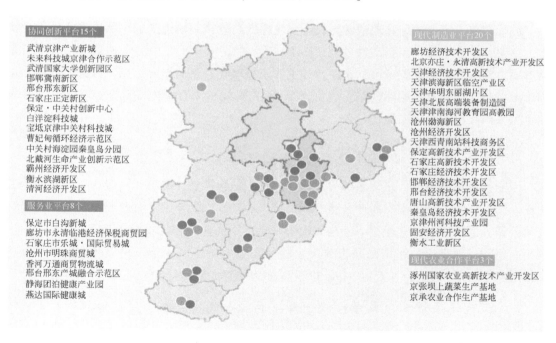

图2.3　首批京津冀产业转移承接重点平台（46个）图

资料来源：首都之窗，京津冀联合发布产业转移承接设置"2+4+46"个重点平台，

http://zhengwu. beijing. gov. cn/sy/bmdt/t1502502. htm（2017-12-21）

非首都功能的低端产业和低端市场疏解快速推进。北京2015年撤并升级清退150家低端市场，关停退出一般性制造业和污染企业326家；2016年拆除和清退各类商品交易市

场 117 家，关停退出一般制造和污染企业 335 家；2017 年疏解提升市场和物流中心 296 个，关停退出一般制造业企业 651 家。疏解过程主要以清退、改造、转移为手段，以平台承接为抓手，促使大量商户/企业转移到津冀地区。以大红门产业疏解为例，自 2014 年启动疏解以来，大红门地区市场疏解累计完成 45 家，主要疏解至永清国际商贸中心、白沟和道国际、石家庄乐城·国际贸易城、天津卓尔电商城、沧州明珠商贸城等地区。

二、交通基础设施建设一体化协同发展

2015～2017 年京津冀交通基础设施建设一体化协同发展取得了显著成效，在铁路、公路、港口、机场和城市交通五个领域开展了大量的互联互通工程并取得阶段性成效，交通一体化趋势不断加强。

（一）高效密集的轨道交通建设超前进行，正在构筑"轨道上的京津冀"

以建设"轨道上的京津冀"为目标，北京积极推动轨道交通发展，规划形成以干线铁路、城际铁路、市郊铁路和地铁四层轨道为支撑的高效密集轨道交通网络。在干线铁路方面，京沈高铁北京段、京张高铁分别于 2015 年、2016 年开工，2019 年底通车；在城际铁路方面，重点开工建设五条城际铁路，分别为京霸城际、京唐城际、京滨铁路、京雄城际和廊涿城际，拟建京石城际铁路；北京市郊铁路 S6 线作为直接连接北京首都国际机场与北京大兴国际机场的重要通道。

（二）便捷通畅的高速公路正在完善，"断头路"逐步打通

以完善便捷通畅的公路交通网为目标，北京正加快推进首都地区环线等国家高速公路建设，打通京津、京冀国家高速公路"断头路"，全面消除跨区域国省干线"瓶颈路段"。高速公路方面，京台高速北京段已于 2016 年底正式通车，密涿高速北京段、京秦高速、兴延高速和延崇高速公路均已开工建设，同时实施 109 国道北京段提级改造、承平高速（北京段）、京雄高速（北京段）和新机场高速南沿至河北雄安新区等工程。

（三）依托津冀现代化港口群打通北京出海口，建设国际一流航空运输枢纽

以津冀构建现代化港口群为契机，北京作为不直接临海城市，将依托津冀港口群促进本市无水港与天津、河北出海港口的协同发展，深化京津、京冀在集装箱、散杂货、能源等物资运输中的合作，打造北京便捷出海口，并不断优化完善无水港的集疏运体系，提升综合运输能力。以建设国际一流的航空运输枢纽为目标，北京大兴国际机场建成运营，形成了以机场为节点，集航空、地铁、高速公路等多种运输方式于一体的立体化交通网络。城市交通推行公交优先，京津冀交通一卡通互联互通工程有序推进，覆盖面扩大。

三、生态建设与环境保护联防联控联治联建一体化发展

(一) 区域大气污染的联防联控联治与空气质量改善效果显著

雾霾协同治理效果显著，$PM_{2.5}$浓度降低目标如期完成。京津冀地区$PM_{2.5}$年均浓度由2015年76.5μg/m³和2016年71μg/m³，降至2017年的64μg/m³，2017年比2013年下降39.6%，三地共护一片蓝天，协同治霾成效显著。

为确保大气环境质量提升打赢蓝天保卫战，京津冀三地大力实施"煤改电""煤改气"供暖改造工程，共建"无煤区"，并取得较好效果。2013年京津冀机动车国五排放标准启动实施，加快淘汰黄标车和老旧机动车，2013~2017年累计淘汰黄标车和老旧机动车216.7万辆，机动车尾气污染得到有效防治。

大气污染联防联控联治机制初步建立，三地统一区域重污染天气预警标准，联合应急、联动执法、协同治污力度不断加大。京津冀三地生态环境部门密切合作，大气污染治理从"单打独斗"，转换到联防联控联治，三地资源共享，责任共担，相互支持，对区域空气质量改善发挥了重要作用。2015年11月，三地环境保护部门签署合作协议，建立了京津冀环境执法联动工作机制，确定了定期会商、联动执法、联合检查、重点案件联合后督察、信息共享5项工作制度。2016年，京津冀三地制定实施《京津冀大气污染防治强化措施（2016—2017年）实施方案》。2017年制定实施《京津冀及周边地区2017年大气污染防治工作方案》《京津冀及周边地区2017—2018年秋冬季大气污染综合治理攻坚行动方案》。2016年，京津冀三地统一了空气重污染预警分级标准和应急措施力度。2017年4月，京津冀联合发布了首个区域环保标准《建筑类涂料与胶粘剂挥发性有机化合物含量限值标准》（DB 11/ 3005—2017）。三地统一区域重污染天气预警标准，联合应急、联动执法、协同治污力度不断加大。

(二) 区域水环境协同治理与水生态保护取得阶段性成效

永定河综合治理与生态修复工程正式实施。作为推动京津冀协同发展生态领域率先突破的重大标志性工程，永定河综合治理与生态修复已上升为国家战略。2016年，国家发展改革委、水利部、国家林业局联合印发《永定河综合治理与生态修复总体方案》。2017年4月《永定河综合治理与生态修复总体方案》正式实施。北京计划安排生态水源保障、沿河湿地、滨河森林、公园绿化、河道治理5类46项重点工程。永定河北京段将争取通过引流上游水，为北京新增2.6亿m³生态水源。

京津冀流域生态补偿探索实施。推进流域生态补偿，上下游共护水环境。2017年上半年，河北与天津正式签订《关于引滦入津上下游横向生态补偿的协议》，每年获得中央财

政奖励资金 3 亿元，天津、河北配套资金各 1 亿元。

京津冀水环境协同治理积极推进，建成统一水环境监测网。在同治水污染方面京冀两地共同筹措资金，协同治理水土流失面积 600km²，年可新增污水处理能力 59.66 万 t。严厉打击跨区域水环境违法行为，京津冀强化对交界区域水体污染的全面防控。京津冀三地 2016 年起建立京津冀及周边地区水污染防治联动协作机制，2017 年底前已建成统一的京津冀水环境监测网，深化京津冀及周边地区流域协作。

（三）绿色生态修复工程顺利实施，京津冀生态安全屏障建设稳步推进

京津风沙源治理二期工程顺利实施。京津冀三地积极落实京津风沙源治理二期工程造林营林任务。新增京冀生态水源保护林 50 万亩[①]。2016 年北京支持张承生态功能区建设，新增了京冀生态水源保护林 10 万亩，实施张承地区 122 万亩退化林改造，完成了京津风沙源治理二期工程造林营林 19.7 万亩。自 2013 年京津风沙源治理二期工程启动实施以来，河北已完成造林绿化 212.93 万亩。

京津冀生态屏障建设稳步推进。2016 年，国家林业局与京津冀三地政府在张家口共同签署的《共同推进京津冀协同发展林业生态率先突破框架协议》提出，京津冀三地将加快构建绿屏相连、绿廊相通、绿环相绕的一体化绿色生态安全屏障，为促进京津冀协同发展贡献力量。另外，太行山绿化三期工程顺利实施，年度造林目标均顺利实现。京津保平原生态过渡带建设顺利实施，目前官厅、密云水库上游水源涵养区营造 10 万亩生态水源保护林任务已顺利完成。京津冀生态修复工程顺利实施。源自京津冀水源涵养区生态保护修复工程的实施，张承地区生态环境支撑区和水源涵养功能区的作用初步显现，为改善京津冀生态环境贡献力量。河北成为首批国家山水林田湖生态保护修复试点省份。

京津冀区域生态补偿机制初步建立并取得了一定的成效，流域生态补偿处于探索阶段。近年来，在国务院有关部门和京津冀三省市的共同努力下，京津冀区域生态补偿机制初步建立并取得了一定的成效。国务院办公厅印发了《国务院办公厅关于健全生态保护补偿机制的意见》（国办发〔2016〕31 号），国家林业局积极配合有关部门和地方推进京津冀区域林业横向生态补偿机制，积极搭建区域生态协商平台，拓宽资金渠道，建立长效补偿机制，加快京津冀区域的生态保护与修复。京津冀三地涉水县市对建立生态补偿机制已形成共识，能有效缓解区域内水源地生态环境保护和经济社会发展的矛盾。以引滦入津工程为例，2016 年 7 月，河北与天津就引滦入津上下游横向生态补偿的跨界断面、水质标准、监测指标、补偿方案、治理重点等内容达成一致意见，签订了《关于引滦入津上下游横向生态补偿的协议》。通过协议的实施和治理，目前水质有了显著改善，基本达到水环境功能要求，滦河水面清澈，水生态环境大幅改观。

---

① 1 亩 ≈666.7m²。

四、公共服务一体化与联动协同发展

（一）区域教育一体化协同发展

基础教育一体化快速推进，学校联盟、结对帮扶、开办分校等跨区域合作成效显著。区域基础教育一体化发展迅速，北京西城区与河北保定，北京海淀区与河北张家口市政府间签署了教育合作协议，北京大兴区、天津北辰区与河北廊坊市政府间联合成立了三区市教育联盟，采取学校联盟、结对帮扶、开办分校等方式开展跨区域合作，整体提升学校管理水平。京津基础教育优质资源的辐射带动作用逐步凸显，目前已在天津、唐山、廊坊等地成立分校，并将在今后进一步扩大范围。优质教育资源共享深入推进，北京"数字学校"云课堂向天津和河北开放，京津冀三地中小学生可以共享北京基础教育优质数字资源。河北唐山率先接入北京数字学校平台系统，使全市中小学 1.2 万名教师及教研人员，近 80 万名中小学生受益。

建立了京津冀跨区域职教集团，职业教育一体化加速发展。通过建立跨区域职教集团，加快深化产教融合、校企合作、校校合作。目前已成立的区域职教集团包括北京交通职业教育集团、京津冀卫生职业教育协同发展联盟、京津冀艺术职业教育协同发展联盟、京津冀"互联网+"职业教育集团、京津冀模具现代职业教育集团、北京城市建设与管理职业教育集团等。北京朝阳区分别与河北唐山、承德签署了职业教育战略合作协议。据不完全统计，2015 年北京共有 18 所中职院校与河北、天津的 57 所职业院校开展了合作，2016 年北京与河北超过 10 对职业院校达成了合作意向，合作专业涉及楼宇智能、客户信息服务、旅游服务与管理等 17 个专业，合作内容包括技能人才培养、教师队伍建设、科教研合作等。三地联合推动师资培养，共享实习实训基地。

组建了 9 个京津冀创新发展联盟，互派高校教师挂职，高等教育一体化有序推进。目前，京津冀三地高校已先后组建了 9 个创新发展联盟，包括京津冀协同创新联盟、京津冀建筑类高校协同创新联盟、京津冀纺织服装产业协同创新高校联盟、京津冀农林高校协同创新联盟、京津冀高校新媒体联盟、京津冀轻工类高校协同创新联盟、京津冀医科大学发展联盟、高等师范院校教师职业协同发展联盟、信用教育联盟。创新发展联盟的建成为相关高校在师资共享、教育教学、联合培养、智库建设、产学研合作等多个方面开展深层次交流合作创造了良好条件。三地间实施了京津冀高校校长、管理干部、教师异地挂职交流计划。河北与北京互派 8 名教师到对方高校挂职，河北派出 12 名优秀中层干部到天津市属高校挂职。天津医科大学、天津工业大学等十余所高校先后派遣 100 余名教师到北京大学、清华大学等进行访学。

（二）区域医疗一体化协同发展

医疗卫生实现全面合作。京津冀三地已陆续签订医政、疾病防控、采供血、卫生应急、综合监督、药品医用耗材集中采购等方面的工作合作协议，在建立信息共享平台、突发事件协调联动、血液应急调剂等方面取得了积极进展；建成京津冀药品信息数据库，完成了三地药品编码的比对，实现了定期交换药品资质信息及药品价格信息的共享机制。三地已在全国范围内率先开展异地就医住院费用直接结算，2017年京冀两地签署了医保直接结算服务协议，河北燕达医院开通全国首家异地结算系统，北京与河北在全国率先实现异地就医直接结算。京津冀跨省定点医疗机构增加到1093家，90%以上的三级定点医疗机构已连接入网。超过80%的区县至少有一家定点医疗机构可以提供跨省异地就医住院医疗费用直接结算服务。

重点医疗合作项目扎实推进。2015年，北京与河北实施北京—燕达、北京—张家口、北京—曹妃甸3个重点医疗合作项目；2016年，落实北京—承德重点医疗合作项目；2017年，落实北京—保定重点医疗合作项目。此外，根据2016年中央关于京津两地对口帮扶河北张承环京津地区的工作部署，北京10个区医院确定对口帮扶河北10个区（县）医院的"一对一"结对帮扶方案。

医疗协同成效显著，进京看病人数比例降低。2016年9月，三地卫生和计划生育委员会在制定完成多个技术标准和协作规范的基础上，在京津冀区域内启动三地医疗机构临床检验结果互认试点工作，确定了27个互认项目和132家互认的医疗机构。2016年12月，实施影像检查资料共享试点工作，102家医疗机构试行共享17项影像检查资料。"北京天坛医院（张家口）脑科中心""北京积水潭医院张家口合作医院""北京友谊医院曹妃甸合作医院""北京安贞医院曹妃甸合作医院"等合作项目相继挂牌。通过京冀医疗合作，合作单位不仅留住了更多本地病人，也吸引了山西、内蒙古等周边外地患者。统计显示，2016年在北京全市二级以上医疗机构出院患者中，河北患者人数占比从2013年的9.1%降至2016年7.5%，非首都功能得到有效疏解。

（三）区域人力社保的协同发展

人力社保合作框架体系初步建立，三地就业创业服务、社保顺畅衔接、职称资格资质互认、留学人员创业园实现共建。按照共建、共育、共享、共担的原则，河北人力资源和社会保障厅对接京津人力资源和社会保障部门，目前已经分别签署了《京冀推动人力资源和社会保障工作协同发展合作协议》《津冀推动人力资源和社会保障工作协同发展合作协议》等13项合作协议，在推动三地就业创业服务、社保顺畅衔接、深化区域人才交流、职称资格资质互认、留学人员创业园共建等多方面达成一致，建立了全面系统合作框架体系。

人力社保一体化有序推进，京冀互认 9075 家定点医疗机构。根据北京和河北签署的《京冀推动人力资源和社会保障深化合作协议》，两地将从就业创业、社会保障、人才服务、劳动关系 4 个方面进一步加强省级合作，并确定曹妃甸、北京新机场、燕郊 3 个区域为深化合作、重点突破地区，共同推动两地人力资源合理流动和有效配置，加快京冀人社一体化进程。同时，河北自 2015 年 11 月开始实施"名校英才入冀"计划，组织省属重点高校和科研院所、国有骨干企业、大型民营企业进行招聘，定向招聘北京大学、清华大学、南开大学等北京、天津重点高校优秀毕业生，目前全省共引进 1747 名优秀毕业生，同时对招录招聘的优秀毕业生建立了房租补贴制度。在社会保障衔接方面，京冀两地将互认 9075 家定点医疗机构，其中北京有定点医疗机构 2188 家，河北有 6887 家。在京冀两地长期驻外和退休后异地安置的基本医疗保险参保人员，今后都可从这 9075 家定点医疗机构中选择自己在异地就医的定点医院，从而方便群众异地就医。

就业创业一体化服务取得突破，京冀两地 2152 家人力资源服务机构统一了就业创业服务标准。在促进就业创业一体化服务方面，京冀两地的 2152 家人力资源服务机构将按统一标准，为群众提供职业介绍、职业培训、流动人员人事档案管理等一系列人力资源服务。京津冀三地签署《专业技术人员职称资格互认协议》，三地互认专业技术人员职称资格、人力资源市场从业人员资质等人才资质，打破地域界限和人才流动壁垒。此外，三地建立了劳动保障监察执法协查机制，规范了京津冀跨地区劳动保障监察案件协查工作，提高了劳动保障监察案件办理工作质量和效率，为建立京津冀劳动保障监察执法协作平台打下良好基础。

（四）区域养老的一体化协同发展

养老服务协同政策体系基本建立。2016 年，为指导和协调京津冀三地加快养老服务业协同发展，京津冀签署了《京津冀区域养老工作协同发展合作协议》和《京津冀区域养老服务协同发展试点方案》，并联合在北京高碑店地区、天津武清区、河北三河市开展试点。河北出台了《河北省养老机构管理办法》《关于推进养老机构责任保险工作的意见》《关于对养老机构实行奖补的意见》等配套法规政策，基本形成了上下贯通、相互衔接的养老服务优惠政策体系。

协同养老机构建设有序推进。为了适应人口老龄化需要，北京谋划在天津、河北共建一批高水平的护理医院和康复医院。北京卫生和计划生育部门采取积极应对政策，包括加强康复护理体系建设，设立 17 家康复医院、护理院和疗养院，85 家医疗机构开设了康复医学科，开放床位 2312 张。2017 年，扶持京籍老年人入住津冀地区养老机构的试点机构由 3 家扩展为 9 家。目前，9 家试点机构共收住了 2000 多位北京老人。三地将共享养老服务信息网络平台，实现三地养老服务信息资源实时发布、同步共享、远程获取、公开公正。

协同养老财政支持逐步增加，三地都建立了养老机构建设、运营补贴制度和养老机构责任保险补贴制度。天津出台了《天津市民政局 天津市财政局关于调整养老机构补贴标准的通知》，大幅度调整机构养老一次性建设和运营补贴标准。来天津建设养老机构的京冀属企事业单位和社会组织同样享受养老床位综合责任险补贴。北京在金融扶持政策方面，正在研究将试点机构的建设和发展纳入北京金融支持养老服务业发展的政策范畴，探索以北京养老产业发展引导基金和支持试点机构的投资企业发行企业债券等多种形式进行建设扶持和产业支持。京津冀发布《京津冀区域养老工作协同发展实施方案》养老扶持政策"跟着老人走"的范围将扩大到协同发展区域所有养老机构。

（五）区域科技创新一体化协同发展

协同创新机制和协同支撑平台取得突破。两市一省先后签署了《京津冀协同创新发展战略研究和基础研究合作框架协议》《北京市、天津市关于加强经济与社会发展合作协议》《天津市、河北省深化经济与社会发展合作框架协议》等一系列合作协议。三地紧紧围绕中央的战略部署和顶层设计，在机制探索、产业协作和链条建设等方面加强合作，创新平台建设迈出了新步伐。2015 年，京津冀全面创新改革试验区获得国家批复。河北·京南国家科技成果转移转化示范区（京津科技成果转化项目）、北戴河生命健康产业创新示范区、京津冀大数据综合试验区和环首都现代农业科技示范带也先后获得批复。依托这些创新平台，一批高技术项目落户河北，其中中关村海淀园秦皇岛分园已引进 108 家中关村高新技术企业，保定·中关村创新中心已签约入驻企业机构 86 家，中国（河北）博士后成果转化基地吸引 49 位博士后企业签约。截至 2017 年底，河北建立产业技术联盟 65 家、各类众创空间 200 余家，秦皇岛（中科院）技术创新成果转化基地、中国科学院唐山高新技术研究与转化中心建设顺利，北京大学科技园石家庄分园已开园运营，河北与京津合作共建各类科技产业园区 55 个。

区域科技创新合作有序推进，中关村科技园先后与廊坊、承德、唐山、滨海新区、保定、宝坻区等区域签订战略合作协议，扎实推进在协同创新、产业协作、人才交流等方面的合作。在整体合作基础上，中关村深度参与天津滨海-中关村科技园、宝坻区京津中关村科技城、保定·中关村创新中心、固安大清河园区中关村科技成果转化基地等一批园区和基地的规划、开发建设与运营管理，并取得积极进展。

第三节 城市群区域协同发展与生态安全保障存在问题及应对策略

京津冀城市群区域协同发展与生态安全保障建设虽然取得了显著的阶段性成效，但与协同发展目标相比仍有较大差距，尚且存在一系列需进一步协调和联防联控联建联治的问题，需要继续提出协同联动发展策略。

一、存在问题

（一）产业转移与产业协同发展政策存在较多的不平等和不对等

产业转移与承接政策衔接不够。虽然区域发展水平是不平衡的，但给予的发展政策以及发展机会应该是平等的。北京同天津、河北目前的产业协同政策，不管是区域层面、省际层面还是城际层面，受行政单元等级和经济实力的影响均太大，存在较多的不平等和不对等。北京要向河北、天津疏解非首都功能，将部分经济部门和部分公共事业部门转移出去，但对承接非首都功能的区域给予相应的用地和产业政策的重视不够。北京作为首都，政治地位高，在京津冀区域中处于绝对优势地位，这种差异导致了资源与人才呈现单向流动，从而进一步加剧了发展的不平衡。城际和省际产业合作不可避免地会受到政治、经济的地位影响，但京津冀区域层面的产业协同政策需要充分考虑多方需求、协调多方利益，更重要的是要体现公平对等。

产业协同总体框架缺失，可能导致重复建设问题。在现行体制下，各区域的发展虽有国家宏观规划的指导和地方各部门的推动，但由于既有利益格局的约束，区域之间的产业的内在联系在很大程度上被行政体制所阻隔，一方面地区之间横向交流力度不够，另一方面地方保护主义仍然存在，导致很多新兴产业园区存在功能交叉重复、同质化竞争等问题。低水平重复建设难以避免，高水平重复建设也频频出现，致使京津冀三地的比较优势难以充分发挥。

区域产业基础差距大致使产业链衔接相对困难。京津冀城市群区域内产业层次及资源禀赋落差较大，产业链以及创新链、功能链的对接融合不够，高效的产业和技术梯度转移对接路径尚未形成，创新合作存在一定难度。由于区域产业协作配套水平不高，区域整体竞争能力未能形成。例如，中关村科技园以电子信息产业、先进制造业为代表的科技产业的产业链配套目前主要来自长江三角洲、珠江三角洲两地，津、冀两地的电子工业和精密机械制造工业的产业基础、工人技能与长江三角洲和珠江三角洲相比存在较大差距。

（二）雾霾治理任重道远，生态环境协同建设尚未形成横向生态补偿机制

缺乏统一的协调机构，各地治霾目标容易出现不一致的问题。由于雾霾不分行政区域，如果有一地拖后腿则其他地区很难完成目标。因此，成立强有力的跨区域大气治理机构迫在眉睫。雾霾污染合作治理机制水平低，地方政府执行力不足。目前，京津冀治理雾霾的合作机制水平较低，仍处于应急合作和机制构建的初级阶段。一些暂时性、强制性的措施并不能常态化。京津冀合作治理雾霾的参与主体单一，更多依靠政府部门的力量，而

忽视了企业、非政府组织、公民个人等行为主体的参与。雾霾协调治理机制虽已形成，但松散型行政合作缺乏强有力组织保障和财力支持。雾霾治理成本和代价不断提高，雾霾治理的区域补偿机制尚未构建。

京津冀区域地表水总体为中度污染，治理难度大。2016年京津冀区域地表水总体为中度污染。在水环境保护方面，尽管近年来京津冀各自做了大量工作，出台了相关政策，关停了一批污染企业，水环境保护工作较之前得到了加强，但是水环境质量下降的情况并没有从根本上得到遏制。京津冀协同发展与水污染协同治理"不同步"，仍存在"一亩三分地"的思维定式，区域间行政化管理模式难以突破，缺乏跨界水资源污染一体化治理的联控机制，使得区域协同发展与共同治理错位。京津冀水资源利用机制和水生态补偿机制不"协同"。京津冀三地地位不对等，产业结构不一致，尽管河北水资源紧缺，但仍担负着为京津两地提供足够优质水资源的主体功能，经常先保障京津两地的需求，却没得到相应的补偿或获得合理回报，区域水生态补偿机制和污水排放交易机制不健全，没有体现资源与水生态的"共建"与"共享"，相应的法律法规不健全，这是制约和影响京津冀水污染协同治理的主要原因，造成水资源保护和经济发展不"协同"。农村地区缺乏相应污染源控制机制。就区位环境而言，京津冀地区囊括华北平原、海河流域，农村环境污染问题日趋严重，成为不容忽视的污染源。县域经济发展中追求GDP增长，高碳工业依然在发展，特别是农村燃煤散烧、污水乱排、土壤污染问题日益严重，农村环境污染随着不合理的施肥比例而日趋严重，而且重氮肥轻磷钾肥，重化肥轻有机肥，使得施肥结构不合理。农村目前散居的生活方式，导致农村能源利用结构不可能根本改变，再加上农村机动车也在不断增加，脏、乱、差状况相对严重，使农村成为水污染的主战场。此外，采取的水资源保护措施，以及相关整治措施在农村难以执行到位。京津冀地区地下水污染问题已成为限制该区域农业可持续发展的重大障碍之一。

区域生态体系不完备，生态保障能力低，修复难度大；区域生态建设整体协同推进机制不完善，制约因素明显。尚未形成多元化的京津冀区域生态补偿机制，补偿标准过低且缺乏可持续性，补偿方式单一、市场化补偿和横向补偿不足。京津冀地下水开发利用程度偏高。相较于全国，京津冀地下水超采严重，水位明显下降，据中国测绘科学研究院数据显示，截至2014年6月京津冀地区年均沉降速率超过50mm的面积达到4569km^2，这与过量开采地下水息息相关。

（三）交通一体化协同发展的常态化机制尚不完善

区域统筹、协调和决策的常态化机制尚不完善，区县一级缺乏直接对话协调机制。在区域统筹协调方面，京津冀区域事务的协商均采用"一事一议"的形式，尚未形成常态化、制度化、可持续的议事和决策机制，由此造成了协同规划难、审批手续多、协调工作繁等诸多问题。同时，京津冀交通一体化中多数工程涉及京津、京冀两地甚至京津冀三地，审批手续往往更加复杂，容易对工程和项目周期造成影响。京津冀三地之间虽然建立了省级的协商机制，但区县一级仍缺乏直接的对话和协调机制。

"断头路""瓶颈路"依旧存在，交通微循环不够通畅。由于早期规划不对接、建设不同步、施工标准不统一，京津、京冀间存在着"断头路"和"瓶颈路"。虽然环北京高速"断头路"基本打通，但国道和高速的支线、分支线还很缺乏，京津、京冀部分相邻区县间缺少直通路，交通微循环不够畅通。

政策和制度保障滞后，缺乏跨区域交通基础设施投融资机制。随着《京津冀协同发展交通一体化规划》等战略、规划文件的出台，京津冀交通一体化发展的目标、框架已经逐渐明朗，但是相配套的政策保障措施（如土地、资金的落实政策等）相对滞后，导致项目推进过程中困难重重甚至无法落实。在交通投融资方面，缺乏有效的跨区域交通基础设施投融资模式，虽然已经成立了由三省市政府及中国国家铁路集团有限公司组建的京津冀城际铁路投资公司，但并未涉及高速公路、市郊轨道交通等领域。

（四）公共服务协同发展不统一、不均等问题仍较突出

京津冀教育协同发展的管理体制需进一步明晰，京津冀三地政府和教育主管部门的合作机制需进一步理顺，基础教育配套建设和资源平衡问题需加快解决，京津冀高等教育协同发展的方向与路径需进一步明确，京津冀职业教育布局调整与产业转型升级、供给侧结构性改革同步适应问题需进一步加强，京津冀干部教师队伍交流需进一步制度化、规范化。

医疗政策规定不统一，信息共享不畅通，协同机制未确定，医疗水平差距大。

人力社保协同发展机制尚未建立，由于行政区划的分割，京津冀政府缺乏具有实际职权的社会保障协作机构。当前这种地区间的联席会议制度缺乏法治化治理方式，不利于保障京津冀合作协商机制的权利行使。人力资源互通共享机制缺位，人力社保异地服务标准化、信息化水平不足，三地社会保障业务服务还未实现标准化，统一的信息技术平台尚未建立，制约着人力社保协同对接以及一体化建设的推进。

养老政策不统一，养老资源配置不均，养老机构不够规范。京津冀三地在养老金额、报销比例、管理制度等方面差异较大，扶持京籍老年人入住津冀地区养老机构的试点机构数量较少，尚无法支撑养老协同发展的全面铺开。养老社会事业整体水平与经济发展水平仍不适应，在社会经济发展、养老服务水平和质量层次上产生的差异极为明显，尤其在卫生、社会保障等方面的养老服务供给仍然不足，养老资源供给与需求不匹配，农村养老事业发展缓慢，有待进一步完善。养老机构规模、数量、质量不健全，服务标准不统一，不利于提升三地养老机构规范化水平。

区域科技创新的联系与协作程度低；科技资源合理配置机制缺乏，创新要素流动性不

足；区域技术承接能力不强，科技成果转化不畅；有效的区域创新协同发展机制尚未建立。

二、应对策略

（一）进一步推进产业转移与非首都功能疏解力度，"一对一"精准对接建设一批京津冀协同发展"微中心"

继续巩固提升"2+4+N"产业承接平台。在"4+N"产业合作平台基础上，将北京城市副中心和河北雄安新区纳入非首都功能疏解支撑平台体系，形成"2+4+N"的新产业平台体系。支持河北雄安新区发展高端高新产业，服务北京企业参与河北雄安新区基础设施建设，引导高端项目向城市副中心转移布局，推动河北雄安新区与城市副中心两翼联动。强化区域产业链上下游协同，优化区域布局；继续推进北京（曹妃甸）现代产业发展试验区建设，加快首钢京唐二期、金隅·曹妃甸协同发展示范产业园等项目建设步伐；进一步引导北京金融服务平台、数据中心机构以及科技企业、高端人才等创新资源向滨海–中关村科技园集聚，加快首创京津合作示范区等项目建设步伐，推动设立天津滨海–中关村科技园产业发展基金；发挥2022年冬季奥运会筹办的牵引作用，携手张家口大力发展体育、文化、旅游休闲、会展等生态友好型产业，共建京张文化体育旅游带。推动北京·沧州渤海新区生物医药产业园、滦南（北京）大健康产业园、北京（深州）家具产业园建设。促进产业对接合作，推动京津合作示范区发展。加快建设京津冀大数据综合试验区，促进北斗导航与位置服务产业联动发展。

通过"一对一"的精准对接与精准疏解，建设一批京津冀协同发展的"微中心"。根据京津冀地区各县市不同区域资源环境、产业基础、人文历史禀赋，因地制宜、突出特色、区别对待，分类施策，沿环京津地区铁路、高速交通干道重要节点，高起点规划、高标准建设一批精准对接、彰显特色、定位明确、设施完善、生态宜居的京津冀协同发展"微中心"，人口规模在30万~50万人，包括综合性微中心和专业性微中心，集中实现北京非首都功能的精准疏解。

建立"点对点、园对园"的产业精准对接机制，组建一批特色产业转移新基地。建立"一对一、点对点、区对区、园对园"的精准对接机制，避免产业承接的无序竞争；联合组建特色产业联盟，打造跨区域协同创新产业链；抑制高耗能高排放行业跨界转移，建立和完善对落后产能淘汰企业和项目的补偿机制；打造京津冀中医药研发基地，承接京津生物医药创新成果产业化项目；建设环京津现代农业产业带和首都绿色农产品生产供应基地。

探索建立京津冀产业协同发展的利益共享机制。通过建立跨区域项目财税利益分配机制，推进跨区域项目合作共建；通过完善园区合作共建财税利益分配机制，支持各方共建, 促进地区间加强合作, 推进产业转移; 通过建立"飞地经济"财税利益分配机制, 促进飞地经济有序发展, 缓解落后地区发展瓶颈制约; 通过建立企业迁建财税利益分配机制, 理顺迁入地、迁出地之间的利益关系, 优化产业布局; 在公共服务方面, 要建立京津冀三地的利益共享机制, 如建立医疗保险共享机制、义务教育一体化共享机制、人才共享一体化机制。

（二）建立京津冀区域多元化交通投融资模式与耕地占补平衡指标统一交易平台

完善区域统筹规划和议事决策机制。以京津冀三省市交通一体统筹协调小组为依托, 加强三地统筹协调, 打破行政分割和市场壁垒, 建立顺畅的对话机制和决策机制, 推动实现体制机制一体化。按照区域协同发展的要求, 协商制定交通规划"一张图"。按照"协同优先"的原则, 安排建设项目, 规划设计、建设施工、资源调配、项目实施必须按照同一标准、同一时限进行, 做到同步推进、同时投入使用, 从源头上确保交通一体化。同时, 在现有的省级对话协商机制的基础上, 探索建立区县级的对话协商机制; 优化审批程序, 通过下放、精简、并联办理等方式提高手续办理效率。

创新投融资体制, 探索建立多元化的交通投融资模式。以"轨道交通+土地"共同开发的模式作为重点, 促进轨道交通与土地综合开发相结合, 将轨道交通与土地综合开发的利用需求纳入土地利用总体规划和城市规划中统筹考虑, 并在综合开发用地供应模式、用地指标支持、土地开发强度、土地综合开发的监管和协调等方面出台相应的实施细则, 有效促进"轨道交通+土地"模式的全面落实。此外, 鼓励和吸引社会资本参与交通基础设施建设和运营, 通过健全和完善 PPP 制度框架和法规体系, 建立优秀的信用约束和风险分担机制, 完善市场准入及退出机制, 以及加快机构及人才队伍建设等措施, 开拓多元化的交通投融资渠道。

加强土地、资金等专项政策支持, 建立京津冀区域耕地占补平衡指标统一交易平台。密切跟踪支持交通加快建设的土地、审批、财税等政策调整, 加强相关保障政策的研究与落地。土地方面, 以严格保障耕地总量和保护生态环境为前提, 建立耕地占补平衡指标统一交易平台, 在京津冀全域范围探索试行跨省域、数量和质量并重的耕地异地占补平衡政策。做好项目储备, 增加合理有效投资, 制定有效的投资滚动计划; 加大资金投入力度, 切实提高资金使用效益, 对多式联运、交邮融合、"互联网+便捷交通"等先行先试项目给予重点支持。

（三）研发京津冀区域生态联动与生态安全保障决策支持技术, 健全京津冀污染治理协同机制和横向生态补偿制度

研发京津冀区域生态联动与生态安全保障决策支持技术, 包括区域协同安全会诊技术、生态安全格局优化技术、生态健康评价技术和区域生态联动与生态安全保障决策支持

技术等，为京津冀生态安全保障提供技术支撑。

健全京津冀雾霾治理利益协调机制，建立多元主体参与机制，加强区域雾霾协作治理长效机制，完善雾霾治理合作成效保障机制。基于整体性治理思路，在京津冀合作治理雾霾的省际合作机制下，建立以政府部门为主导，囊括企业、非政府组织、公民个人的多元主体参与机制，促进区域信息与技术共享，积极发挥各主体在雾霾共治中的作用。环保民间组织等一些非政府组织要加大宣传力度，努力提升公民的环境保护意识；企业、环境污染第三方治理机构等相关企业切实履行社会责任，运用专业技能为治理雾霾做出贡献；公民个人也要积极行动起来，培养自己的主人翁意识，竭尽全力绿色出行，不要露天焚烧垃圾。建议成立京津冀协同发展环境专项工作领导小组，负责京津冀地区的环境保护工作；在组织运行上要加强协作长效的维持机制，努力推动将目前的区域性临时合作上升为制度规范下的长期合作，这是京津冀合作治理雾霾的最佳选择。同时，完善雾霾治理合作成效保障机制、环境保护监督机制、相应奖惩机制。

构建京津冀水资源一体化统筹协同机制。从国家战略高度统筹污水治理的顶层设计，全盘考虑，从水污染防治、水生态保护与修复到水污染排放总量的限制以及排污标准的设定等方面分工协作，统筹安排，建立相关组织，降低协调成本。构建水资源利用与水生态补偿相协同机制，建立京津冀流域之间的水生态补偿制度，落实生态补偿资金，让水资源的主要提供者得到相应的补偿，此外还可建立用于保护跨区域水源保护专项事项的专项补偿基金。通过建立京津冀水资源补偿机制，重新进行利益分配，使得河北在水资源的防治工作中得到补偿。加快京津冀污水治理的一体化进程，实施长期有效的水污染质量监测机制。根据《水污染防治行动计划》要求"2017年底前，京津冀、长江三角洲、珠江三角洲等区域、海域建成统一的水环境监测网"。借助"互联网+"平台，利用公众监控、监督，不仅可以指导水污染治理工作的开展，还可以防止水污染行为的扩张，基于信息平台，一方面综合分析三地的水环境状况，明确治理重点，有的放矢；另一方面建议从顶层成立治理部门，明确制度责任，并探索"河长制"形成跨区域管理模式。最终，建立跨界水污染信息交流平台、完善区域水污染突发状况应急响应预案，加大联防联控力度。

加大生态建设财政投入力度，实现绿色生态空间均衡协调发展。加大地方财政，特别是三省市一级财政的投入力度，把生态建设投入纳入各级政府公共财政预算体系。河北省可以参照京津两市经验，建议省财政对生态建设投入不低于当年一般预算性财政收入的1%。针对重点领域和重点区域实施一批生态建设重大工程项目。逐步实现重点区域工程造林按实际成本投入，减少资金缺口。通过补短板，实现绿色生态空间均衡协调发展。深化京津冀绿色生态空间协同合作机制。抢抓京津冀协同发展战略机遇，建立和深化高层次京津冀大生态建设组织协调机构，定期召开对接洽谈会议，实现不同行政区域生态建设的无缝对接。加强京津冀三地的生态建设的高度合作，启动和实施京冀水源涵养林、京冀生态保护等一批重大合作项目，启动津冀水源涵养林等一批合作项目，建立京津冀联防联治机制，防止森林病虫害和森林火灾的跨区域发展。开展林业碳汇核算、碳汇交易等研究，争取与国内外碳汇项目合作。开展京津冀科研单位和大专院校的合作，加强专业人才培养，提高专业技术水平和林业科技水平。

设立生态补偿相关基金，健全横向生态补偿制度。建议按照地方财政收入的一定比例（如1%～2%），设立京津冀生态补偿专项基金。或借鉴发达国家的经验做法，通过政府开征环境税、气候变化税等作为投资，建立按企业模式运作的商业化基金，用于京津冀区域内生态涵养区的生态保护，发展生态友好型产业。建立京津冀生态共同发展基金和区域开发银行，用于区域跨界重大基础设施建设补助、生态治理、区域信息平台建设等公共服务领域，对跨界重大项目的实施给予资金支持。实现京津冀生态环境协同发展就必须建立省际横向生态补偿机制，政府层面建立健全与生态补偿相关的法律法规，京津冀三地设立专门的生态补偿政府机构，同时完善纵向生态补偿财政转移支付制度。建议坚持"谁受益、谁补偿，谁污染、谁付费"的原则，建立健全京津冀区域横向生态补偿制度，深化区际生态环境领域的合作。逐步建立并完善环境行政公益诉讼制度，不断完善环境损耗赔偿制度，实现全社会对生态环境监管情况的监督。

（四）进一步推进京津冀公共服务均等化的协同发展

坚持规划引领与结构调整相结合，推进教育、医疗资源合理布局，建立京津冀教育、医疗协同发展长效机制，积极引导有基础、有条件的医院与首都三甲医院开展实质性对接合作。

推行京津冀三地社保医保一卡通，发展跨地区远程医疗。运用先进的技术手段，建立完备的人力社保信息化网络。例如，建立和完善统一的养老保障管理信息系统、统一的养老保障业务数据库，推行京津冀三地医保一卡通，发展跨地区远程医疗等，以便掌握参保人的最新情况和加强对领取人的资格审查。推动建立具有实际行政权能的专门社会保障协同管理机构，处理跨地区的社会保障事务。管理机构可由三地的社会保障部门或相关职能部门归为一个大部门进行管理，增强管理机构的综合管理功能。加强京津冀社会保障部门之间的沟通与合作，提高政府运行效率，实现区域利益最大化和各方利益的公平分享。

强化政策衔接，增加养老资源的统一供给；做好跨省异地医保结算，加速推进异地养老；推动养老机构规范化建设，完善养老服务标准；打造特色养老基地；强化养老服务人才队伍建设，提高养老服务水平。

建立部省（直辖市）协同工作机制，加强顶层设计；探索科技资源共享机制，打造创新要素共同体；构建成果转移和产业化平台，加快技术转移扩散；开展联合科技攻关和应用示范，支撑重点领域产业升级。

（五）提升京津冀协同发展领导小组办公室行政级别，开展京津冀协同发展成效的第三方评估

创新京津冀协同发展工作办公室机制，提升行政级别，设立专职负责人。为推动京津冀协同发展，各省（直辖市）、各县市均成立了推进京津冀协同发展领导小组办公室，基本上挂靠在各级发展改革委，省级协同发展领导小组办公室主任由省（直辖市）发展改革委副主任兼任，行政级别为厅级单位。地级市推进京津冀协同发展领导小组办公室挂靠在地级市发展改革委，由市发展改革委副主任兼任，行政级别为副处级单位。由于行政级别较低，办公室主任在推进京津冀协同发展中的行政调动能力就受到了很大限制，而且是相互兼职，顾得上就协同，顾不上就不去协同，导致哪头都干不好。考虑到京津冀协同发展过程将是一个长期的过程，建议升格省（直辖市）级京津冀协同发展领导小组办公室为副省级单位，至少由一个省委常委或副省长专职任领导小组办公室主任（而不是兼任），赋予一定程度的事权和财权；升格地级市京津冀协同发展领导小组办公室的行政级别为副厅级单位，至少由一个市委常委或副市长专职任办公室主任，全力推进京津冀协同发展工作，做到责任到人，任务到人，协同到位。官员考核将协同发展作为一个考核指标和业绩的重要方面，激发协同发展的动力和张力。

借助国家权威的科研机构开展京津冀协同发展成效第三方评估。京津冀协同发展取得了哪些进展，取得了哪些成效，存在哪些问题，协同发展中需要进一步解决哪些问题等一系列问题都需要由权威的第三方评估机构做出科学、真实、公正的评估。通过评估，总结成绩，发现问题，为进一步推进京津冀协同发展积累经验，避免走弯路，多见成效。为国家制定京津冀协同发展决策和跟踪协同发展的动态走向提供科学决策依据。

主要参考文献

方创琳. 2014. 中国城市群研究取得的重要进展与未来发展方向. 地理学报，69（8）：1130-1144.

方创琳. 2015. 科学选择与分级培育适应新常态发展的中国城市群. 中国科学院院刊，30（2）：127-136.

方创琳. 2017. 京津冀城市群协同发展的科学基础与规律性分析. 地理科学进展，36（1）：15-24.

方创琳，毛其智. 2015. 中国城市群选择与培育的新探索. 北京：科学出版社.

方创琳，宋吉涛，蔺雪芹. 2010. 中国城市群可持续发展理论与实践. 北京：科学出版社.

方创琳，姚士谋，刘盛和. 2011. 中国城市群发展报告 2010. 北京：科学出版社.

第三章 城市群区域生态安全协同保障决策支持系统设计

从解决城市群地区多要素多模块组成的生态安全保障综合联动集成会诊技术、结构设计技术和功能分解技术等技术难题出发，运用 GIS 一体化开发平台和地理空间优化模拟技术，构建城市群区域生态安全协同保障决策支持系统（EDSS），采取一系列生态安全会诊技术方法、生态安全评价与预警技术方法和生态安全优化与保障技术方法，生成多要素、多情景、多目标和多重约束的协同发展方案，发挥生态安全保障的总调控器、总协同器和总优化器功能，实现城市群区域生态协同与生态安全保障一体化的目标。

第一节 EDSS 设计的科学理论基础

推进京津冀城市群协同发展主要以协同论、博弈论、突变论和耗散结构论作为科学理论基础（图 3.1），其中协同论是京津冀城市群协同发展的核心理论基础，博弈论和突变

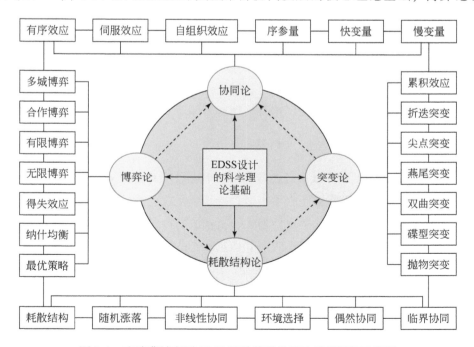

图 3.1　京津冀城市群 EDSS 设计的科学理论基础框架示意图

论是城市群协同发展的基本理论基础，这些科学理论基础同时构成了城市群区域生态安全协同保障决策支持系统（EDSS）设计的科学理论基础。

一、基于协同论的城市群协同发展

按照德国斯图加特大学教授、著名物理学家哈肯的基本观点（哈肯，1989；郭治安和沈小峰，1991），城市群作为远离平衡态的开放系统，通过与外界的物质或能量交换，推动城市群内部各城市之间发生协同作用，自发形成时间、空间和功能上的有序结构。协同论认为，在城市群发展环境中，各个城市子系统间存在着相互影响、相互合作、相互干扰和制约的非线性关系。由多个城市组成的城市群系统，由于城市子系统的相互作用和协作，呈现出某种程度的协同规律性。协同论应用于城市群，可将城市之间的关系分成竞争关系、合作关系和共生关系3种情况，每种关系都必须使城市之间的各种因子保持协调消长和动态平衡，才能适应环境进而持续健康发展。协同论在城市群协同发展中的指导作用体现在以下三大方面。

（一）城市群协同发展的有序效应

有序效应是指城市群系统中多个城市相互协同而产生的整体或集体效应，城市群系统能否发挥协同效应是由系统内部各城市的协同作用决定的，通过协同一切可以协同的力量来弥补城市的不足。协同得好，城市群系统的整体性功能就好，产生1+1>2的协同效应。可见，协同作用是城市群有序结构形成的内在动力。任何一个复杂的城市群系统，当受到外来能量或物质影响达到某种临界值时，城市之间就会产生协同共振作用。这种协同作用能使城市群系统在临界点发生质变产生协同效应，促使城市群系统从无序变为有序，从无序混沌状态中产生一种稳定的耗散结构分支，这种结构成为保障城市群健康发展的关键。

（二）城市群协同发展的伺服效应

伺服效应是指城市群复杂开放系统在协同发展中遵循快变量服从慢变量，序参量支配城市子系统的行为。这里的快变量是指在城市群系统受到干扰而产生不稳定性时，试图使城市群系统重新回到稳定状态的变量，具有阻尼大、衰减快的特点；慢变量是指在城市群系统受到干扰时，使城市群系统离开稳定状态走向非稳定状态的变量，体现出城市群系统处在稳定态与非稳定态临界区时无阻尼、衰减慢的特点。序参量实质是指城市群系统在接近不稳定临界点时，系统的动力学结构通常由少数几个序参量决定，而城市群系统其他变量的行为则由这些序参量支配。这里的序参量是指在城市群系统演化过程中从无到有变化的关键变量，是影响城市群系统各要素由一种相变状态转化为另一种相变状态的集体协同行为。正如协同学的创始人哈肯所说，序参量主宰着城市群系统演化的全过程（哈肯，1993）。

（三）城市群协同发展的自组织效应

自组织效应是指城市群系统在没有受到外部扰动的情况下，其内部各城市之间能够按照某种规则自动形成一种相对有序的结构或相对稳定的功能，体现出城市群的内在性、非线性相干性和自生性特点。自组织效应解释了在外部能量流、信息流和物质流输入的条件下，城市群系统会通过多个城市之间的协同作用而形成新的时间、空间或功能有序结构，这种过程可视为城市群系统从无序向有序演化的自然过程（黄磊，2012）。

二、基于博弈论的城市群协同发展

博弈论是指研究在特定条件制约下的多个个体或团队之间对局中利用相关方策略而实施对应策略的理论，也称赛局理论（弗登博格和梯若尔，2010）。按照博弈论的观点，城市群内部各城市之间存在着竞争或对抗的博弈行为，参加竞争的各方各自具有不同的目标或利益，为了达到各自的目标和利益，竞争各方必须考虑对手的各种可能行动方案，并力图选取对自己最为有利的行动方案。城市群协同发展中的博弈问题由局中人（当事人、参与者等）集合、策略集合以及每一对局中人所做的选择赢得集合3部分组成。博弈论在城市群协同发展中的理论指导作用体现在以下四大方面。

（一）城市群协同发展的多城博弈与合作博弈效应

在城市群协同发展的博弈中，每一个城市都是一个局中人，其中有两个城市参与的博弈称为"两城博弈"，由多个城市参与的博弈称为"多城博弈"。根据城市博弈的不同基准可分为合作博弈和非合作博弈。城市群协同发展中的合作博弈是指相互发生作用的城市之间有一个具有约束力的协议，否则就是非合作博弈。在城市群协同发展中，按照一个城市对其他城市的了解程度可分为完全信息博弈和不完全信息博弈。其中，完全信息博弈是指在博弈过程中，每一个城市对其他城市的特征、策略空间及收益函数信息有准确的了解；不完全信息博弈是指如果参与城市对其他参与城市的特征、策略空间及收益函数信息了解不够准确，或者不是对所有参与城市的特征、策略空间及收益函数信息都有准确的了解，那在这种情况下进行的博弈就是不完全信息博弈。

（二）城市群协同发展的有限博弈与无限博弈效应

在城市群协同发展的一局博弈中，每个城市都可选择实际可行的行动方案，即方案不是某阶段的行动方案，而是指导整个行动的一个方案，一个城市的一个可行方案称为这个城市的一个策略。如果在一个博弈中这个城市共有有限个策略，则称为"有限博弈"，如果有无限个策略就称为"无限博弈"。

（三）城市群协同发展的最优策略与得失效应

在城市群协同发展的一局博弈中，一局博弈结局时的结果称为得失。每个城市在一局博弈结束时的得失，不仅与该城市自身所选择的策略有关，还与城市群所有城市所选定的一组策略有关。因此，一局博弈结束时每个城市的得失是城市群全部城市所选定的一组策略的函数，称为支付函数。通过支付函数的优化，可选择出各城市都能够接受的最优策略，这就是协同发展。

（四）城市群协同发展的均衡偶与纳什均衡效应

所谓纳什均衡，是指城市群内部各城市博弈后得出的一个稳定的博弈结果。任何具有优先策略的两个城市博弈至少有一个均衡偶，这一均衡偶称为纳什均衡点。均衡偶是在两个城市的零和博弈中，当城市 A 采取其最优策略 a^*，城市 B 也采取其最优策略 b^*，如果城市 B 仍采取策略 b^*，而城市 A 却采取另一种策略 a，那么城市 A 的支付不会超过其采取原来的策略 a^* 的支付。这一结果对城市 B 亦是如此。这样，"均衡偶"就可定义为：一对策略 a^*（属于策略集 A）和策略 b^*（属于策略集 B）称之为均衡偶，对任一策略 a（属于策略集 A）和策略 b（属于策略集 B），总有：偶对 $(a, b^*) \leqslant$ 偶对 $(a^*, b^*) \geqslant$ 偶对 (a^*, b)（范如国，2011）。在城市群协同发展中，实际存在着产业转移博弈、一体化价格博弈、环境污染博弈等。

三、基于突变论的城市群协同发展

按照汤姆（Thom R.）提出的突变论思想，突变论研究的是从一种稳定组态跃迁到另一种稳定组态的现象和规律。突变论认为，在严格控制条件下，如果质变中经历的中间过渡态是稳定的，那么它就是一个渐变过程，质态的转化，既可通过飞跃来实现，也可通过渐变来实现，关键在于控制条件。当城市群系统处于稳定态时，标志该系统状态的某个函数就取唯一的值。当参数在某个范围内变化，该函数有不止一个极值时，城市群系统必然处于不稳定状态。城市群系统从一种稳定状态进入不稳定状态，随参数的再变化，又使不稳定状态进入另一种稳定状态，那么，城市群系统状态就在这一刹那发生了突变。

在城市群协同发展中，一些微小的原因通过长时期渐变可产生"慢性沉积效应"，达到一定程度的临界阈值时，这种沉积效应就会使城市群系统产生突变。这一突变过程表现为折叠形突变、尖点形突变、燕尾形突变、双曲形突变、椭圆形突变、蝴蝶形突变和抛物形突变等不同类型（Thom，1989）。突变论认为，城市群系统中任何一种运动状态，都有稳定态和非稳定态之分，在微小的偶然扰动因素作用下，仍然能够保持原来状态的是稳定态；而一旦受到微扰就迅速离开原来状态的则是非稳定态，通过稳定态与非稳定态的相互交错作用，推动城市群在突变中协同发展。

四、基于耗散结构论的城市群协同发展

根据耗散结构论（黄润荣和任光跃，1988；沈小峰等，1987），城市群可看作是一个开放的动态涨落系统，城市群演变的机制就在于偶然性的随机涨落过程。随机涨落产生与放大过程取决于城市群系统熵的二阶超量的贡献，即城市群系统的超熵产生：$\delta xp = \dfrac{\mathrm{d}}{\mathrm{d}t}\left(\dfrac{1}{2}\delta^2 S\right)$。其中，$\delta^2 S$ 可看作是描述城市群系统微分方程的李雅普诺夫函数。由局域平衡假设，恒有 $\delta^2 S = 0$。

（一）城市群协同发展过程是一个随机涨落过程

当李雅普诺夫函数 $\delta xp > 0$ 时，城市群系统处于接近平衡发展态，系统内产生的小涨落无法被放大，因而无法对城市群的演化造成影响；当李雅普诺夫函数 $\delta xp = 0$ 时，城市群系统处于临界稳定的发展态，即临界耦合态；当李雅普诺夫函数 $\delta xp < 0$ 时，城市群系统处于不平衡的稳定发展状态，系统内产生的微涨落将迅速放大成"巨涨落"，城市群发展状态就会由一种不稳定的低级协同态跃变为另一种新的高级协同有序态，出现耗散结构分支。城市群系统的这种内涨落与外涨落互相叠加、相互同步和近远程共振，加剧了城市群系统演化规律的复杂性。

（二）城市群协同进化过程是一个非线性协同过程

按照耗散结构理论，城市群系统是城市之间以及各城市内部各要素间非线性相互作用的系统。在城市群协同发展中，作为"营养源"的生态环境系统和作为"营养汇"的城市系统之间存在着极复杂的反馈、自催化、自组织、自我复制等非线性相互作用，这种非线性相互作用使无数个微观行为得到"协同"和"合作"，产生出宏观的"序"，促使城市群系统形成了错综复杂的层次结构体系。良性的耗散结构具有极强的自调节能力和抗干扰能力，其结果降低了城市群系统的熵值，创新了城市群系统的耗散结构。恶性的非耗散结构则使城市群系统的不稳定性增大，熵值升高，结构遏制了功能的良好发挥，其结果加速了城市群系统耗散结构的消亡，不利于城市群的健康发展。

（三）城市群协同发展过程是众多涨落并存并最终由环境选择的过程

城市群协同发展状态的形成，并非协同过程中的某一个涨落过程放大而来。实际上能真正成为一次具体协同推力要素的，是众多涨落中的某一个或很少的几个要素，其余要素只能被淘汰。具体哪个涨落被放大或淘汰，归根到底由生态环境选择来决定。环境在众多同时并存的涨落中选择某一个或少数几个与自身产生的"外涨落"步调一致的涨落，将其放大并稳

定下来形成新的有序结构，即新的高级协同态，从而决定了城市群协同发展的主要方向。

（四）涨落形成过程的随机性决定了城市群系统协同发展的偶然性

由于城市群系统内每一个城市或每一个要素的运动本质上都是随机过程，城市群系统在所有形成的无数个涨落类型中，在特定时刻恰好形成这种或那种特定类型涨落是一种概率事件，这种偶然性的随机涨落决定了城市群系统协同演化的方向带有很大程度的偶然性。正如普利高津指出，系统进化的最终状态取决于微小涨落产生的概率，在这种意义上，协同演变便成为一个随机的过程（方创琳，1989）。

（五）几个涨落的合作与竞争加剧了城市群系统协同进化过程的复杂性

推动城市群系统协同进化的涨落不只是一个，往往是一个以上被放大的涨落，多个被放大的涨落通过合作和竞争决定城市群协同演化的方向。在合作与竞争过程中，随着某一参量达到新的临界值，合作基础不复存在，竞争机制不断加强，具有旺盛生命力的涨落在竞争中获胜，单独主宰城市群系统的有序结构和耦合方向，这无疑加大了城市群系统协同进化的复杂性。

五、基于博弈—协同—突变论的城市群螺旋式协同发展

从协同论、博弈论、突变论的科学原理可知，城市群协同发展过程是一个漫长的博弈过程，其间不可避免地经历博弈、协同、突变、再博弈、再协同、再突变等重复循环的非线性螺旋式上升过程，每一次博弈—协同—突变过程，都推进城市群的协同发展迈向高级协同阶段（图3.2），进而体现出城市群协同发展有着明显的阶段性。受外部干扰、非线

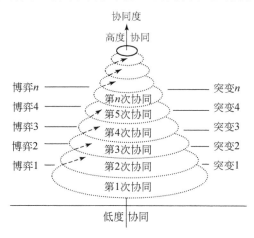

图3.2　京津冀城市群协同发展的螺旋式上升过程示意图

性不稳定性和随机涨落、突变等因素的影响，这种阶段性规律表现出波浪式的变化特征（图3.3），但总体趋势还是向着协同方向发展。

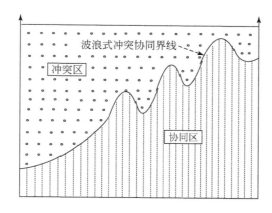

图3.3　京津冀城市群波浪式冲突协同界线变化示意图

第二节　EDSS 总体设计思路与技术路径

一、EDSS 总体设计思路

（一）EDSS 的结构设计技术

围绕城市群区域协同与生态安全保障决策支持需求，基于智能 GIS 一体化集成技术和地理空间优化模拟系统框架，以可靠性、安全性、可扩展性和人机交互为原则，研发交互语言系统、区域生态协同问题系统、生态安全标准数据库、优化模拟模型库、生态协同和生态安全保障方法库与专家知识库"六位一体"的城市群区域生态安全协同保障决策支持系统（EDSS）的结构设计技术（图3.4），为决策支持系统研发提供构架支持。

（二）EDSS 的功能分解技术

采用"核心功能分解—技术分解—涉众域分解—非核心功能分解"的系统功能分解思路，研发城市群区域生态安全协同保障决策支持系统的功能分解技术，将其核心功能模块分解为生态健康联合会诊模块、关键胁迫因子协同辨识模块、生态监管协同模块、生态安全联评联控模块、生态风险联防预警模块、生态安全格局联合优化模块、受损生态空间恢复与生态服务功能协同提升模块（图3.5），为决策支持系统研发提供功能分解和配置支持。

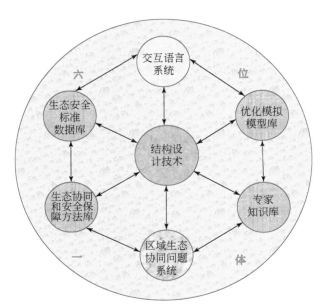

图 3.4　EDSS 的功能设计示意图

图 3.5　EDSS 的功能分解示意图

（三）EDSS 的综合联动集成技术

以 GIS 开放式插件和组件设计技术为基础，采用 Microsoft. net framework 平台整合嵌入式 GIS 组件开发工具 ArcEngine 和 Microsoft Visual Studio 开发工具集，运用灵活、有效、方便、友好的 C#编程语言，研发基于复杂系统的多要素、多元件、多模块相互嵌入、交互作用的生态安全保障综合联动集成技术（图 3.6），实现不同功能模块的动态配置和动态调用，实现整体数据库、模型库和方法库的共享，实现将多个独立运行的生态安全决策支持模块在统一界面上系统集成。

（四）EDSS 的多目标优化模拟技术

采用知识推理、逻辑表示、产生式表示和基于案例的表达等知识表达方法，建立能有效保障区域协同与生态安全的综合知识库；构建协同关联模型、级别交互模型、知识时空

图 3.6　EDSS 的综合联动集成技术示意图

推理模型、异步演化模型等方法，通过标准化组装和时空棱镜等技术建立生态安全保障模型库；采用基于 ArcGIS 平台的自适应地图可视化技术、遗传算法、免疫算法、群体智能算法和时空立方体模型建立多尺度多维人工智能优化模拟库。最终形成一套集成 GIS 时空分析、优化模拟模型与地理案例推理的城市群多目标优化模拟决策模型，为决策支持研发提供多情景模拟与多目标优化决策功能。

（五）EDSS 的分析与方案优选

以决策支持系统为平台，面向京津冀生态安全保障的目标导向需求，综合多重生态协同优化目标，设计京津冀城市群生态协同、分散管理、生态安全高保障、中保障和低保障等多种优化情景，通过协同决策调控相关主控要素参量，生成多要素、多情景、多目标和多重约束的协同发展方案（图 3.7），并对备选方案的优劣势进行综合比对分析和综合权衡，为生态环境容量和生态安全保障双约束下的京津冀协同发展和生态型城市群建设提供技术支撑和决策参考。

二、EDSS 研发的技术路线

针对城市群地区生态安全面临的问题，基于各种生态安全保障技术，整合各类数据库和模型库，研发由多要素、多模块组成的生态安全保障结构设计技术、功能分解技术、综合集成技术和多目标优化模拟技术，进一步研制城市群区域生态安全协同保障决策支持系统，并生成多要素、多情景、多目标和多重约束的协同发展方案。具体技术路线包括如下几个步骤（图 3.8）。

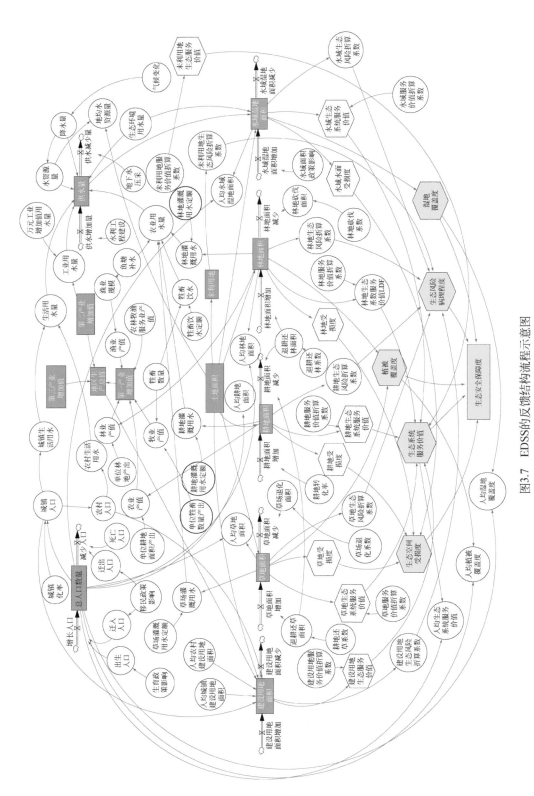

图3.7 EDSS的反馈结构流程示意图

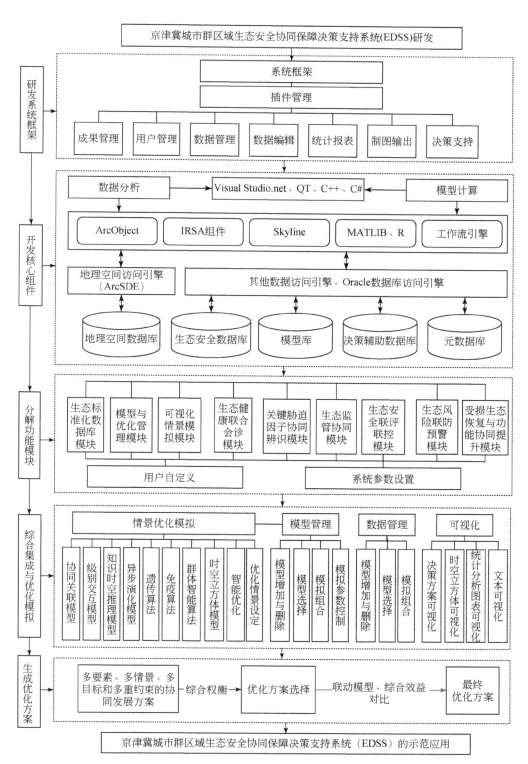

图 3.8 京津冀城市群区域生态安全协同保障决策支持系统（EDSS）研发的技术路线图

（一）研发系统框架

EDSS 的基本框架主要包括插件管理、系统主控及其公用的分析、地图的输出等功能。利用 C++等面向对象语言，结合动态库机制实现插件管理与系统主控；基于插件管理和系统主控，结合功能模块开发实现成果管理、用户管理、数据管理、数据编辑、制图输出、决策支持等功能。

（二）开发核心组件

核心组件包括数据层和组件层。数据层主要完成地理空间数据（多分辨率影像和多比例尺矢量数据）、生态安全数据、决策辅助数据、元数据等的存储、备份及其数据索引管理等，其中格式化数据采用 Oracle 数据，非结构化数据采用 NoSQL 数据库。组件层主要包括数据访问引擎、IRSA 组件、Skyline、MATLAB 和工作流引擎等。EDSS 是具有一定功能的计算机应用软件和硬件组成的人机交互系统，系统设计开发不仅需要开发语言平台的支持，还需要 GIS 开发技术、模型分析计算软件、数据库技术的支持。

（三）分解功能模块

除了将 EDSS 的核心功能分解为生态健康联合会诊模块、关键胁迫因子协同辨识模块、生态监管协同模块、生态安全联评联控模块、生态风险联防预警模块、生态安全格局联合优化模块、受损生态空间恢复与生态服务功能协同提升模块外，非核心功能模块主要包括生态标准化数据库模块、模型与优化管理模块、可视化情景模拟模块等。其中，生态标准化数据库模块主要实现元数据管理、数据标准化管理与维护、数据查询和浏览等功能；模型与优化管理模块主要实现模型增加与删除、模型选择、模拟组合、模型参数的输入和输出设置及其模型运行流程控制功能；可视化情景模拟模块主要实现模拟仿真数据、过程与结果的可视化。

（四）综合集成与优化模拟

EDSS 的综合集成包括数据库的综合集成、模型库的综合集成、核心功能和非核心功能的综合集成等。可采用协同关联、级别交互、知识时空推理、异步演化等方法，通过标准化组装和时空棱镜等技术建立生态安全保障数据库；采用基于 ArcGIS 平台的自适应地图可视化技术、遗传算法和时空立方体模型建立多尺度多维仿真模拟模型库，链接各功能模块，构建城市群生态安全保障协同决策支持平台。可视化情景优化模拟主要采用模糊综合评价模型、生态安全格局优化模型、元胞自动机模型、MAS 模型、SD 情景分析模型、线性规划、贝叶斯决策、模型驱动决策支持方法、智能优化算法等进行仿真模拟，并基于 AO 和 Skyline 实现地理空间数据的二三维可视化，利用流式地图（flow map）结合堆积图

（stack graph）实现模拟过程与结果的可视化，基于标签云技术，实现文本可视化。

（五）生成优化方案

以决策支持系统为平台，以生态安全数据库、生态安全保障模型库和多尺度多维人工智能优化模拟库为基础，综合多重生态协同优化目标，解析多种约束机制，设计城市群生态协同、分散管理、生态安全高保障、中保障和低保障等多种优化情景，通过协同决策调控主控要素参量，生成多要素、多情景、多目标和多重约束的协同发展方案，并对备选方案的优劣势进行综合比对分析和综合权衡，最终筛选出优化方案。

第三节　EDSS 研制的主要技术方法

面向城市群生态安全保障的目标导向需求，研发 EDSS 需要采取一系列生态安全会诊技术方法、生态安全评价与预警技术方法和生态安全优化与保障技术方法，通过协同决策调控某一主控要素参量，生成多要素、多情景、多目标和多重约束的协同发展方案。可供选择的技术方法如下。

一、生态安全会诊技术方法

生态安全的思想最早出现于 20 世纪 40 年代的土地健康及土地功能评价当中，其概念建立在环境安全的基础上。1989 年国际应用系统分析研究所阐述全球生态安全检测系统问题时，首次提出生态安全的概念。广义的生态安全是指在人类的生活、健康、安乐、基本权利、生活保障来源、必要资源、社会秩序和人类适应环境变化的能力等方面不受威胁的状态，包括自然生态安全、经济生态安全和社会生态安全，三者组成一个复杂的人工生态安全系统；狭义的生态安全是指自然和半自然生态系统的安全，即生态系统敏感性和整体水平的反映。目前较常用的生态安全会诊技术方法有障碍因素诊断方法、空间生态安全诊断方法、能值分析诊断方法、生态足迹诊断方法和能值-生态足迹诊断方法等。

（一）障碍因素诊断方法

障碍因素诊断方法是在对生态安全进行综合评价的基础上，对单项指标和分类指标的障碍作用大小进行评估，遴选阻碍生态安全的主要障碍因素。障碍因素计算采用因子贡献度、指标偏离度和障碍度 3 个指标来进行诊断，因子贡献度表示单项因素对总目标的影响程度，即单因素对总目标的权重，指标偏离度表示单项指标与生态安全目标之间的差距，设为单项指标标准化值与 100% 之差；障碍度分别表示第 i 年分类指标和单项指标对生态安全的影响，是生态安全障碍诊断的目标和结果。障碍因素诊断方法是目前生态安全会诊最常用的模型，采用障碍因素诊断方法需结合生态安全评价指标体系。张锐等（2013）基于 PSR 模型的评价指标体系，采用熵值法和障碍度模型，对我国耕地生态安全进行了评价，具体过程为：①在界定耕地安全概念基础上基于 PSR 构建耕地生态安全评价指标体系；②基于熵值法计算耕地生态安全指数，并划分生态安全等级；③根据障碍因素诊断方法遴选主要障碍因素，进而给出政策建议。

（二）空间生态安全诊断方法

空间生态安全诊断是基于 GIS 的生态安全诊断，通过空间属性的加入以及合理的评价标准划分，可以确定生态安全的问题区，并为生态安全优化提供建议。和春兰等（2015）采用此方法对沘江流域进行了评价，具体过程如下：①基于 PSR 模型构建评价指标体系；②划分基本评价单元，在 GIS 技术下进行综合指数计算；③确定生态安全阈值，划分问题区域并给出相应政策建议。基于栅格尺度的研究比以乡镇为尺度的研究更为精细，减少了数据的误差，结果也更为可靠。同时，基于 GIS 的生态安全诊断能够直接定位生态安全预警与不安全区域，利于采取更有针对性的改善措施。此种方法改进的方向主要在于生态安全阈值的科学确定，以及结合时间序列数据对生态安全的演化区域进行深入探讨，以得出更具操作性的改善措施。

（三）能值分析诊断方法

能值分析是奥德姆（Odum）在 20 世纪 80 年代创立的，其通过利用能值转换率对各种生态流进行统一的单位转换，实现了不同质及不同等级能量之间的统一度量，可定量分析评价系统结构和功能的动态变化。对于人工生态系统而言，以能值表征的环境潜力与能值产出率的乘积大于环境负荷率，在此基础上的人工生态系统才是可持续的。曹明兰和李亚东（2009）对唐山市生态安全进行了综合评价，具体过程为：①构建城市生态安全评价指标体系，并采用能值分析进行计算；②构建能值安全指数，即能值表征的环境潜力与能值产出率的乘积与环境负荷率之比，该比值越大，表明生态安全水平越高；③划分能值安全指数阈值，将生态安全等级划分为不同等级并进行分析。基于能值分析的城市生态安全评价模型从资源占有与利用角度分析人类活动对城市环境的影响，此方法克服了指标繁多、有重复、指标单位不统一而导致的可比性差等缺点，更客观反映了地区生态安全状态并为生态环境的管理和决策提供了科学依据。

（四）生态足迹诊断方法

生态足迹是指在现有技术条件下，维持某一人口单位（一个人、一个城市、一个国家或全人类）生存所需要的或者能够容纳人类所排放的废物的、具有生物生产力的地域面积。与能值分析类似，对于人工生态系统而言，只有地区生态足迹小于地区具有生物生产力的地域面积，该人工生态系统才是可持续的，即处于生态安全状态。肖建红等（2011）以舟山群岛为例，基于生态足迹方法对其生态安全状况进行了评价，具体过程为：定义区域弹性生态足迹与区域刚性生态足迹，继而定义海岛旅游地生态安全概念；基于海岛生态足迹模型构建海岛生态安全评估框架；确定海岛生态安全评价标准，在生态安全系数大于1的情况下，即海岛生态承载力大于生态足迹的情况下，海岛处于生态安全状态。

（五）能值-生态足迹诊断方法

能值-生态足迹方法充分考虑生态经济系统的开放性特征，在全面分析生态系统的能量流、物质流基础上，首先划分消费项目，引入能量折算系数，将项目消费与产出量折算成能量；然后以项目的能量乘以相应的能值转换率，将各种不同类型、不同种类的能量流换算为太阳能值，再通过能值密度，将各消费项目的太阳能值转换为相应的生物生产性土地面积，计算区域生态足迹与生态承载力，由此确定区域可持续发展程度。能值-生态足迹方法具有简明科学、易于理解和操作、便于地区间比较等特性，被广泛应用于生态安全研究。王耕等（2014）基于能值-生态足迹模型对辽河流域生态安全进行了诊断，具体过程为：①确定地区生态承载力指标，包含自然生态承载力与本地产品产出承载力两个方面；②确定生态足迹指标，包括资源消费足迹与污染足迹；③构建生态安全指数，即人均生态足迹与人均生态承载力的比值，继而确定生态安全分级标准。生态安全指数小于1，则地区处于生态安全状态；生态安全指数大于1.5，则地区处于生态不可持续状态，亟须采取措施予以改善。基于研究结果，可以采取针对性的改善措施。

二、生态安全评价与预警技术方法

常用的生态安全评价与预警技术方法包括 DPSIR 模型、主成分投影评价模型、投影寻踪模型、模糊/熵权物元模型、变权模型、惩罚型变权预警模型和 SD 模型等。

（一）DPSIR 模型

DPSIR 框架模型由 PSR 模型演化而来，由欧洲环境署于 1993 年首次提出。PSR 模型的基本内涵是人类活动给环境和自然资源施加压力（P），会改变环境与自然资源质量的状态（S），人类社会又通过环境、经济、土地等政策决策或管理措施对这些状态变化做出响应（R），减缓对环境的压力，实现可持续发展，该模型揭示了人类与环境资源相互作用的链式因果关系。与 PSR 模型相比，DPSIR 模型增加了驱动力和影响因素。其中，驱动力是指造成区域环境变化的潜在原因，如经济增长；影响是系统所处的状态反过来对人类健康和社会经济结构产生的影响。在国外，DPSIR 模型因能揭示环境与人类活动的因果关系，被广泛接受和普遍使用，为人类活动资源环境与可持续发展研究的方案及其评价提供概念模型，还被应用于跨学科间的研究。由于人类活动对环境的影响只能通过环境状态指标随时间的变化而间接反映出来，PSR 框架变形为压力–状态–影响–响应框架（press-state-impact-response，PSIR）。它能够衡量一定状态下的生态环境所承受的压力，这种压力对生态环境所产生的影响，以及社会对这些影响所做的响应等。在 PSR 框架的基础上，联合国可持续发展委员会（United Nations Commission on Sustainable Development，UNCSD）又建立了驱动力–状态–响应框架（driving force-state-response，DSR），"驱动力"指标是指推动环境压力增加或减轻的社会经济或社会文化因子。

1997 年欧洲环境署和欧洲共同体统计局对 PSR 框架进行了延伸，提出驱动力–压力–状态–影响–响应（driving force-press-state-impact-response，DPSIR）模型。DPSIR 模型弥补了 PSR 模型的缺陷——人类活动对环境的影响只能通过环境状态指标随时间的变化而间接地反映出来（张继权等，2011；李玉照等，2012）。该模型的基本思想是，由于人类经济活动的"驱动"给自然资源和环境施加了"压力"，改变了环境的"状态"和自然资源的质量与数量，给系统内部和外部造成了"影响"，人类社会通过调整环境与经济政策对这些变化做出"响应"，减缓环境压力、维持系统的持续性（邵超峰等，2008）。因此，模型中各因素之间具有明显的因果关系，能够监测各指标之间的连续反馈机制，是寻找人类活动与环境影响之间因果链的有效途径，因而得到普遍认可与应用。

（二）主成分投影评价模型

主成分投影模型的原理是在对指标值进行无量纲化和适当加权处理的基础上，通过正交交换将原有的指标转换成彼此正交的综合指标，从而消除指标间的信息重叠问题；再利用各主成分设计一个理想决策向量，以各被评价对象相应的决策向量在该理想决策向量方向上的投影作为一维的综合评价指标（吴开亚等，2004）。通过指标的正交变换和计算样本投影值等过程实现，投影值越大，表明区域生态安全状况越好；反之，则越差。这是一种多指标决策与综合评价的方法，主成分投影法只能对计算结果排序，了解所评价对象的先后顺序，但无法确定所评价对象的等级，决策者无法根据排序的结果进行科学判断和决策，从而带来不必要的损失。

（三）投影寻踪模型

投影寻踪是处理和分析高维数据的一类新兴的统计方法，其基本思想是将高维数据投影到低维（1~3 维）子空间上，寻找出反映原高维数据的结构或特征的投影，以达到研究和分析高维数据的目的。1974 年，美国斯坦福大学的弗里德曼和图基首次将该方法命名为 projection pursuit，即投影寻踪。投影寻踪方法属于直接由样本数据驱动的探索性数据分析方法（聂艳等，2015）。它把高维数据通过某种组合投影到低维子空间上，对于投影到的构形，采用投影指标函数来描述投影暴露原系统某种分类排序结构的可能性大小，寻找出使投影指标函数达到最优（即能反映高维数据结构或特征）的投影值，然后根据该投影值来分析高维数据的分类结构特征（如投影寻踪聚类评价模型），或根据该投影值与研究系统的实际输出值之间的散点图构造适当的数学模型以模拟系统输出（如投影寻踪等级评价模型）。投影寻踪模型的建模步骤包括高维样本数据的预处理，确定系统输入；构造投影指标函数；优化投影指标函数；建立系统模型。该模型广泛应用于环境质量评价与环境监测、地球物理学、水资源调查与水利规划、大气科学、农业基础科学等自然科学。在城市与土地科学领域，用于城市生态系统健康评价、城市群地区耕地集约利用评价、土地资源承载力综合评价、耕地安全评价、土地生态安全评价、土地整治效益评价等（高杨等，2010）。

（四）模糊/熵权物元模型

物元是描述事物的名称、特征及量值等基本元素的简称，模糊/熵权物元模型是研究物元及其变化并用以解决矛盾问题的规律和方法。模糊/熵权物元模型把模糊集合从区间扩展到了整个实数轴上，丰富了事物的内涵，能更加客观地反映真实世界的情况。该模型优点是有助于从变化的角度识别变化中的事物，运算简便，物理意义明确，直观性好；缺点是关联函数形式确定不能规范，难以通用。模糊/熵权物元模型的评价步骤为：确定生态安全物元，构建经典域与节域物元矩阵，确定待评物元，计算关联函数和关联度，计算综合关联度并确定评价等级（鲍超和方创琳，2005；罗文斌等，2008）。在生态系统、生态安全评价、环境质量评价、水安全、土地生态安全评价、生态环境脆弱性评价、人居环境质量评价等方面广泛应用。

（五）变权模型

变权模型是一种新兴的权重分析方法，它在决策分析和知识表示等领域均具有广泛应用，是因素空间理论的重要研究内容之一。该模型可以克服评价预测过程中每个主控因素在整个研究区只有一个常权的缺陷，极大提高了脆弱性评价的理论水平和预测精度（周彬等，2015）。变权模型不仅能够考虑常权模型所能反映的各主控因素权重的相对重要性，也能有效地对常权模型无法刻画的各主控因素在研究区不同单元的指标状态值变化对因变量的控制作用进行考虑，更重要的是可以考虑多种主控因素指标状态值在不同组合状态水平情况下的作用，这种作用通过不断调整主控因素在研究区不同单元的权重随其状态值的变化而变化来实现，分区变权模型既注重各主控因素对因变量的控制作用，也注重各主控因素之间相互关联关系的控制作用，揭示了各主控因素对目标控制作用的机理和变化规律，因而其评价思路更加合理，评价方法更加先进，评价结果更符合生产实际（武强等，2013）。该模型在脆弱性评价、环境质量评价、区域生态风险评价、水和大气环境质量评价、可持续发展评价等方面应用广泛。

（六）惩罚型变权预警模型

由于生态系统具有自我恢复能力，如果人类各种人类活动在生态系统自我恢复能力的"阈值"容许范围内，就可以自我修复而不会对生态安全产生影响，但如果生态安全的威胁累积到一定程度并超过其自身修复的"阈值"，那么它就会成为生态安全存在和发展能力的限制因素，并可能造成不可逆转的后果。因此，生态安全预警就不得不突出问题的严重程度，而惩罚型变权正好可以使指标权重随危险因素与其"阈值"差距的大小变动，有利于更好地查找和排除这些危险隐患。基于惩罚型变权的生态安全警情评价基本思路是：首先，制定反映研究区域特点的生态安全预警指标体系和指标警限；其次，通过一定预测方法预测预警指标未来值，为系统未来预警进行数据准备；再次，确定各因子的"基础权"，并通过制定一定的惩罚规则，对低于某一惩罚水平因子的权重进行调整，从而制定出相应时期各因子的"变权"；最后，将各评价指标通过一定的数学模型"合成"一个整体的综合评价值。

（七）SD 模型

SD 模型是基于系统动力学理论，吸取反馈理论与信息论的精髓，并借助计算机模拟技术集诸家于一体，脱颖而出的交叉学科。系统动力学不同于传统的统计模型方法，能定性与定量地分析研究系统，它采用模拟技术，以结构-功能模拟为特点，从实际存在的系统运行规律出发描述实际存在的现象以及预测可能发生的情景。系统动力学可将整个生态安全的所有影响因素因子通过反馈关系形成一个完整的系统，并可得到生态安全各影响因子的变化趋势，但在各因素因子对生态安全总体贡献的综合研究方面却存在局限性，无法直接得到生态安全的综合指标（党辉，2013）。而综合指数法的生态安全研究却能体现生态安全评价的综合性、整体性，可对所有因素因子进行综合研究，并最终得到生态安全的单一评价指标，但影响因子间的关系不能明确表达，研究时易将问题简单化，难以真实反映出系统的本质。结合两种方法，一方面构建城市生态安全预警 SD 模型，选取由系统动力学模型模拟出的各子系统中最具代表性的状态变量（辅助变量）作为生态安全的影响因子（王耕等，2013）；另一方面选用综合指数法对这些状态变量进行综合评价，确定出研究区未来生态安全预警评价指数。

三、生态安全优化与保障技术方法

生态安全优化是指针对特定的生态环境问题，以生态、经济、社会效益最优为目标，依靠一定的技术手段，对区域内的各种自然和人文要素进行安排、设计、组合与布局，得到由点、线、面、网组成的多目标、多层次和多类别的空间配置方案，以维持生态系统结构和过程的完整性，实现资源可持续利用，生态环境问题得到持续改善。较常用的生态安全优化与保障技术方法包括最小累积阻力（minimum cumulative resistance，MCR）模型、粒度反推模型、CLUE-S 模型等。

（一）最小累积阻力模型

最小累积阻力模型是景观格局优化常用的方法，最早由 Knaapen 于 1992 年提出，俞孔坚等在研究生物保护的景观生态安全格局时对其进行了修正并成功地将其运用于生态安全格局构建领域，之后其在国内生态安全优化中得到了广泛应用。MCR 模型适于在维持土地利用安全性的前提下，降低土地系统中人类活动生态风险。利用 MCR 模型对生态安全进行优化的步骤如下：①确定源。MCR 模型中的"源"是物种扩散和维持的原点，具有内部同质性及向四周扩张或向自身汇集的能力，在生态安全优化中通常将随时间序列土地利用类型不改变的栅格确定为"源"。②确定阻力因子体系并生成阻力面。物种对生态单元的利用被看作是对空间的竞争性控制和覆盖过程，而这种控制和覆盖必须通过克服阻力来实现，因此合适的阻力因子能够反映区域生态安全目标。一般而言，可通过层次分析法确定阻力因子，继而借助GIS 技术生成阻力面。蒙吉军等（2014）从生态属性、生态胁迫、生态风险 3 个方面选取了 14个阻力因子指标，用专家打分法确定各因子权重（即阻力系数），并借此生成阻力面。③生态安全格局构建。基于 MCR 模型的生态安全分区，结合研究区土地利用生态适宜性，确定土地利用结构调整规则，在土地利用现状的基础上，通过调整用地类型，获得土地利用生态安全格局。

（二）粒度反推法

粒度反推法是以生态安全格局优化为目的，用不同粒度表征不同生态源地结构，通过连通性分析确定最优生态组分结构和景观组分数后，再返回原始数据反选生态源地的方法。因为生态斑块具有服务范围，该方法认同不相连而相隔很近的生态斑块可以共同构成生态源地，以此指导生态源地建设。在粒度变化的过程中，规模较小且零星分布的生态斑块不断被剔除，相连和距离较近的生态斑块不断合并形成规模扩大的生态景观组分，最后生成不同粒度的实验数据。粒度反推模型能有效解决目前生态源地选择的客观性不强的问题，进而提出更为科学合理的优化建议。其步骤如下（陆禹等，2015）。①生成不同粒度数据。利用粒度反推法从不同粒度水平和相同粒度水平生态景观连通性两方面推导最优生态源地结构：不同粒度反映的是生态组分整体结构的变化趋势，相同粒度反映的是生态组分内部连通性的变化趋势。②计算不同粒度水平下生态景观连通性。计算不同粒度水平下景观组分在各自粒度尺度上的景观组分数、最大组分斑块数、斑块内聚力指数和连接度指数，得到生态景观连通性指数。③计算相同粒度水平下生态景观连通性。根据土地利用类型得到粒度为 10m 的高精度栅格图，计算不同阈值距离的生态景观组分连接度，并计算各阈值距离生态景观组分连接度与前一级连接度之间的增长率，以反映阈值距离增加对提高整体连接度意义，进而选取粒度尺度。④生成优化方案。将选取粒度尺度作为最优生态源地选择的参照，选取面积最大的作为生态源地。叠加同一粒度尺度的栅格图和土地利用现状图，能清楚判断哪些斑块需要将现有非生态景观类型转变为生态景观类型，得到优化方案。

（三）CLUE-S 模型

CLUE-S 模型是荷兰瓦赫宁根大学 Verburg 等在 CLUE 模型基础上发展起来的，其基本原理是在综合分析土地利用的空间分布概率适宜图、土地利用变化规则和研究初期土地利用分布现状图的基础上，根据总概率大小对土地利用需求进行空间分配的过程。该模块包括非空间模块（土地利用数量需求预测）和空间模块（土地利用空间分配）。它能够模拟不同情景下的土地利用空间格局，在土地利用规划方面应用颇为广泛。CLUE-S 模型属于一种动态的、多尺度的土地利用变化空间分布模拟模型，它能整合研究不同空间尺度的区域 LUCC 过程和驱动力，可以综合模拟多种土地利用类型的时空变化，并对不同的土地利用情景进行有效的空间模拟，能够发现土地利用变化的热点地区。陆汝成等（2009）将 Markov 模型融入 CLUE-S 模型中，对江苏省环太湖地区生态安全演化进行了模拟，其步骤如下：①利用 Markov 模型预测土地利用数量变化；②将 Markov 模型数量预测结果作为 CLUE-S 模型的非空间模块直接融入模型中，即在 CLUE-S 模型的 Demand scenario 模块中嵌套入 Markov 模型的算法，形成复合模型，并通过复合模型运行得到空间演化结果，借此指导地区生态安全优化。

主要参考文献

鲍超，方创琳. 2005. 基于物元模型的西北干旱区城市环境质量综合评价——以河西走廊的张掖市为例. 干旱区地理，28（5）：659-664.

曹明兰，李亚东. 2009. 基于能值分析的唐山市生态安全评价. 应用生态学报，20（9）：2214-2218.

党辉. 2013. 基于系统动力学和云模型模糊数据挖掘的生态安全仿真预警. 兰州：西北师范大学.

范如国. 2011. 博弈论. 武汉：武汉大学出版社.

方创琳. 1989. 耗散结构理论与地理系统论. 干旱区地理，12（3）：51-56.

方创琳. 2017. 京津冀城市群协同发展的科学基础与规律性分析. 地理科学进展，36（1）：15-24.

弗登博格 D，梯若尔 J. 2010. 博弈论. 姚洋校，黄涛，译. 北京：中国人民大学出版社.

高杨，黄华梅，吴志峰. 2010. 基于投影寻踪的珠江三角洲景观生态安全评价. 生态学报，30（21）：5894-5903.

郭治安，沈小峰. 1991. 协同论. 太原：山西经济出版社.

哈肯 H. 1989. 高等协同学. 郭治安，译. 北京：科学出版社.

哈肯 H. 1993. 协同学导论（第 3 版）. 郭治安，译. 成都：成都科技大学出版社.

和春兰，赵筱青，张洪. 2015. 基于 GIS 的矿区流域生态安全诊断研究. 安徽农业科学，（7）：256-260.

黄磊. 2012. 协同论历史哲学. 北京：中国社会科学出版社.

黄润荣，任光跃. 1988. 耗散结构与协同学. 贵阳：贵州人民出版社.

李玉照，刘永，颜小品．2012．基于 DPSIR 模型的流域生态安全评价指标体系研究．北京大学学报（自然科学版），48（6）：971-981.

陆汝成，黄贤金，左天惠，等．2009．基于 CLUE-S 和 Markov 复合模型的土地利用情景模拟研究——以江苏省环太湖地区为例．地理科学，29（4）：577-581.

陆禹，佘济云，陈彩虹，等．2015．基于粒度反推法的景观生态安全格局优化——以海口市秀英区为例．生态学报，（19）：6384-6393.

罗文斌，吴次芳，汪友结，等．2008．基于物元分析的城市土地生态水平评价——以浙江省杭州市为例．中国土地科学，22（12）：31-38.

蒙吉军，燕群，向芸芸．2014．鄂尔多斯土地利用生态安全格局优化及方案评价．中国沙漠，34（2）：590-596.

聂艳，彭雅婷，于婧，等．2015．基于量子遗传投影寻踪模型的湖北省耕地生态安全评价．经济地理，35（11）：172-178.

邵超峰，鞠美庭，张裕芬，等．2008．基于 DPSIR 模型的天津滨海新区生态环境安全评价研究．安全与环境学报，8（5）：87-92.

沈小峰，胡岗，姜璐．1987．耗散结构论．上海：上海人民出版社．

王耕，刘秋波，丁晓静．2013．基于系统动力学的辽宁省生态安全预警研究．环境科学与管理，38（2）：144-149.

王耕，王嘉丽，王彦双．2014．基于能值-生态足迹模型的辽河流域生态安全演变趋势．地域研究与开发，33（1）：122-128.

吴开亚，何琼，孙世群．2004．区域生态安全的主成分投影评价模型及应用．中国管理科学，12（1）：107-110.

武强，李博，刘守强，等．2013．基于分区变权模型的煤层底板突水脆弱性评价——以开滦蔚州典型矿区为例．煤炭学报，38，（9）：1516-1521.

肖建红，于庆东，刘康 等．2011．海岛旅游地生态安全与可持续发展评估——以舟山群岛为例．地理学报，66（6）：842-852.

张继权，伊坤朋，Hiroshi Tani，等．2011．基于 DPSIR 的吉林省白山市生态安全评价．应用生态学报，22（1）：189-195.

张锐，刘友兆．2013．我国耕地生态安全评价及障碍因子诊断．长江流域资源与环境，（7）：945-951.

周彬，钟林生，陈田，等．2015．基于变权模型的舟山群岛生态安全预警．应用生态学报，26（6）：1854-1862.

Thom R. 1989. 突变论：思想和应用．周仲良，译．上海：上海译文出版社．

第四章 | 城市群区域生态安全协同会诊系统研发

城镇化和工业化是 20 世纪以来中国经济社会发展的最显著特征，但伴随的粗放式发展模式进一步影响了中国原本脆弱的生态安全（Naveh，2006），也对我国经济全球化竞争、区域生态格局、可持续发展以及国家安全产生较大影响（Li et al.，2010）。随着生态安全问题越来越受到政府的广泛关注，20 世纪 80 年代初期"生态安全"逐步成为国际生态安全研究领域的热点和人类经济社会可持续发展的新主题（Steffen et al.，2015）；90 年代后期，生态安全主题开始受到国内学者的高度重视，有关研究成果迅速涌现（陈星和周成虎，2005）。生态安全反映出人类在生活、生产以及健康等方面受到生态破损和环境污染影响的保障程度，而生态安全评价是对各类风险下生态系统完整性和可持续能力的识别和研判（王根绪等，2003）。本书所提生态安全协同会诊是对生态安全评价的延伸，指综合自然、生态、经济、社会、人口、城镇化等多方面因素对区域生态安全格局及其可持续发展能力进行科学诊断，并提取关键因素，计算其对生态安全的影响程度，最后基于诊断结果提出有关政策建议，以期为优化区域生态空间布局和安全管理提供科学参考。

第一节 城市群生态安全协同会诊研究进展

城市群是随着农业人口向非农人口的转变、区域内各城市规模的扩张和人居生活方式的改变等城市化进程而形成的，是城市化发展到中高级阶段出现的一种形态。它是指某空间范围内，各城市间通过城市流紧密相连，共同构成的地域综合体，发挥着区域经济增长极的作用。党的十六届五中全会把推动城市群发展作为提升我国国际竞争力、统筹区域发展和优化城市空间结构的有效途径。城市生态系统是城市居民与周围环境组成的一种特殊的人工生态系统，是人们在改造和适应自然环境的基础上建立起来的自然–经济–社会复合生态系统。城市集中了人类社会的工业、商业、生产与生活活动的主要区域，是聚集资源、聚集财富、聚集能力的中心场所，是人类文明演进和社会进步的火车头。城市生态系统作为一种高度人工化的生态系统，其产生的各种废物流远远超过了自身的自然净化能力，并出现了综合性的"城市病"，如严重的城市污染、自然资源的耗竭与短缺以及城市人口导致的住房紧张、交通拥挤、教育与卫生条件滞后等大量的社会问题。在很长一段时间内，城市处于"唯经济发展"的"生态失落"状态，城市生态安全的研究显得尤为重要。

一、城市群生态安全协同会诊技术与方法

作为学术界的热点问题之一，生态安全已经取得了丰富的研究成果（Lin et al., 2008），相关研究内容涉及土地（刘庆等，2010）、湿地（廖柳文等，2016）、绿心区（顾朝林等，2010）、生态屏障（夏本安等，2011）以及生态承载力（朱玉林和秦建新，2017）等。现有文献采用的研究方法主要有遥感与 GIS 技术（彭佳捷等，2012）、熵值与模糊数学组合方法（刘庆等，2010）、生态足迹（杨立国，2009）、微粒群–马尔科夫复合模型（陈永林等，2018）等。研究区域以大区域和单个城市为主，城市群生态安全的相关研究相对较少，且研究内容以理论探讨为主，包括陈利顶等（2016）构建了京津冀城市群的生态安全格局框架；王祥荣等（2016）探讨了长江三角洲城市群的生态安全调控机理，并构建出决策支持体系；黄国和等（2016）研发了珠江三角洲城市群的生态安全保障技术；杨天荣等（2017）总结了关中城市群的生态空间优化布局模式。生态安全是新型城镇化的核心目标之一，内容涉及广泛，需要多要素多领域协同会诊。生态安全的协同会诊技术是指从区域可持续发展的多个维度对涉及生态系统安全的多个要素进行协同会诊，类似多个不同行业的专家针对同一个生态问题进行会诊。

城市群作为新型城镇化的主体形态，其生态安全的科学会诊意义重大，而指标体系是保障评估结果科学性的根本依据。在现有文献中，有关生态安全协同会诊的指标体系主要有状态–压力–响应（PSR）（Liang et al., 2010）、驱动力–压力–状态–影响–响应（张继权等，2011）、驱动力–压力–状态–暴露–响应（Wang et al., 2013）等。本书采用 PSR 指标体系对城市群的生态安全状况进行协同会诊，该方法由联合国经济合作与发展组织（Organization for Economic Cooperation and Development，OECD）和联合国环境规划署（United Nations Environment Programme，UNEP）提出，用于描述区域可持续发展中人类活动与生态安全相互作用过程的 3 个基本问题，即"原因""现状""政府行为"，优势在于不仅可以有效诊断生态系统的持续性和剖析系统内部的因果关系，还可以实现京津冀城市群生态安全评价结果与国内外其他区域的有效对比。

（一）生态安全协同会诊模型

生态安全协同会诊模型是生态安全协同会诊的基础。近年来，国内外学者大都采用 PSR（李佩武等，2009；Wolfslehner and Vacik，2008）、DPSIR（杨静雯等，2019）、DPSER（江勇等，2011）等模型进行区域的生态安全诊断。1979 年，Rapport 和 Friend 提出压力–状态–响应（PSR）模型，并在 1990 年与联合国经济合作与发展组织建立压力–状

态–响应框架。该框架的基础概念是：人类活动对环境施加"压力"，改变环境质量和自然资源的数量，即"状态"，总体经济和区域政策（社会反应）是社会对环境变化的"响应"，后者是通过一个反馈回路来反映人类活动之影响。

由于人类活动对环境的影响只能通过环境状态指标随时间的变化间接地反映出来，PSR 框架变形为压力–状态–影响–响应框架（PSIR）。在 PSR 框架的基础上，联合国可持续发展委员会又建立了驱动力–状态–响应框架（driving force-state-response，DSR），这里的驱动力表示能够加大压力或者降低压力的经济、社会方面的要素（庞雅颂，2012）。1997 年欧洲环境署和欧洲共同体统计局对 PSR 框架进行了延伸，提出驱动力–压力–状态–影响–响应（DPSIR）模型，弥补了 PSR 模型的缺陷——人类活动对环境的影响只能通过环境状态指标随时间的变化而间接地反映出来（李俊翰，2019）。结合生态系统健康的特点，Corvalan 等提出了驱动力–压力–状态–暴露–影响–响应模型（driving forces-pressure-state-exposure-effect-action，DPSEEA）。从生态系统的服务功能与人类的需求角度出发，联合国粮食及农业组织（Food and Agriculture Organization of the United Nations，FAO）提出驱动力–压力–状态–暴露–响应模型（driving-pressure-state-exposure-response，DPSER）（Singh et al.，2009）。以上模型为区域生态安全诊断提供了重要依据和支撑。

（二）生态安全协同会诊方法

目前，国内外学者根据不同的角度、尺度和研究目的构建了不同的生态安全评价方法，丰富了生态安全协同会诊方法体系，提高了诊断结果的科学性和合理性（表 4.1）。

表 4.1 生态安全协同会诊方法

分析方法	具体代表方法
数学分析法	均方差法、熵值法、主成分分析法、层次分析法、模糊综合评价法、人工神经网络法
生态分析法	生态足迹法、生态安全格局法
3S 技术分析法	地面数据与 3S 技术相结合

（1）均方差法：将各评价指标的标准差系数向量进行归一化处理，结果即为信息量权数。某个指标的标准差越大，说明在同一指标内，各方案取值差距越大，在综合评价中所起的作用越大，其权重也越大。

（2）熵值法：根据各项观测值所提供的信息量的大小来确定指标权重的方法。信息熵越小，指标的变异程度越大，提供的信息量越多，在综合评价中所起作用越大，权重也越大。

（3）主成分分析法：把多项评价指标综合成 z 个主成分，再以这 z 个主成分的贡献率为权数构造一个综合指标，并据此作出判断。此种方法是用少量线性无关的主成分代替原有的多个评价指标，当这些评价指标的相关性较高时，这种方法能消除指标间信息的重叠，而且能根据指标所提供的信息，通过数学运算而主动赋权。

（4）层次分析法：将一个复杂的多目标决策问题作为一个系统，将目标分解为多个目标或准则，进而分解为多指标（或准则、约束）的若干层次，通过定性指标模糊量化方法算出层次单排序（权数）和总排序，以作为目标（多指标）、多方案优化决策的系统方法。层次分析法具有系统性、实用性、简洁性的优点，但还兼具粗劣和主观的缺点。

（5）模糊综合评价法：一种基于模糊数学的综合评价方法。该综合评价法根据模糊数学的隶属度理论把定性评价转化为定量评价，即用模糊数学对受到多种因素制约的事物或对象做出一个总体的评价。

（6）人工神经网络法：人工神经网络具有自学习和自适应的能力，利用人工神经网络对已知环境样本进行学习，获得先验知识，从而学会对新样本的识别和评价，高速寻找优化解。因为这些独特的功能，人工神经网络法已经初步应用于区域生态安全评价。该方法还存在网络结构、初始参数难以确定等问题。

（7）生态足迹法：生态足迹是根据人类社会对自然资源的依赖性来定量测度区域可持续发展状态的一种理论与方法，它可以形象地反映出人类经济活动对环境影响的程度。生态足迹法将可持续发展理念上升到定量测度的可操作层面，并且该方法简明、合理，很快便成了生态安全和可持续发展定量评价研究的热点。

（8）生态安全格局法：景观中存在着某种潜在的空间格局，它们由一些关键性的局部、点及位置关系所构成。这种格局对维护和控制某种生态过程有着关键性的作用，这种格局被称为安全格局。生态安全格局法可以从生态系统结构出发综合评估各种潜在生态影响类型，现在已得到了一定范围的应用。

（9）3S 技术分析法：将 RS、GIS、GPS 与生态学、景观生态学方法相结合的方法。该方法采用栅格数据结构，叠加容易，逻辑运算简单，得到了广泛应用。

二、城市群生态安全协同会诊指标体系

（一）生态安全协同会诊指标的选取原则

客观全面科学地诊断城市群生态安全的状况对维护城市群持续发展十分必要，它是正确决策的基础。因此，城市群生态安全协同会诊指标的确定需要遵循以下原则。

（1）科学性。设置的指标体系要能够客观地反映城市群生态系统的本质及其复杂性，必须建立在科学的基础上，真实地反映城市群生态系统的状态。

（2）整体性。由于系统是一个有机的整体，会诊指标应是能真实反映系统的综合体。在选择指标的时候，必须使会诊目标和会诊指标有机地联系起来，组成一个层次分明的整

体。这样才能保证会诊结果的真实可靠。

（3）层次性。城市群生态安全是受多因素影响的复杂系统。为了完整地描述系统的整体，需要将系统分解成相互关联的几个层次，指标通常也根据这个层次结构而设定，层次越高指标越综合，层次越低指标越具体。

（4）可操作性。指标的选取要考虑所选指标的可度量性、可比性、易得性和常用性等，这样所选的指标才是有效的。诊断方法也要易于使用，更好地为决策服务。

（5）动态性。由于系统是时间和空间的函数，在选择方法时既要考虑系统的发展状态又要考虑系统发展的趋势，诊断结果不仅能较好描述、刻画与度量系统的发展状态，而且能反映出不同发展阶段的特点，灵活地反映系统的变化。

（6）简洁性。指标体系要求完备、简洁，尽量选取有代表性的指标和主要指标。指标要概念明确，简明易行，计算方法简便，各指标之间含义不重复。

（二）生态安全协同会诊的指标分类

根据目前学者对城市群生态安全协同会诊方法的研究，将各种模型选取的指标合在一起后，主要选取的指标体系如下。

（1）压力指标（包含驱动力指标）。包括人口密度、能源消费量、GDP、公路长度、机动车辆数、房屋施工面积、人口数量、耕地化肥施用量、工业废水排放量等具体指标。

（2）状态指标。包括二氧化硫日平均浓度超标倍数、氮氧化物日平均浓度超标倍数、一氧化碳日平均浓度超标倍数、降尘年平均超标倍数、总悬浮颗粒物日平均浓度超标倍数、空气污染综合指数、区域环境噪声平均值、铅日平均浓度超标倍数、苯并芘日平均浓度超标倍数、达标河段长度百分比、达标湖泊容量百分比、达标水库容量百分比、Ⅳ类以上水井监测井占比、地下水年末埋深、水资源总量、城市地表水质量、人均公共绿地面积等具体指标。

（3）响应指标（包含影响指标）。包括城市基础设施投资占固定资产投资的比值、第三产业产值占 GDP 的比值、环境投资占 GDP 的比值、绿化覆盖率、道路绿化总长度、城市污水处理率、工业固体废弃物综合利用率、城市热化率、城市居民炊事气化率、汽车尾气达标率、工业废气治理率、R&D 经费占 GDP 比例、万人拥有病床数、万人在校大学生数、万人卫生技术人员、社会保障状况、城镇失业率、生物丰度指标等。

三、城市群及城市生态安全协同会诊案例分析

（一）城市群生态安全协同会诊

以 2000～2015 年京津冀城市群面板数据为研究样本，建立"压力-状态-响应"

（PSR）城市群生态安全协同会诊指标体系，采用 TOPSIS 和灰色关联组合方法计量其生态安全综合指数，运用因子分析法提取关键因素，并通过多元线性回归方法计算上述因素对生态安全的影响程度。结果表明，京津冀城市群生态安全指数已经达到了预警状态，呈现"北高南低，西高东低"的空间格局，亟须建立三地协同联防联控的生态安全防治机制；2000～2015 年京津冀城市群的生态安全指数呈小幅波动状态，规划与政策对城市群生态安全指数具有显著影响效应；13 个地市生态安全指数的演变趋势存在显著的差异，承德、廊坊仍呈下降趋势；城镇化、社会发展以及技术进步对京津冀城市群生态安全具有显著的正相关性，开发水平、经济发展以及生态病理度则呈负相关性（王振波等，2018）。

以成渝城市群为例，运用景观生态学中景观格局理论，将城市群城市建设用地及生态用地作为景观格局中不同类别斑块进行量化分析，计算景观格局指数；随后对世界上生态环境完整且经济运行良好的主要城市群的景观格局指数进行计算分析，对比彼此景观格局指数结果，得出控制城市群人工建设斑块聚集度指数值维持在 40～60，且自然生态斑块聚集度指数值维持在下限为 85 的区间，用以控制成渝城市群城市空间发展，并维护加强其生态（吴艳霞和邓楠，2019）。

以中原城市群为例，构建了基于 PSR 的城市生态安全评价模型，运用因子分析法和主成分分析法对中原城市群各城市的生态安全状况进行分析和评价。评价结果表明，漯河、洛阳资源环境压力较小，焦作、济源资源环境压力较大；许昌、郑州资源环境状态较好，而开封、平顶山较差；在人文环境响应中，郑州、洛阳、新乡水平较高，济源较差。就综合生态安全水平来看，郑州、许昌、洛阳较高，开封、平顶山等较低，这与经济发展水平和城市产业结构有密切关系。为促进中原城市群生态安全建设，中原城市群应积极调整产业结构，发展生态型产业；加强城市生态环境保护和建设，构建生态安全屏障；推进生态工程体系建设，打造一体化城市群生态安全网络格局；进行区域生态安全总体规划，构建区域生态安全协调机制（曹新向，2008）。

以长株潭城市群为例，结合长株潭城市群的区域特征，从区域产业发展、水资源状况和生态效益等层面构建长株潭县域层次生态安全协同会诊指标体系，采用主观赋权法和客观赋权法相结合的方法确定各指标的权重，并利用改进 DPSIR 模型对长株潭城市群生态安全展开定量评估和趋势预测。研究认为，长株潭城市群县域生态安全状况整体好转，但存在区域不均衡问题，并对造成这种不均衡的指标体系和政策等因素进行初步因子分析（赵文力等，2019）。

以闽三角城市群为例，采用生态足迹法，以 NPP 数据反映现实生物量，采用"国家公顷"实现产量因子区域化，测算 2010～2015 年的区域生态足迹、生态承载力、生态赤字以及生态压力指数，评价区域生态安全状态。结果表明：2010～2015 年，闽三角城市群的生态足迹快速增长，其中泉州与漳州增长迅速，而厦门则略有下降；区域总体生态承载力缓慢下降；城市群大部分区域呈现生态赤字且越发严重，其中厦门最为严重，泉州次之，漳州相对较轻；城市群生态压力指数持续增长，生态安全等级升高，与生态赤字情况总体相符，生态安全问题亟须解决（魏黎灵等，2018）。

（二）特大城市的生态安全协同会诊

周文华和王如松（2005）采用 PSR 模型框架对北京城市生态安全的关键性生态环境要素分析，提出北京城市生态安全评价的指标体系，共 30 个指标，其中压力指标 8 个，状态指标 13 个，响应指标 9 个，对 1996～2002 年北京的生态安全进行了诊断。结果表明：1996～2002 年城市生态综合指数呈稳定状态，SO_2 和苯并芘的日平均浓度超标倍数、环境投资占 GDP 的比值、城市居民炊事气化率四个指标与城市生态安全综合指数相关关系较高（$r>0.75$），需要调整能源结构，使用清洁能源，推广低硫煤的使用。

基于特大型城市生态文明建设的瓶颈问题剖析，运用 PSR 模型构建出适用于特大型城市的生态文明建设评价指标体系，并以上海为例进行了指标体系的实证研究。结果表明，由于生态文明建设压力减小，状态和响应指数提升，上海的生态文明建设综合指数由 2008 年的 0.606 提高至 2012 年的 0.692，在生态文明建设稳定阶段中稳步上升（赵维良等，2009）。

根据 PSR 模型，从资源环境压力、资源环境状况、人文环境响应 3 个方面构建了一个 4 层次的城市生态安全评价指标体系。在此基础上建立了一个综合模型，并以此对北京、上海、广州、深圳、大连、天津、南京七大城市进行了分析。研究结果指出，七大城市的排序为：深圳→大连→南京→广州→上海→北京→天津。根据分级标准，深圳、大连、南京处在"较安全"的生态安全级别，广州、上海、北京处在"临界安全"的生态安全级别，天津处在"不安全"的生态安全级别。深圳、大连、南京之所以"较安全"主要是因为这些城市加大了环境整治力度，严格控制工业和生活排污标准，环境质量好于其他城市。北京、上海之所以处在"临界安全"的级别主要是因为这些城市的人口压力较大，环境污染严重；天津之所以处在"不安全"的级别主要是因为它资源环境压力、资源环境状况、人文环境响应都较差。因此，需要针对各自的特点和暴露的问题，加速城市的生态环境建设，采取相应的措施（谢花林，2004）。

（三）大城市的生态安全协同会诊

采用 PSR 模型框架和城市生态安全的关键性生态环境要素分析，对青岛城市生态安全协同会诊提出共 26 个指标，其中压力指标 8 个，状态指标 9 个，响应指标 9 个。研究结果表明，青岛的生态系统自 1996 年以来经历了从中警状态、预警状态，到目前的较安全状态，这与青岛的社会、经济、环境发展的阶段相吻合。就目前的经济、环境现状而言，青岛在注重经济发展的同时，必须加大生态环境保护投资力度，以保持生态环境的良性状态,促进经济与环境的协调发展(孙海涛,2009)。

以佛山为例,选择资源、环境、生物和灾害等因素,各因素再选择若干评价要素,采用几何平均法计算城市生态系统安全指数。资源安全评价选择了能源、水资源和粮食等要素,其安全指数为0.22;环境安全评价选择了水环境、大气环境、固体废物和农业环境,其安全指数为0.58;生物安全评价选择了生物多样性保护、外来入侵物种、森林植被等要素,其安全指数为0.30;生态灾害安全评价选择了水土流失、地质灾害、气象灾害和生物灾害等要素,其安全指数为0.79;佛山生态安全综合指数为0.42,说明佛山在经济社会高速发展的同时,在生态安全方面仍存在相当大隐患,尤其是在资源和生物因素方面危险性较大(贾良清等,2004)。

以长春为例,从生态安全的内涵出发,运用PSR模型建立城市生态安全协同会诊指标,利用熵值法对指标进行赋值并计算指标的权重,对城市自然-经济-社会复合生态系统的安全状况进行协同会诊。从时间尺度(1998~2004年)对长春生态安全的发展进行趋势分析,研究结果表明,1998~2004年长春生态安全指数为0.460~0.580,总体上生态安全状况较为稳定。长春资源与环境压力1998~2000年逐渐增大,2001年和2002年有所减小后又继续呈增大趋势,主要是因为2001年和2002年长春经济发展和居民生活质量压力相对较小,而社会保障等状况较好,但这些方面在2003年和2004年随着经济的发展对资源环境的压力逐渐在增大。长春资源环境状态与人文响应状态都是较稳定地呈上升趋势,得益于长春环境污染的治理力度不断加大,经济效率和循环程度不断提高(王明全等,2007)。

以呼和浩特为例,以1986~2014年遥感影像为信息源,基于城市用地扩展特征及其生态效应分析,借助DPSIR模型构建生态安全诊断指标,开展呼和浩特城市用地扩展中生态安全的动态评价与趋势分析。结果表明:1986~2014年,呼和浩特建成区面积扩大2.89倍,生态用地减少16.71%,热岛比例指数升高0.40倍,破碎度指数增加0.82倍,生态系统服务价值降低7.32%;生态安全指数从0.7470降至0.3096,生态安全水平由"较安全"转变为"很不安全"等级。可见,呼和浩特用地扩展已对生态环境造成压力,生态安全状况不断恶化(甄江红,2018)。

(四)省域生态安全协同会诊

基于PSR模型,选取辽宁14个城市2003~2012年的经济、社会与环境等25个指标数据进行生态安全协同会诊,对生态安全演变趋势进行分析,在社会经济发展的同时,辽宁生态环境也相应地有所改善,生态安全综合评价指数基本与生态安全指数变化趋势相似,均呈现增长趋势,生态安全状况逐步改善。14个城市生态安全状态均由极不安全状态过渡到临界安全状态,个别年份呈现较安全状态。辽宁14个城市当中只有沈阳、大连、辽阳、铁岭、葫芦岛5市的生态安全指数在2012年处于生态较安全等级数值内，其他城市生态安全指数在 2012 年处于临界安全等级数值内。特别是朝阳，生态安全指数在 2010 年就退回到临界安全等级数值内。大连的生态安全指数在 2010 年处于生态安全等级数值内。营口生态安全指数虽然在 2005 年处于临界生态安全等级数值内，进入临界生态安全状态最早，但在 2006 年生态安全状态又回到了不安全状态，甚至持续两年（2007～2008 年）才从不安全状态重新回到临界生态安全状态。辽阳生态安全指数出现了跳跃式的增长，造成了辽阳生态安全缺失临界生态安全状态，并且生态安全状态在 2009～2012 年持续保持在生态较安全状态（韩天放等，2009）。

（五）工业城市土地生态安全协同会诊

基于"自然–经济–社会"模型构建土地生态安全评价指标体系，采用层次分析法和熵值法相结合的主客观综合赋权法，通过综合指数法和障碍度模型，对区域土地生态安全状态及对应的障碍因子进行诊断和分析。研究结果表明，2004～2015 年柳州土地生态安全水平有所提升，但土地生态安全综合值整体偏低，土地生态系统面临的问题并未得到根本性改变；从单项指标来看，单位耕地农药施用量、单位耕地化肥施用量这 2 个指标正在对柳州土地生态系统产生长久而持续的影响；酸雨频率是柳州土地生态安全潜在的威胁；人均 GDP、农村居民人均纯收入、城市化水平、农业机械化水平、人均工业废水排放量等因素也在威胁着土地生态安全；柳州长期以发展工业为优先，对自然环境造成的破坏较为严重，土地生态系统相对较为脆弱，不容忽视（余晓玲等，2019）。

以"自然–社会–经济"协同模型为依据构建土地生态安全评价体系，运用客观赋权法和综合指数法对哈尔滨土地生态安全进行时序性诊断。研究表明：哈尔滨土地生态安全总体呈现出"敏感—良好—安全"的动态变化过程，预测未来几年将保持良好的发展态势；影响研究区土地生态安全的主要驱动因子为土地利用结构、城镇化率、人口密度和农用化肥施用量；坚持生态优先，加强土地利用适宜性和生态性的合理匹配，减小土地生态承载压力，构建稳态经济运行模式是哈尔滨绿色发展的着力点（王晶等，2018）。

基于 DPSIR 模式构建矿业城市生态安全评价指标体系。引用云模型表征重要性标度、评语集和隶属度函数，建立多层次模糊综合云评价模型，体现评价过程中模糊性和随机性的统一，并应用于湖北大冶城市生态安全诊断。结果表明，大冶生态系统整体处于"比较安全"等级，但还地桥镇和金山店镇 2 个区域处于"不安全"等级，金湖街道、大箕铺镇、陈贵镇、金山街道与东岳路街道 5 个区域处于"比较不安全"等级，诊断结果与实际情况基本符合（陈勇等，2017）。

（六）其他城市生态安全协同会诊

李小玲和杨成忠（2018）运用 PSR 模型建立了平凉生态安全评价指标体系，并以最大信息熵原理（MIEP）为基础，自组织特征映射神经网络（SOFM）为算法，借助MATLAB 数学软件计算平台，从复杂系统结构演化的角度提出了城市生态安全诊断模型。最后，用 MIEP 模型对甘肃平凉 2002～2011 年的城市生态安全进行了评价。结果表明，平凉城市生态安全状态呈上升好转的状态，生态安全水平稳步提高。2002～2009 年平凉城市生态安全状态是临界安全，2010 年和 2011 年是较安全，在 2011 年达到最高值 1.373，但与理想的安全水平还有一定的差距。

以铜川为例进行城市生态安全诊断和指标分析，采用 PSR 模型和层次分析法构建铜川生态安全评价体系。通过生态不安全指数定量表示城市的生态安全状况，对铜川 2014～2016 年的生态安全状况进行协同会诊，并计算分析各指标对城市总体生态不安全指数的贡献度。结果表明，铜川市的生态安全处于"临界安全"状态，并呈现逐渐向好的发展趋势。人均灌溉农田面积、地表水环境质量、环境空气质量和环保投资占 GDP 比例对铜川生态不安全指数贡献度较大，应给予重视（张崇淼等，2019）。

以韶山为例，选取人口增长率、人口密度、城市化率等指标构建城市生态安全评价指标体系，综合熵权法和物元分析建立城市生态安全诊断模型，对韶山 2011～2015 年生态安全状况进行定量评价。结果表明，韶山生态安全状况逐年上升，目前稳定在安全水平（彭婕，2018）。

第二节　京津冀城市群生态安全协同会诊技术方法

京津冀城市群包括北京、天津和河北的石家庄、保定、沧州、承德、邯郸、衡水、廊坊、秦皇岛、唐山、邢台、张家口共 13 个地级以上城市，总面积 21.72 万 km^2，占全国总面积的 2.26%。京津冀城市群是中国经济发展的增长极之一，但是快速城镇化和工业化进程也给该区域带来了严重的生态破坏和环境污染问题。为此，本节选择京津冀城市群 13 个地级市以上城市为研究对象，研究时段为 2000～2015 年。研究数据来源于对应时段的《中国统计年鉴》《中国城市统计年鉴》《北京市水资源公报》《天津市水资源公报》《河北省水资源公报》《中国科技统计年鉴》及地方统计年鉴、中国环境监测官方网站及地区官方网站。碳排放量数据参考"各种能源折标准煤及碳排放参考系数"求解得到。人均研发投入和专利授权量两个指标的部分年份缺失数据，采用综合增长率估算法，以多年历史平均增长率或分段平均增长率为基础，补充缺失数据。

一、构建城市群生态安全协同会诊指标体系

区域生态安全协同会诊评价涉及自然、环境、经济、社会等多个方面，学术界迄今还没有形成统一的标准体系。依据京津冀城市群实际情况、数据可得性和类似研究中使

用频度较高的指标初步建立指标体系，并采用共线性检验及条件指数和方差膨胀因子检验，对初选指标进行筛选，最终构建城市群生态安全协同会诊指标体系（表4.2）。

表4.2 京津冀城市群生态安全协同会诊指标体系

因素层	指标层	序号	指标解释	属性	客观权重	主观权重	综合权重
压力	人口密度/万人	1	人口承载压力	逆向	0.082	0.293	0.188
	人口自然增长率/%	2	人口增长压力	逆向	0.048	0.113	0.081
	城镇化水平	3	城镇扩张压力	逆向	0.168	0.072	0.120
	工业总产值/亿元	4	经济结构压力	逆向	0.053	0.047	0.050
	区域开发指数	5	社会发展压力	逆向	0.079	0.031	0.055
	人均综合用水量/(m³/a)	6	水资源保护压力	逆向	0.110	0.019	0.065
	人均生态用地面积/km²	7	生态安全保护压力	正向	0.307	0.207	0.257
	GDP增长率（比上年）/%	8	经济强度压力	逆向	0.111	0.015	0.063
	能源消费弹性系数	9	能源消费压力	逆向	0.042	0.203	0.121
状态	人均能耗/kgce	10	能源消费状态	逆向	0.069	0.068	0.069
	水资源总量/亿m³	11	水资源状态	正向	0.130	0.042	0.086
	碳排放总量/万t C	12	碳排放状态	逆向	0.115	0.113	0.114
	生态系统风险病理程度	13	生态破坏状态	逆向	0.105	0.314	0.209
	建成区绿化覆盖率/%	14	城镇绿化状态	正向	0.083	0.027	0.055
	湿地（水域）覆盖度/%	15	湿地水域状态	正向	0.207	0.017	0.112
	工业SO$_2$排放量/t	16	工业环境状态	逆向	0.113	0.170	0.141
	PM$_{2.5}$浓度/(μg/m³)	17	大气环境状态	逆向	0.178	0.249	0.214
响应	第三产业比例/%	18	产业响应	正向	0.211	0.034	0.123
	人均研发投入/亿元	19	经济响应	正向	0.222	0.089	0.156
	生活垃圾无害化处理率/%	20	生活响应	正向	0.093	0.148	0.121
	工业废弃物综合利用率/%	21	工业响应	正向	0.079	0.410	0.245
	就业率/%	22	社会响应	正向	0.051	0.022	0.036
	专利授权量/件	23	科技响应	正向	0.206	0.241	0.224
	污水处理厂集中处理率/%	24	水资源响应	正向	0.137	0.055	0.095

在上述生态安全协同会诊指标体系中，"压力"表示人类活动给生态安全带来的负荷，包含人口承载、人口增长、城镇扩张、经济结构、社会发展、水资源保护、生态安全保护、经济强度、能源消费九大生态安全压力；"状态"表示研究区域狭义的生态安全状态，包含能源消费、水资源、碳排放、生态破坏、城镇绿化、湿地水域、工业环境、大气环境八大生态安全状态；"响应"表示人类面临生态安全问题时所采取的对策（徐美等，2012），包含产业、经济、生活、工业、社会、科技、水资源七大生态安全响应，即形成

"9+8+7"的"三层、三维"评价体系。生态安全压力加重生态危机（状态）、生态安全状态集聚生态安全压力；生态安全压力促进生态安全响应，生态安全响应削弱生态安全压力；生态安全状态引发生态安全响应，生态安全响应消减生态安全危机（状态），三大因素层通过指标之间的相互影响，形成整个生态安全系统"牵一发而动全身"的动态影响机制（图4.1）。

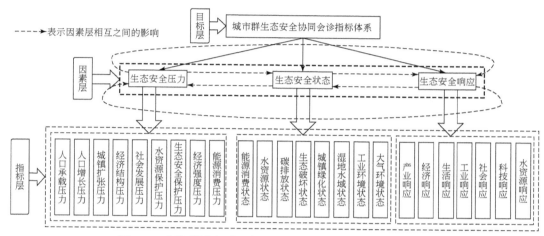

图4.1　京津冀城市群生态安全协同会诊评价 PSR 模型框架

二、城市群生态安全协同会诊技术方法

在城市群生态安全协同会诊综合评价分析中，评价指标的目的和含义的差异导致各指标具有不同的量纲和数量级。通常采用标准化处理方法消除不同量纲和数量级对评价指标的影响，以此降低随机因素的干扰。

（一）层次分析法和熵值法计算权重

常用的指标赋权方法通常可以归纳为三类：第一类是主观赋权法，即根据专家的专业知识和人生经验主观研判指标权重，决策结果存在一定的主观随意性，如层次分析法（AHP）、专家调查法（Delphi）等；第二类是客观赋权法，即依据原始数据之间的关系和数理特性计算权重，具有较强的客观性与数理依据，但是缺乏对指标本身的概念分析，如变异系数、熵值法等；第三类是组合主观和客观两类方法综合计算指标权重，该类方法主客观结合，结果更为科学。这里综合 AHP 法和熵值法进行评价指标的组合赋权，具体步骤如下。

1. AHP 法计算主观权重

采用 1~9 标度方法，依据中国科学院、北京大学、清华大学、北京师范大学等科研单位 35 位本领域内专家的主观赋权意见来构造判断矩阵，获得第 s 个系统层相对目标层的权重 $a_s(s=1,2,\cdots,5)$，第 s 个系统层下第 k 个指标对第 s 个系统层的权重为 $b_k(k=1,2,\cdots,m)$，则第 s 个系统层下第 k 个指标相对总目标的权重为

$$c_k = a_s \times b_k \tag{4.1}$$

式中，c_k 为第 k 个指标相对总目标的权重；指标权重向量为 $\boldsymbol{c} = \{c_1, c_2, \cdots, c_m\}$。

获得判断矩阵后，需要对其进行一致性检验。若检验通过，则权重分配合理；否则，需要重新构造判断矩阵计算权重，所得主观权重详见表 4.2。同理，计算因素层权重，压力、状态和响应三个因素层的权重比值为 3∶4∶3。由于 AHP 法在文献中应用较多，具体计算过程不再赘述。

2. 熵值法计算客观权重

熵值法是一种基于数据内部的离散程度客观计算指标权重的客观赋权方法。通常，信息熵值越大，系统结构越均衡，差异系数越小，指标的权重就越小；反之指标的权重越大。计算步骤如下（郭玲玲等，2015）。

第一步：数据标准化处理。

第二步：确定比重。

$$Y_{ij} = \frac{x'_{ij}}{\sum\limits_{i=1}^{m} x'_{ij}} \quad (i=1,2,\cdots,m; j=1,2,\cdots,n) \tag{4.2}$$

第三步：求解熵值。

$$e_j = -\frac{1}{\ln m} \sum_{i=1}^{m} Y_{ij} \ln Y_{ij} \tag{4.3}$$

第四步：求解变异系数。

$$\gamma_j = 1 - e_j \tag{4.4}$$

第五步：求解权重，权重向量 $\boldsymbol{v} = \{v_1, v_2, \cdots, v_n\}$。

$$v_j = \frac{\gamma_j}{\sum \gamma_j} \tag{4.5}$$

3. 组合权重的确定

考虑到主客观赋权具有同等效益，采用算术平均值方法（李刚等，2017），综合主客观权重，得到组合权重向量 $\boldsymbol{w} = \{w_1, w_2, \cdots, w_n\}$。组合权重表达为

$$w_j = \frac{c_j + v_j}{2} \tag{4.6}$$

（二）TOPSIS 法与灰色关联方法解析

TOPSIS 由 Hang 和 Yoon 于 1981 年首次提出，是一种逼近于理想解的多目标决策分析方法。TOPSIS 法对研究数据的要求较低，易于理解，而且计算简便，已经在诸多研究领域得到广泛应用。该方法是通过比较系统现实状态和理想状态之间的欧氏距离来研判系统的发展水平，但其只能反映数据曲线之间的位置关系，而无法体现数据序列的动态变化情况。

灰色关联分析方法在被邓聚龙（1990）提出后就得到了迅速发展和广泛应用。其基本思想是依据综合评价序列组成的曲线族和参照序列组成的曲线对之间的几何相似度来确定数据序列的关联度（李海东等，2014），几何形状越相近，数据序列的关联度就越大，反之越小。该方法可以用于计算系统要素间紧密程度，从而很好地体现系统的变化态势（Jia et al., 2015）。

鉴于此，综合 TOPSIS 思想与灰色关联理论，构建主体功能区生态安全协同会诊模型，通过欧氏距离与灰色关联度来反映不同主体功能区生态状态与该类区域理想状态的近似度。

1. 求解加权标准化矩阵

$$\boldsymbol{U} = (u_{ij})_{m \times n} = (w_j \times x'_{ij})_{m \times n} = \begin{bmatrix} u_{11} & u_{12} & \cdots & u_{1n} \\ u_{21} & u_{22} & \cdots & u_{2n} \\ \vdots & \vdots & & \vdots \\ u_{m1} & u_{m2} & \cdots & u_{mn} \end{bmatrix} \qquad (4.7)$$

2. 确定不同主体功能区的正负理想解

正理想解：$U^+ = \{u_{01}^+, u_{02}^+, \cdots, u_{0n}^+\}$； $\qquad\qquad\qquad\qquad\qquad (4.8)$

负理想解：$U^- = \{u_{01}^-, u_{02}^-, \cdots, u_{0n}^-\}$。 $\qquad\qquad\qquad\qquad\qquad (4.9)$

式中，正理想解为同一主体功能区各指标的理想最优值的集合；负理想解为同一主体功能区各指标的理想最劣值的集合。

3. 求解灰色关联相对贴近度

设 ρ_{ij}^+ 为第 i 个评价单元第 j 个指标与正理想解的灰色关联系数；u_{0j}^+ 为第 j 个指标的正理想值；ξ 为分辨系数，可以提升关联系数之间差异的显著性，$\xi \in [0, 1]$，ξ 通常取 0.5。第 i 个评价单元第 j 个指标与正理想解的灰色关联系数（张玉玲等，2011）为

$$\rho_{ij}^+ = \frac{\min\limits_{1 \leqslant j \leqslant n} \min\limits_{1 \leqslant i \leqslant m}(|u_{0j}^+ - x'_{ij}|) + \xi \max\limits_{1 \leqslant j \leqslant n} \max\limits_{1 \leqslant i \leqslant m}(|u_{0j}^+ - x'_{ij}|)}{|u_{0j}^+ - x'_{ij}| + \xi \max\limits_{1 \leqslant j \leqslant n} \max\limits_{1 \leqslant i \leqslant m}(|u_{0j}^+ - x'_{ij}|)} \qquad (4.10)$$

则各评价单元与正理想解的灰色关联系数矩阵为

$$p^+ = \begin{bmatrix} \rho^+_{11} & \rho^+_{12} & \cdots & \rho^+_{1n} \\ \rho^+_{21} & \rho^+_{22} & \cdots & \rho^+_{2n} \\ \vdots & \vdots & & \vdots \\ \rho^+_{m1} & \rho^+_{m2} & \cdots & \rho^+_{mn} \end{bmatrix} \tag{4.11}$$

第 i 个评价单元与正理想解的灰色关联为

$$p^+_i = \frac{\sum\limits_{j=1}^{n} \rho^+_{ij}}{n}, \quad (i = 1, 2, \cdots, m) \tag{4.12}$$

同理，第 i 个评价单元与负理想解的灰色关联度为

$$p^-_i = \frac{\sum\limits_{j=1}^{n} \rho^-_{ij}}{n}, \quad (i = 1, 2, \cdots, m) \tag{4.13}$$

灰色关联相对贴近度

$$C_i = \frac{p^+_i}{p^-_i + p^+_i} \tag{4.14}$$

贴近度的数值越大，说明该功能区当期生态发展协调，系统状况越好；贴近度的数值越小，说明该功能区当期生态发展拮抗，系统状况越差。

作为生态安全综合评价的等级研判尺度，城市群生态安全评价分级标准在现有研究框架内尚未统一，本书参考相关研究成果（任志远等，2005），将京津冀城市群生态安全协同会诊指数分级标准划分为七个等级（表4.3）。

表4.3　京津冀城市群生态安全协同会诊指数分级标准

安全指数	$0<C\leq0.25$	$0.25<C\leq0.35$	$0.35<C\leq0.45$	$0.45<C\leq0.55$	$0.55<C\leq0.65$	$0.65<C\leq0.75$	$0.75<C\leq1$
安全等级	I	II	III	IV	V	VI	VII
安全状态	恶化级	风险级	敏感级	临界安全级	一般安全级	比较安全级	非常安全级

注：灰色关联相对贴进度 C 表征京津冀城市群生态安全协同会诊指数值

三、城市群生态安全协同会诊结果分析

（一）京津冀城市群生态安全时空演变特征分析

根据上述相关数据和公式，计算得到2000～2015年京津冀城市群生态安全协同会诊

指数，其值越大，表示生态安全程度越高，反之越低。京津冀城市群生态安全协同会诊演变特征如下。

（1）2000～2015 年京津冀城市群生态安全协同会诊指数呈波动状态，波动幅度整体较小（图 4.2）。2000～2003 年生态安全协同会诊指数呈下降趋势。2004 年国家发展改革委协同京津冀达成加强区域合作的"廊坊共识"，并组织编制《京津冀都市圈区域规划》，推动区域合作实现第一次跨越，生态安全协同会诊指数出现第一个高值，之后呈缓慢下降趋势。2012 年底"首都经济圈"发展规划被列入国家发展改革委 2012 年区域规划审批计划，实现了上一轮规划的升级与扩展，推动京津冀区域合作实现第二次跨越，生态安全协同会诊指数也随之出现第二个高值，但 2013 年再次下降。2014 年，京津冀协同发展重大国家战略正式拉开帷幕，生态安全保护成为该战略的核心内容之一，京津冀城市群生态安全协同会诊指数整体呈现上升趋势。由此可见，城市群的总体规划、国家与区域政策支撑对城市群生态安全协同会诊指数具有显著影响效应。

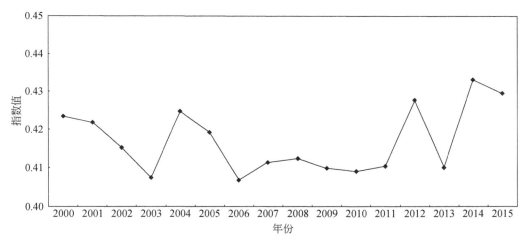

图 4.2　2000～2015 年京津冀城市群生态安全协同会诊指数均值变化趋势

（2）不同城市生态安全协同会诊指数的演变趋势差异显著。2000～2015 年京津冀城市群 13 个城市生态安全协同会诊指数的演变趋势同样具有波动性，其中 8 个城市呈上升趋势，5 个城市呈下降趋势（图 4.3）。生态安全协同会诊指数上升的 8 个城市中，北京在国家的宏观政策支撑下，呈持续上升趋势；秦皇岛、张家口和保定生态安全质量相对较好，呈现先提升再降低再提升的"N"形趋势，表明 2005 年之后工业化进程导致生态安全受损，而 2010 年之后的生态文明和国家产业转型战略实施又促进了生态安全质量的恢复与提升；石家庄、沧州、天津和邯郸呈"V"形趋势，其中沧州和石家庄拐点在 2005 年，而天津和邯郸拐点在 2010 年，表明前者生态安全更早地实现了转型。生态安全协同会诊指数下降的 5 个城市中，承德生态安全协同会诊指数全区最高，但呈持续下降状态；廊坊为倒"V"形趋势，拐点在 2005 年，生态安全协同会诊指数仍在下降；衡水、唐山和邢台均为"V"形趋势，拐点在 2010 年，表明 3 个城市生态安全协同会诊指数在 2010 年之后已经步入恢复状态。总体来看，承德和廊坊应该立即采取措施遏制生态安全下降的趋势，衡水、唐山和邢台则需要加大生态恢复的扶持力度；其他城市仍需要不断完善生态安全保障体系，以实现生态安全状态持续提升。

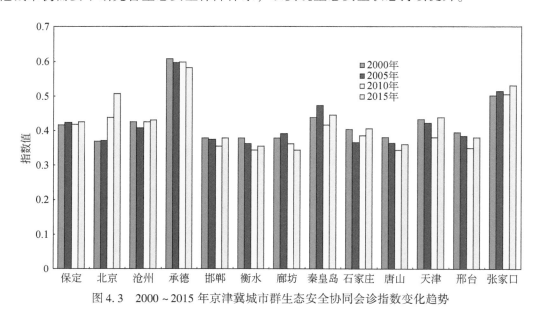

图 4.3　2000~2015 年京津冀城市群生态安全协同会诊指数变化趋势

（3）京津冀城市群生态安全等级不高，呈现"北高南低，西高东低"的空间格局（图 4.4）。2000~2005 年，秦皇岛生态安全转优，由敏感级升为临界安全级，但 2005~2015 年又降为敏感级，第二产业比例增加导致区域碳排放量和生态病理程度上升；同样，唐山、衡水生态安全由敏感级转为风险级也受制于过大的第二产业比例。2017 年唐山第二产业比例为 57.4%，以钢铁和装备制造业等高耗能重工业为主；衡水第二产业比例为 46.2%，主导产业为食品加工、纺织毛皮、化学肥料、塑料制品、玻璃钢、钢材等传统低端高耗高排的工业类型，且均具有较大的生态胁迫效应。2010~2015 年，北京由敏感级转变为临界安全级，表明近年来污染企业的整顿和外迁优化了北京产业结构，劳动生产率和地均生产率大幅提高，2017 年服务业占 GDP 的比例已经高于 80%，明显地改善了首都的生态安全状况。承德和张家口生态安全一直保持在临界安全级和一般安全级，作为首都的生态安全支撑区和水源涵养功能区，两市一直将生态安全战略置于区域发展的重要地位。总体来看，京津冀城市群生态安全等级不高，最高等级仅为一般安全级，表明其生态安全问题较严峻，需要国家和地区政府多部门合作，建立协同联防联控的治理机制，以实现区域"同城化，一体化"的绿色可持续发展目标。

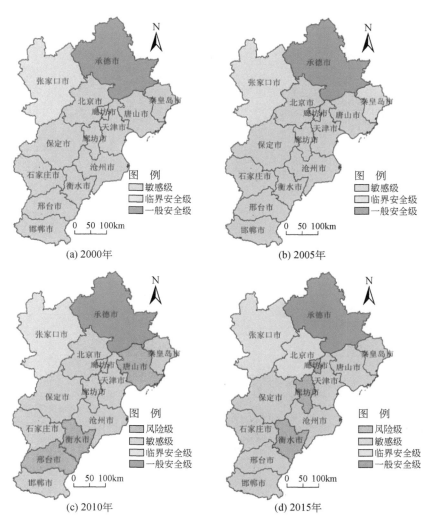

图 4.4　2000～2015 年京津冀城市群生态安全等级空间分布格局

（二）京津冀城市群生态安全协同会诊的影响因素分析

利用 SPSS 20.0 对数据进行 KMO 统计检验和 Bartlett 球形检验，得到 KMO 检验值为 0.771，大于阈值 0.5，Bartlett 检验值为 0.0037，小于阈值 0.01，结果显著水平较高，适合对指标进行因子分析。对 24 个指标进行主要因子提取，得出 6 个特征根大于 1 的因子，且 6 个新因子的方差累计贡献水平达到 79.36%，即 6 个新因子的原始变量丢失的信息较少，因子分析效果良好（林海明，2009），可以充分表征 24 个变量信息。基于方差极大法对影响因素进行降维处理，对因子载荷矩阵进行正交旋转，得到旋转成分矩阵（表 4.4）。

表 4.4　旋转成分矩阵

因素层	指标层	序号	因子1	因子2	因子3	因子4	因子5	因子6
压力	人口密度/万人	1	0.187	−0.022	0.197	0.118	0.341	0.138
	人口自然增长率/%	2	0.232	0.327	0.210	0.217	0.228	0.165
	城镇化水平	3	0.836	0.182	0.185	0.243	0.190	0.210
	工业总产值/亿元	4	0.310	−0.673	0.121	0.119	0.198	0.187
	区域开发指数	5	0.168	0.794	0.320	0.163	0.213	0.113
	人均综合用水量/(m³/a)	6	0.132	0.161	0.178	0.174	0.220	0.245
	人均生态用地面积/km²	7	0.180	0.172	0.199	0.771	0.206	0.195
	GDP 增长率（比上年）/%	8	0.135	0.219	0.817	0.119	0.218	0.224
	能源消费弹性系数	9	0.147	0.243	0.201	0.230	0.223	0.251
状态	人均能耗/kgce	10	0.158	0.229	0.184	0.194	0.312	0.205
	水资源总量/亿 m³	11	0.119	0.215	0.173	0.112	0.278	0.198
	碳排放总量/万 t C	12	0.173	0.192	0.180	0.730	0.217	0.223
	生态系统风险病理程度	13	0.271	0.186	0.169	0.821	0.198	0.208
	建成区绿化覆盖率/%	14	0.625	0.173	0.220	0.191	0.117	0.179
	湿地（水域）覆盖度/%	15	0.109	0.162	0.214	0.781	0.124	0.148
	工业 SO_2 排放量/t	16	0.126	0.119	0.225	0.164	0.153	0.192
	$PM_{2.5}$ 浓度/(μg/m³)	17	0.223	0.183	0.306	0.783	0.118	0.118
响应	第三产业比例/%	18	0.311	0.119	0.673	0.152	0.119	0.104
	人均研发投入/亿元	19	0.213	0.205	0.158	0.217	0.190	0.819
	生活垃圾无害化处理率/%	20	0.239	0.158	0.114	0.220	0.669	0.214
	工业废弃物综合利用率/%	21	−0.605	0.329	0.152	0.193	0.183	0.307
	就业率/%	22	0.271	0.190	0.117	0.182	−0.776	0.277
	专利授权量/个	23	0.182	0.165	0.111	0.169	0.310	−0.857
	污水处理厂集中处理率/%	24	−0.617	0.237	0.190	0.147	0.228	0.246

其中，因子 1 对城镇化水平、建成区绿化覆盖率、污水处理厂集中处理率具有较高载荷，因子 2 对区域开发指数、工业总产值具有较高载荷，因子 3 对 GDP 增长率（比上年）、第三产业比例具有较高载荷，因子 4 对生态系统风险病理程度、$PM_{2.5}$ 浓度、湿地（水域）覆盖度、人均生态用地面积、碳排放总量具有较高载荷，因子 5 对就业率、生活垃圾无害化处理率具有较高载荷，因子 6 对专利授权量、人均研发投入具有较高载荷。基于上述结果，参考专家意见，将 6 个因子重新命名为城镇化（Z_1）、开发水平（Z_2）、经济发展（Z_3）、生态病理度（Z_4）、社会发展（Z_5）、技术进步（Z_6）。

以京津冀城市群 2000～2015 年面板数据作为研究样本，选取生态安全值（Y）为因变量，采用 SPSS 20.0 软件对因子分析所提取的 6 个因子进行多元线性回归分析，F 检验值为 30.494，P 显著性检验值为 0，在 0.01 显著性水平下显著，说明该方程合理度较高。计算结果如表 4.5 所示，线性函数关系式为

$$Y = 0.641 + 0.023Z_1 - 0.582Z_2 - 0.017Z_3 - 0.446Z_4 + 0.304Z_5 + 0.045Z_6 \quad (4.15)$$

表 4.5　各提取因子的偏回归方程系数矩阵

变量	系数	标准差	T 值检验	P 值检验
常量	0.641***	0.089	7.241	0.000
城镇化	0.023***	0.032	6.883	0.000
开发水平	-0.582***	0.063	-9.237	0.000
经济发展	-0.017***	0.011	-5.424	0.000
生态病理度	-0.446***	0.101	-4.449	0.000
社会发展	0.304***	0.059	5.184	0.000
技术进步	0.045***	0.062	8.509	0.000

*** 表示在 0.01 显著水平下具有显著意义

城镇化、社会发展和技术进步均在 0.01 显著水平下对生态安全具有显著正相关性，三者每提升 1 个单位，生态安全系数分别上升 0.022 个单位、0.304 个单位和 0.045 个单位。城镇化是世界各国在实现工业化和现代化过程中城乡人口、空间与社会变迁的状态响应。中国城镇化发展经历了传统城镇化阶段和新型城镇化阶段。传统城镇化过程提升了城市综合服务能力，改善了人居环境，但也造成了农业人口市民化进程滞后、城镇用地粗放、城镇规模不合理等城市病的发生。2003 年党的十六大报告提出的 "走中国特色城镇化道路" 理念开启了中国的新型城镇化历程。社会发展可以有效促进经济结构优化、科学技术进步和人口素质提升。尤其是 2007 年十七大报告提出生态文明战略，将可持续发展理念提升到绿色发展的高度，社会发展对城市群生态安全的促进作用更加显著。京津冀城市群是中国新型城镇化的前沿阵地，生态安全也是其核心任务之一。2000 年以来，新型城镇化的理念与进程有效促进了京津冀城市群的生态安全（董晓峰等，2017）。技术进步可以从源头上降低工业及生活污染物的产生与排放量，削减自然资源与能源的消耗，减少地区防污治污的人力与物力投入，从而改善生态安全。

开发水平、经济发展和生态病理度均在 0.01 显著水平下对生态安全具有显著负相关性，三者每提升 1 个单位，生态安全系数分别下降 0.582 个单位、0.017 个单位和 0.446 个单位。城市群是新型城镇化的主体形态，也是城镇开发活动最为集中、最为剧烈的区域。随着京津冀城市群开发程度的不断提升，其建设用地面积不断扩展，同时也消耗了大量的资源与能源，并对地区生态安全造成损伤。虽然近年来京津冀城市群响应国家绿色可持续化发展的要求，积极探索地区发展新模式，但是高耗能、高污染、高排放的产业模式仍未彻底改变，生态安全为此付出了巨大代价，生态破损和环境污染问题较为严重。

第三节　京津冀城市群城镇化与生态安全格局耦合模式

一、研究方法、指标体系及数据来源

城镇化及生态安全数据分别来自《北京统计年鉴》《天津统计年鉴》、《河北经济年鉴》《中国区域经济统计年鉴》《中国城市统计年鉴》《北京市水资源公报》《天津市水资源公报》《河北省水资源公报》《中国科技统计年鉴》及中国环境监测官方网站、《国民经济和社会发展统计公报》等。碳排放量数据参考"各种能源折标准煤及碳排放参考系数"求解得到；能源消费弹性系数通过计算一定时期能源消费平均增长率与同期国民生产总值平均增长率或工农业生产总值平均增长率的比值得到。基于多年历史平均增长率或分段平均增长率，采用综合增长率估算法补充部分缺失的数据。

（一）城镇化与生态安全综合评价体系

1. 基于 PESS 模型构建城市化指标体系

城镇化作为地区发展水平的参考和表征，目前国内外已有大量文献进行深入分析探索（王振波等，2012）。但由于城镇化发展是一个复杂的动态过程，伴随着人口、产业、社会、空间、生态等多维因素的变迁（方建德等，2010），近年来学者倾向于构建科学合理的指标综合度量地区的城镇化发展状态（秦耀辰等，2003；袁晓玲等，2013；马艳梅等，2015；张春梅等，2012）。因此，构建"人口-经济-社会-空间"（population-economic-sociology-space，PESS）模型作为衡量地区城镇化的综合表征，将经济城镇化、人口城镇化、社会城镇化和空间城镇化 4 个子系 20 个评价指标（表 4.6）作为城镇化发展的依据。其中，经济城镇化是城镇化发展的核心内容，经济发展是城镇化发展的引擎；人口城镇化是城镇化发展的基础，人口向城市的集中是地区城镇化发展的载体；社会城镇化体现文明的扩散以及人们生活水平的高低，更丰富了城镇化的内涵；空间城镇化是城镇化的重要内容，土地利用结构的变化及交通设施的发展水平能直观地反映城市发展水平（杨振等，2017）。

表 4.6　城镇化评价指标体系及指标权重

系统	子系统	具体指标	单位	属性	主观权重	客观权重	综合权重
城镇化综合指数	人口城镇化	城镇化率	%	正	0.573	0.320	0.447
		建成区人口密度	万人/km²	正	0.225	0.314	0.270
		第二产业人口比例	%	正	0.090	0.145	0.118
		第三产业人口比例	%	正	0.112	0.221	0.165

续表

系统	子系统	具体指标	单位	属性	主观权重	客观权重	综合权重
城镇化 综合指数	经济 城镇化	人均GDP（不变价）	元	正	0.453	0.169	0.311
		第二、第三产业占GDP比例	%	正	0.153	0.058	0.106
		人均社会固定资产投资	元	正	0.061	0.191	0.126
		人均工业总产值	元	正	0.037	0.198	0.116
		人均财政收入	元	正	0.037	0.362	0.200
		GDP增长率	%	正	0.259	0.022	0.141
	社会 城镇化	人均社会消费品零售总额	元	正	0.026	0.229	0.128
		城市居民人均可支配收入	元	正	0.433	0.160	0.297
		每万人卫生机构床位数	张	正	0.064	0.090	0.077
		每万人拥有医生数量	个	正	0.264	0.126	0.195
		每万人互联网上网人数	人	正	0.155	0.194	0.175
		每万人在校大学生数	人	正	0.058	0.201	0.128
	空间 城镇化	城市建设用地占市域面积比例	%	正	0.497	0.332	0.415
		人均公路里程	km	正	0.085	0.351	0.218
		交通线网密度	km/km²	正	0.290	0.135	0.213
		人均城市建设用地面积	km²	正	0.128	0.182	0.154

2. 基于 PSR 模型构建生态安全指标体系

生态安全 PSR 模型最早被用于分析生态安全压力、状态和响应之间的关系。目前，该模型常用于生态安全评价中，在科学评价中相对系统（仝川，2000），被政府和组织认为是最有效的一个框架（张家其等，2014）。在 PSR 模型中，生态安全压力表示人类活动或自然因素给生态安全带来的负荷，即生态胁迫；生态安全状态表示研究区域生态安全状态，即环境质量、自然资源与生态系统的现状；生态安全效应表示人类面临生态安全问题时所采取的对策，即生态可持续发展能力（谢余初等，2015）。根据评价地区的地域性，衡量方法的系统性、实用性以及数据的可获得性等原则，结合研究区特征，采用 PSR 模型构建城市群生态安全评价指标体系，共包括 3 个子系统的 21 个评价指标（表4.7）。其中，生态风险指数表征各地区国土空间综合生态风险的大小，参考汪翡翠等（2018）采用的方法计算。

表4.7 生态安全评价指标体系及指标权重

系统	子系统	具体指标	单位	属性	主观权重	客观权重	综合权重
生态安全 综合指数	生态安全 压力	人均综合用水量	m³/a	负	0.053	0.159	0.106
		人均能耗	kgce	负	0.076	0.115	0.096
		人均碳排放	μg/m³	负	0.396	0.338	0.366

续表

系统	子系统	具体指标	单位	属性	主观权重	客观权重	综合权重
生态安全综合指数	生态安全压力	区域开发指数	—	负	0.068	0.117	0.093
		能源消费弹性系数	—	负	0.096	0.074	0.085
		生态风险指数	—	负	0.311	0.197	0.254
	生态安全状态	人口自然增长率	%	负	0.151	0.081	0.116
		森林覆盖率	%	正	0.320	0.241	0.281
		人均水资源拥有量	m³	正	0.109	0.132	0.120
		每万人生态用地面积	km	正	0.211	0.430	0.320
		建成区绿化覆盖率	%	正	0.122	0.031	0.077
		人均工业二氧化硫排放量	t	负	0.053	0.033	0.042
		人均工业废水排放量	t	负	0.021	0.026	0.024
		人均工业固体废物排放量	t	负	0.013	0.026	0.020
	生态安全响应	$PM_{2.5}$ 浓度	万 t/人	负	0.040	0.044	0.042
		生活垃圾无害化处理率	%	正	0.084	0.023	0.054
		污水处理厂集中处理率	%	正	0.244	0.024	0.134
		工业废弃物综合利用率	%	正	0.157	0.349	0.253
		人均研发投入	元	正	0.028	0.310	0.169
		专利授权量	个	正	0.043	0.227	0.134
		万元 GDP 能耗	tce	负	0.404	0.023	0.214

(二) 城镇化与生态安全指标赋权方法

通过 AHP 法和熵值法确定城镇化与生态安全指标体系各指标的综合权重。

基于标准化方法对指标进行无量纲化处理。在综合评价分析中,评价指标目的和含义的差异导致各指标具有不同的量纲和数量级,通常采用标准化处理方法消除不同量纲和数量级对评价指标的影响,以此降低随机因素的干扰。

基于 AHP 法计算指标主观权重。AHP 法是将与决策有关的元素分解成系统、子系统、指标等层次,以进行定性和定量分析的决策方法(宋建波等,2010)。采用 1~9 标度方法,依据中国科学院、北京大学、清华大学、北京师范大学等科研单位 40 位本领域专家的主观赋权意见来构造判断矩阵,再对矩阵进行一致性检验。若检验通过,则权重分配合理;否则,需要重新构造判断矩阵计算权重。同理,计算出准则层权重。

基于熵值法计算指标客观权重。熵值法是一种基于数据离散程度客观计算指标权重的客观赋权方法,相对客观、全面,无须检验结果(Li et al., 2012)。通常,熵值越大,系统结构越均衡,差异系数越小,指标的权重越小;反之,指标的权重越大。

基于最小信息熵原理优化综合权重。通过 AHP 法和熵值法分别计算出模型指标的主客观权重 w_{1i} 和 w_{2i}。其中，AHP 法比较主观，容易受评价过程中的随机性和评价专家主观上的不确定性及认识上的模糊性影响；熵值法相对客观，但损失的信息有时会较多，且有时受离散值影响较大。为了优化主、客观权重，利用最小信息熵原理对主客观权重进行综合，缩小主客观权重的偏差。城镇化与生态安全系统评价指标的主客观权重详见表 4.6 和表 4.7。

$$w_i = \frac{(w_{1i} \times w_{2i})^{\frac{1}{2}}}{\sum_{i=1}^{n} (w_{1i} \times w_{2i})^{\frac{1}{2}}} \tag{4.16}$$

（三）城镇化与生态安全系统指数评价模型

运用线性加权方法分别计算人口城镇化、经济城镇化、社会城镇化、空间城镇化 4 个子系统，生态安全压力、生态安全状态、生态安全响应 3 个子系统以及城镇化和生态安全系统评价指数值，计算公式为

$$f(x) = \sum_{i=1}^{n} w_i \times x_i, \quad g(y) = \sum_{j=1}^{m} w_j \times y_j \tag{4.17}$$

$$F(x) = \sum_{i=1}^{n} W_i \times f(x), \quad G(y) = \sum_{j=1}^{m} W_j \times g(y) \tag{4.18}$$

式中，$f(x)$ 和 $g(y)$ 分别为城镇化和生态安全子系统综合评价值；$F(x)$ 和 $G(y)$ 分别为城镇化和生态安全系统综合评价值；x_i 和 y_j 分别为城镇化和生态安全评价指标标准化数值；w_i 和 w_j 分别为城镇化和生态安全评价指标综合权重；W_i 和 W_j 分别为城镇化和生态安全子系统权重，因为各子系统具有同等重要性，所以采用均等权重。

二、京津冀城市群城镇化与生态安全格局的时空演变特征

（一）京津冀城镇化与生态安全指数的时空变化特征

采用熵值法和 AHP 法对指标权重进行主客观综合赋权，计算出城镇化与生态安全系统指数评价值。为了分析其时序变化趋势，分地区做出城镇化与生态安全系统指数的变化趋势图（图 4.5），从图 4.5 可以看出：

（1）京津冀城市群城镇化系统指数呈现出快速上升态势。对比均值可知，北京、天津城镇化水平为第一梯队城市，远高于其他地市，直辖市优势显著；石家庄、唐山为第二梯队城市，较高于均值，石家庄作为省会城市，具有较高的首位度，唐山作为京津唐工业基地中心城市，具有明显的资源优势；廊坊、秦皇岛为第三梯队城市，其中廊坊城镇化发展实现了"弯道超车"，2010 年以后基本位居城市群前 4 位，在京津一体化的辐射作用下将有更大提升空间；其他城市为第四梯队城市，发展潜力有待进一步挖掘。

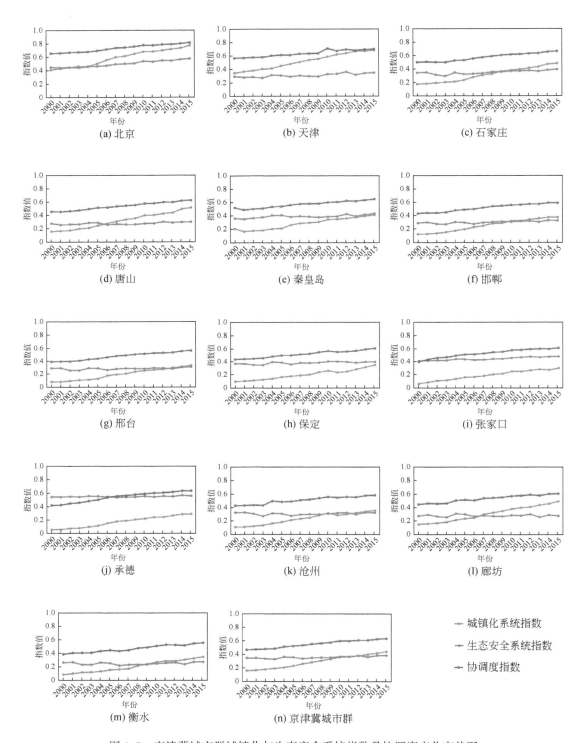

图 4.5　京津冀城市群城镇化与生态安全系统指数及协调度变化态势图

（2）京津冀城市群生态安全系统指数呈波动式缓慢增长特征。承德、北京生态安全水平为第一梯队城市，指数远高于均值，北京作为首都，环境保护意识较强，环境规制力度较高，承德位居城市群北部，是首都绿色生态屏障和环境保护支撑区；张家口、秦皇岛、保定、石家庄生态安全水平为第二梯队城市，前三者指数略高于均值，石家庄部分年份高于均值，张家口是城市群生态涵养区和重要的水源地，秦皇岛是城市群生态标兵城市，坚持"生态立市"，以"青山绿水"为"金山银山"，保定和石家庄积极进行产业升级优化改革，寻求绿色可持续的创新型城镇化发展道路；其他城市为第三梯队城市。

（二）京津冀城市群城镇化与生态安全水平的时空变化特征

选取 2000 年、2008 年和 2015 年京津冀城镇化与生态安全水平进行空间可视化分析，以此分析京津冀城镇化与生态安全水平时空格局演变过程。为体现不同时间尺度下城镇化与生态安全评价值的标准性和可比性，依据数理倍数关系将对应年份城镇化系统和生态安全系统评价值均值的 50%、100%、150% 作为划分标准。城镇化水平类型区分别为高城镇化区（>150%）、偏高城镇化区（100% ~ 150%）、中城镇化区（50% ~ 100%）、低城镇化区（<50%）4 种类型；生态安全水平类型区分别为优生态安全区（>150%）、偏优生态安全区（100% ~ 150%）、中生态安全区（50% ~ 100%）、劣生态安全区（<50%）4 种类型（图 4.6）。从图 4.6 可以看出：

（1）2015 年，高城镇化区的空间格局保持不变，偏高城镇化区和中城镇化区空间格局相对稳定，低城镇化区基本不存在（图 4.6）。2000 ~ 2015 年北京、天津城镇化水平均为高城镇化，集聚了京津冀城市群的优质市场资源、技术人才以及金融资本等，为京津冀城市群发展的"两极"，具有强大的虹吸效应。张家口和承德城镇化水平由低城镇化提升为中城镇化，这两个地市是京津冀城市群的生态屏障，是守卫首都的"绿色长城"，城镇化要素集聚能力较弱，城镇化进程落后于其他城市。廊坊城镇化水平由中城镇化提升为偏高城镇化，作为衔接京津两核的中间地区，廊坊前期城镇化发展受制于京津两市的"强磁力"效应，即潜在发展动力不足，后期得益于京津两市的城市"边缘区"效应，即相对其他地市具有"先发优势"。秦皇岛城镇化水平由偏高城镇化下降为中城镇化，作为京津冀城市群的生态标兵城市，其坚持"生态立市"，以"青山绿水"为"金山银山"，积极创建生态、康养、绿色、创新型和高科技产业，这也限制了其城镇化发展。同时，地理区位条件等的劣势也阻滞了其融入城市群，即秦皇岛未能充分享受到京津冀协同发展"群效应"中的红利。石家庄、唐山 2000 ~ 2015 年城镇化水平均为偏高城镇化，石家庄为省会城市，具有较高的城市首位度，政策优势明显，能够有效吸纳河北城镇化发展资源；唐山是我国钢铁生产重地，工业化发展远超其他地市，这为唐山赢得了丰富的城镇化发展要素。保定等其他 5 个地市 2000 ~ 2015 年城镇化水平均为中城镇化，需要强化发展优势，充分利用本地区资源，寻求绿色可持续的城镇化发展道路。

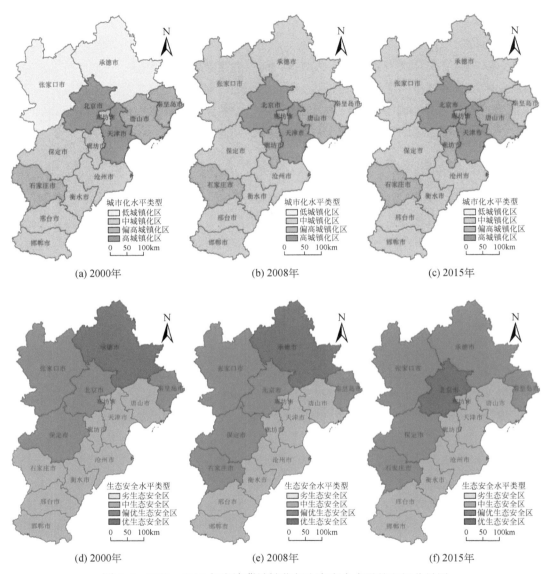

(a) 2000年   (b) 2008年   (c) 2015年

(d) 2000年   (e) 2008年   (f) 2015年

图 4.6   2000~2015 年京津冀城镇化与生态安全水平的空间分异图

（2）优生态安全区、偏优生态安全区和中生态安全区空间格局相对稳定，劣生态安全区不存在（图 4.6）。整体上，京津冀生态安全水平分布格局较为稳定，集中于偏优生态安全和中生态安全类型，这说明京津冀各地市生态安全保护意识较强，对环境违法行为坚持"零容忍"，相对其他城市群，环境规制力度较高。张家口、承德、秦皇岛和保定 2000~2015 年生态安全水平均为偏优生态安全以上，形成伞形绿色生态屏障，是京津冀城市群天然的生态涵养区、环境保护支撑区和重要的水源地。北京生态安全水平由偏优生态安全提升为优生态安全，石家庄生态安全水平由中生态安全提升为偏优生态安全，其由早期的"高耗能、高污染、高排放、低效率"产业发展模式转型升级为绿色、开放、融合、创新和高质量的现代化产业发展模式。唐山等其他 7 个地市是京津冀城市群工业发展核心区，生态风险病理程度较高、大气污染较为严重、工业废弃物排放量较高，以及科技研发投入较低等在不同程度上降低了生态安全水平。

三、京津冀城市群城镇化与生态安全协同发展模式

采用熵值法和 AHP 法对指标权重进行主客观综合赋权，计算出城镇化与生态安全系统及其子系统指数评价值。基于子系统与系统评价值，本书划分京津冀城镇化与生态安全系统不同发展模式，并分析其时空演变格局。

（一）京津冀城市群城镇化与生态安全协同发展模式划分原则

为探讨不同地市发展模式的时序差异，对京津冀 2000～2015 年 13 个地市城镇化与生态安全发展模式进行分类总结。为体现不同时间和空间尺度下城镇化与生态安全系统评价值的差异性和多样性，采用均值比较方法，即分别计算 2000～2015 年京津冀地级以上城市人口城镇化、经济城镇化、社会城镇化、空间城镇化 4 个子系统和生态安全压力、生态安全状态、生态安全响应 3 个子系统的均值 $\bar{f_x}$ 和 $\bar{g_y}$，再将各地市城镇化和生态安全子系统数值 $f(x)$ 和 $g(y)$ 分别与 $\bar{f_x}$ 和 $\bar{g_y}$ 比较，最后按照表 4.8 中原则划分不同发展模式。

表 4.8 城镇化与生态安全协同发展模式划分原则

	模式类别	强城镇化	较强城镇化	中级城镇化	一般城镇化	弱城镇化
城镇化系统	高于均值的子系统个数/个	4	3	2	1	0
生态安全系统	模式类别	强生态安全保护	较强生态安全保护	一般生态安全保护	弱生态安全保护	—
	高于均值的子系统个数/个	3	2	1	0	—

（二）京津冀城镇化与生态安全协同发展模式分析

基于不同发展模式的划分原则，统计出京津冀城市群 2000～2015 年 13 个地市城镇化与生态安全不同发展模式的次数及城市群总计和平均次数，详见表 4.9 和表 4.10，从表 4.9 和表 4.10 中可以看出：

北京、天津、唐山、石家庄、廊坊是京津冀城镇化发展的第一梯队城市，城镇化发展程度均优于其他地市。京津人口、经济、社会、空间"四位一体"全面式城镇化发展道路是其他城市新型城镇化的模范区；唐山人口和经济城镇化优于社会城镇化和空间城镇化，钢铁产业拉动经济迅速提升；石家庄经济城镇化较弱于其他城镇化，具有明显的"木桶效应"；廊坊空间城镇化较优于其他城镇化，衔接京津两市，交通建设受益于京津"同城化"规划。邯郸、秦皇岛、衡水、沧州是京津冀城镇化发展的第二梯队城市，中级及以下城镇化总年份占比超过 60%。邯郸人口城镇化与社会城镇化具有"一高一低"显著差异，经济城镇化和空间城镇化居中，工业资源的优势加速人口城镇化；秦皇岛空间城镇化和社会城镇化显著优于人口城镇化，经济城镇化居中，旅游资源促进社会的发展；衡水空间城镇化显著高于人口城镇化和经济城镇化，位于京津冀十字交叉处，枢纽优势促进交通发展；沧州经济城镇化显著高于社会城镇化和空间城镇化，其空间城镇化一直低于均值。邢台、保定、张家口、承德是京津冀城镇化发展的第三梯队城市，弱城镇化占比 62.5% 以上。邢台空间城镇化显著优于经济城镇化；保定空间城镇化弱于其他城镇化；张家口社会城镇化较优于其他城镇化；承德经济城镇化和社会城镇化较优于人口城镇化和空间城镇化。

表 4.9　京津冀城市群城镇化与生态安全协同发展模式地市分类　　（单位：次）

城市	强城镇化	较强城镇化	中级城镇化	一般城镇化	弱城镇化	强生态安全保护	较强生态安全保护	一般生态安全保护	弱生态安全保护
北京	15	1	0	0	0	12	4	0	0
天津	12	3	0	1	0	0	1	14	1
石家庄	7	2	1	6	0	0	0	13	3
唐山	8	1	2	0	5	0	0	6	10
秦皇岛	1	5	3	2	5	1	15	0	0
邯郸	4	2	1	1	8	0	0	11	5
邢台	0	3	0	3	10	0	0	7	9
保定	0	1	1	2	12	7	5	4	0
张家口	0	0	2	3	11	6	10	0	0
承德	0	1	3	2	10	2	14	0	0
沧州	0	3	2	2	9	0	0	11	5
廊坊	7	1	0	3	5	0	0	12	4
衡水	1	1	2	4	9	0	0	9	7
总计次数	55	24	17	29	83	28	49	87	44
平均次数	4.23	1.85	1.31	2.23	6.38	2.15	3.77	6.69	3.38

北京、保定、张家口、承德和秦皇岛是京津冀生态安全保护的第一梯队城市，均为较强生态安全保护及以上。北京生态安全压力、状态、响应均相对较优，尤其是响应的优势更为显著；保定生态安全状态和响应逐渐变好，但是压力具有增长趋势；张家口和承德生态安全压力和状态均较好，响应也逐步提升；秦皇岛生态安全状态保持良好，响应和压力均具有增长趋势。天津、石家庄、廊坊、邯郸、沧州是京津冀生态安全保护的第二梯队城市，一般生态安全保护期数占比超过68%。天津、石家庄生态安全状态较差，但压力和响应均有所提升；廊坊、邯郸和沧州生态安全压力和生态安全状态均弱于生态安全响应，具有"一俊遮百丑"效应。邢台、衡水、唐山是京津冀生态安全保护的第三梯队城市，生态安全压力和状态均劣势显著，随着生态文明建设政策的推行，响应力度在"十二五"期间显著提升。

表 4.10　京津冀城市群城市化与生态安全协同发展模式年份分类　　（单位：次）

年份	强城市化	较强城市化	中级城市化	一般城市化	弱城市化	强生态安全保护	较强生态安全保护	一般生态安全保护	弱生态安全保护
2000	0	1	0	2	10	0	4	7	2
2001	1	1	0	0	11	0	4	7	2
2002	1	1	0	0	11	0	4	3	6
2003	2	0	0	0	11	0	5	0	8
2004	1	1	0	0	11	1	4	5	3
2005	2	0	1	1	9	2	4	2	5
2006	2	0	2	2	7	1	3	4	5
2007	2	2	1	1	7	3	2	3	5
2008	3	2	1	2	5	1	4	5	3
2009	5	0	2	2	4	1	4	5	3
2010	5	2	0	6	0	3	2	6	2
2011	5	2	1	3	2	3	2	8	0
2012	6	1	3	2	1	3	2	8	0
2013	6	3	1	0	3	2	3	8	0
2014	6	4	2	1	0	4	1	8	0
2015	8	4	3	1	0	4	1	8	0
总计次数	55	24	17	23	89	28	49	87	44
平均次数	3.44	1.50	1.06	1.44	5.56	1.75	3.06	5.44	2.75

京津冀城市群 2000～2015 年城镇化进程可分为两个阶段，分别为缓慢发展阶段（2000～2007 年）和稳步提升阶段（2008～2015 年）。在缓慢发展阶段，弱城镇化城市数量较高于均值，北京、天津、石家庄和唐山等城镇化发展较强，其他地市城镇化较弱，主

要是人才、资本等内生动力不足，政策、科技等外部条件缺乏。在稳步提升阶段，强和较强城镇化的城市数量较高于均值，张家口、保定、承德、邢台、沧州、衡水相对滞后，邯郸、衡水、邢台、承德、沧州城镇化显著提升，其余地市均保持在较强城镇化发展水平。随着京津冀"同城化""一体化"等城市群协同发展体系的建立，国家在城市建设中投入的资源越来越多，政策红利提升，要素集聚效应显著，同时京津城铁等交通网络的完善也激发了城市发展潜力。

京津冀城市群 2000~2015 年生态安全保护可分为两个阶段，分别是生态保护攻坚期（2000~2010 年）和生态文明建设期（2011~2015 年）。在生态保护攻坚期，弱生态安全保护城市数量基本高于均值，政府和企业快速发展经济的同时对生态保护投入较低。值得注意的是，2002 年弱生态安全保护城市出现断崖式增长，唐山、石家庄、邯郸、邢台、衡水等地市在经济建设的过程中忽视了生态保护，这表明京津冀城市群经济发展是以牺牲环境为代价的。在生态文明建设期，强生态安全保护城市较高于均值，各地市生态安全保护强度显著提升，且不存在弱生态安全保护城市。"十二五"尤其是党的十八大以来，政府高度重视生态文明建设，以其作为我国特色社会主义"五位一体"建设中的重要一环，环境治理等成为各级政府政绩的重要考核指标，环保等政策的实行、政府的重视以及环保规划的顶层设计等非常有益于生态安全保护。

四、京津冀城市群城镇化与生态安全系统协同发展格局

（一）城镇化与生态安全耦合协调度模型

城镇化与生态安全存在复杂的交互耦合胁迫机制，表现为城镇化对生态安全的胁迫作用和生态安全对城镇化的约束作用两个方面。采用经典范式研究城镇化与生态安全协同发展效应，并分析其演化趋势，划分协同发展类型。

1. 城镇化与生态安全的耦合度模型

耦合度是一个物理学概念，是指两个（或两个以上）系统通过受自身和外界的各种相互作用而彼此影响的现象。由于系统之间的耦合关系存在相似性，耦合现在被广泛地应用到研究城镇化与生态安全交互胁迫关系之中，其表达式为

$$C = \left[\frac{F(x) \times G(y)}{\left(\frac{F(x) + G(y)}{2} \right)^2} \right]^{\frac{1}{k}} \tag{4.19}$$

式中，C 为城镇化与生态安全系统的耦合度，且 $0 \leqslant C \leqslant 1$；$F(x)$ 为城镇化系统综合评价值；$G(y)$ 为生态安全系统综合评价值；k 为调节系数，且 $k \geqslant 2$，常取 $k = 2$。

2. 城镇化与生态安全协调度模型

在判断两个系统之间的协调发展程度时，为了兼顾系统指数值水平，本书构建协调度

模型。其计算公式如下：

$$T = \alpha \cdot F(x) + \beta \cdot G(y)$$
$$D = \sqrt{C \cdot T}$$

（4.20）

式中，D 为协调度；T 为城镇化与生态安全系统综合发展指数；α 和 β 为待定权重，分别为城镇化和生态安全的贡献份额。考虑到城镇化发展与生态安全保护同等重要，取 $\alpha = \beta = 0.5$。

3. 城镇化与生态安全协同效应类型划分

根据协调度 D 及城镇化系统 $F(x)$ 和生态环境系统 $G(y)$ 的大小，将城镇化与生态安全的协同效应类型分为三大类、4 个亚类和 12 个系统类型状态（Li et al.，2012），见表 4.11。

表 4.11 城镇化与生态安全协同发展类型划分

综合类别	协调度水平	亚类别	系统指数值对比	子类别	类型
协调发展	$0.8 < D \leqslant 1$	高级协调	$G(y) - F(x) > 0.1$	城镇化滞后	V-1
			$\mid G(y) - F(x) \mid \leqslant 0.1$	系统均衡发展	V-2
			$G(y) - F(x) < -0.1$	生态安全滞后	V-3
转型发展	$0.6 < D \leqslant 0.8$	中度协调	$G(y) - F(x) > 0.1$	城镇化滞后	IV-1
			$\mid G(y) - F(x) \mid \leqslant 0.1$	系统均衡发展	IV-2
			$G(y) - F(x) < -0.1$	生态安全滞后	IV-3
	$0.4 < D \leqslant 0.6$	濒临失调	$G(y) - F(x) > 0.1$	城镇化滞后	III-1
			$\mid G(y) - F(x) \mid \leqslant 0.1$	系统均衡发展	III-2
			$G(y) - F(x) < -0.1$	生态安全滞后	III-3
不协调发展	$0.2 < D \leqslant 0.4$	中度失调	$G(y) - F(x) > 0.1$	城镇化滞后	II-1
			$\mid G(y) - F(x) \mid \leqslant 0.1$	系统均衡发展	II-2
			$G(y) - F(x) < -0.1$	生态安全滞后	II-3
	$0 < D \leqslant 0.2$	严重失调	$G(y) - F(x) > 0.1$	城镇化滞后	I-1
			$\mid G(y) - F(x) \mid \leqslant 0.1$	系统均衡发展	I-2
			$G(y) - F(x) < -0.1$	生态安全滞后	I-3

（二）城镇化与生态安全协同发展的空间格局

根据上述公式分别计算出京津冀城市群城镇化与生态安全耦合度和协调度，再依据表 4.11 将城镇化与生态安全协调度划分为不同等级，归纳协同发展模式。选取 2000 年、2008 年和 2015 年京津冀城镇化与生态安全系统协调度进行空间可视化和模式归纳，分析京津冀城镇化与生态安全系统协调度及发展模式的时空变化规律。

京津冀城市群城镇化与生态安全系统协调度整体呈稳步上升趋势，处于良性发展状态，濒临失调和中度协调为主要类型（图4.7）。2000 年和 2008 年，濒临失调为城镇化与生态安全系统协调度主要类型，分别有 9 个和 11 个城市为濒临失调，其中 2000 年仅有北京（0.656）为中度协调，2008 年也只有北京（0.745）、天津（0.639）两市为中度协调，这表明这段时期京津冀城市群城镇化发展与生态安全保护较为不协调，即在发展经济的同时忽略了生态保护。2015 年，中度协调为城镇化与生态安全系统协调度主要类型，共有 8 个城市为中度协调，其中北京（0.818）为高级协调，符合习近平总书记 2014 年所提出的"国际一流的和谐宜居之都"的战略目标；仍然有邯郸（0.588）、沧州（0.577）、邢台（0.564）和衡水（0.556）为濒临失调，这四市近年来城镇化发展加速，经济建设成效显著，但是同时也影响了生态安全，尤其是邯郸和邢台的大气污染较为严重。

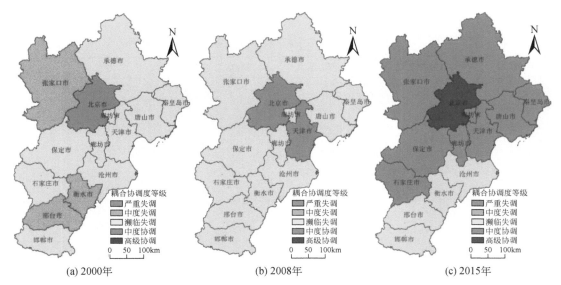

(a) 2000年　　　　　　　(b) 2008年　　　　　　　(c) 2015年

图 4.7　2000～2015 年京津冀城市群城镇化与生态安全系统协调度时空演变图

（三）城镇化与生态安全协同发展类型分析

根据表 4.11 中原则，将 2000～2015 年城镇化与生态安全协同发展模式划分为不同类型，详见表 4.12。为了分析城镇化与生态安全协同发展类型的时序差异，选取 2000 年、2008 年和 2015 年城镇化与生态安全协同发展类型进行详细分析。

表 4.12　京津冀城市群城镇化与生态安全协同发展类型

城市 名称	年份															
	2000	2001	2002	2003	2004	2005	2006	2007	2008	2009	2010	2011	2012	2013	2014	2015
北京	IV-2	IV-2	IV-2	IV-2	IV-2	IV-2	IV-3	IV-3	IV-3	IV-3	IV-3	IV-3	IV-3	IV-3	V-3	V-3
天津	III-2	III-3	III-3	III-3	IV-3	IV-3	IV-3	IV-3	IV-3	IV-3	IV-3	IV-3	IV-3	IV-3	IV-3	IV-3
石家庄	III-1	III-1	III-1	III-1	III-2	III-2	III-2	III-2	III-2	IV-3	IV-3	IV-3	IV-3	IV-3	IV-3	IV-3

续表

城市名称	年份															
	2000	2001	2002	2003	2004	2005	2006	2007	2008	2009	2010	2011	2012	2013	2014	2015
秦皇岛	Ⅲ-1	Ⅲ-1	Ⅲ-1	Ⅲ-1	Ⅲ-1	Ⅲ-1	Ⅲ-1	Ⅲ-2	Ⅲ-2	Ⅲ-2	Ⅲ-2	Ⅳ-2	Ⅳ-2	Ⅳ-2	Ⅳ-2	Ⅳ-2
承德	Ⅲ-1	Ⅲ-1	Ⅲ-1	Ⅲ-1	Ⅲ-1	Ⅲ-1	Ⅲ-1	Ⅲ-1	Ⅲ-1	Ⅲ-1	Ⅲ-1	Ⅳ-1	Ⅳ-1	Ⅳ-1	Ⅳ-1	Ⅳ-1
唐山	Ⅲ-1	Ⅲ-1	Ⅲ-2	Ⅲ-2	Ⅲ-2	Ⅲ-2	Ⅲ-2	Ⅲ-2	Ⅲ-3	Ⅲ-3	Ⅲ-3	Ⅲ-3	Ⅲ-3	Ⅲ-3	Ⅳ-3	Ⅳ-3
廊坊	Ⅲ-1	Ⅲ-1	Ⅲ-1	Ⅲ-1	Ⅲ-1	Ⅲ-1	Ⅲ-1	Ⅲ-1	Ⅲ-1	Ⅲ-1	Ⅲ-2	Ⅲ-3	Ⅲ-3	Ⅲ-3	Ⅳ-3	Ⅳ-3
邯郸	Ⅲ-1	Ⅲ-1	Ⅲ-1	Ⅲ-1	Ⅲ-1	Ⅲ-1	Ⅲ-1	Ⅲ-1	Ⅲ-1	Ⅲ-1	Ⅲ-1	Ⅲ-2	Ⅲ-2	Ⅲ-2	Ⅲ-2	Ⅲ-2
沧州	Ⅲ-1	Ⅲ-1	Ⅲ-1	Ⅲ-1	Ⅲ-1	Ⅲ-1	Ⅲ-1	Ⅲ-1	Ⅲ-1	Ⅲ-1	Ⅲ-1	Ⅲ-2	Ⅲ-2	Ⅲ-2	Ⅲ-2	Ⅲ-2
保定	Ⅲ-1	Ⅲ-1	Ⅲ-1	Ⅲ-1	Ⅲ-1	Ⅲ-1	Ⅲ-1	Ⅲ-1	Ⅲ-1	Ⅲ-1	Ⅲ-1	Ⅲ-2	Ⅲ-2	Ⅲ-2	Ⅲ-2	Ⅳ-2
张家口	Ⅱ-1	Ⅲ-1	Ⅲ-1	Ⅲ-1	Ⅲ-1	Ⅲ-1	Ⅲ-1	Ⅲ-1	Ⅲ-1	Ⅲ-1	Ⅲ-1	Ⅲ-1	Ⅲ-1	Ⅲ-1	Ⅲ-1	Ⅳ-1
衡水	Ⅱ-1	Ⅲ-1	Ⅲ-1	Ⅲ-2	Ⅲ-2	Ⅲ-2	Ⅲ-2	Ⅲ-2	Ⅲ-2	Ⅲ-2	Ⅲ-2	Ⅲ-2	Ⅲ-2	Ⅲ-2	Ⅲ-2	Ⅲ-2
邢台	Ⅱ-1	Ⅱ-1	Ⅱ-1	Ⅲ-1	Ⅲ-1	Ⅲ-1	Ⅲ-1	Ⅲ-1	Ⅲ-2	Ⅲ-2	Ⅲ-2	Ⅲ-2	Ⅲ-2	Ⅲ-2	Ⅲ-2	Ⅲ-2

（1）京津冀城市群城镇化与生态安全协同效应类型逐渐由城镇化滞后演变为生态安全滞后，生态安全质量的提升已经迫在眉睫。京津冀城市群2000年有11个城市为城镇化滞后，2个城市为系统均衡发展，城镇化滞后为主要类型，城镇化对生态安全胁迫效应显著；2008年有5个城市为城镇化滞后，5个城市为系统均衡发展，3个城市为生态安全滞后，城镇化滞后与均衡发展为主要类型；2015年有2个城市为城镇化滞后，6个城市为系统均衡发展，5个城市为生态安全滞后，系统均衡发展与生态安全滞后为主要类型，生态安全对城镇化约束效应较为显著。这说明近年来京津冀城市群城镇化进程不断加快，而生态安全的发展相对滞后，快速城镇化进程造成资源环境严重超载等一系列生态安全问题，各级政府在增长"金山银山"的同时也要保住祖国的"绿水青山"。

（2）京津冀城市群各地市城镇化与生态安全协同效应类型存在不同的变化趋势，城市的集群发展效应显著。京津两市城镇化与生态安全系统基本为中度协调以上水平，子类别变化趋势为系统均衡发展→生态安全滞后，这说明京津两市生态安全质量的提升落后于经济社会的迅猛发展，其中天津落后程度更大。作为直辖市，京津城市发展实力雄厚，内生性较强，虽然近年来国家陆续出台了一系列环境治理相关政策和文件，两地生态安全质量有所提升，但由于其城市人口比例大，问题相对突出，加之该区域气候条件的影响，整体上生态安全质量仍然无法与城镇化形成均衡发展态势。石家庄、唐山、廊坊城镇化与生态安全系统由濒临失调向中度协调转变，子类别变化趋势为城镇化滞后→系统均衡发展→生态安全滞后。石家庄是河北省会，政策红利明显，具有较高的城市首位度，发展优势显著；唐山迅速推进钢铁产业转型升级；廊坊位居京津发展轴中心，受益于京津流通性服务业、基础设施建设业等的辐射作用，整体上石家庄、唐山、廊坊三市重视经济社会发展，忽视了生态安全质量的提升，导致生态安全滞后于城镇化发展。

张家口、承德两市城镇化与生态安全系统基本为濒临失调以上水平，子类别均为城镇化滞后，两市是京津冀地区的水资源涵养地，对首都形成"伞形"生态安全保护支撑屏障，生态安全良好，生态安全发展水平较高，城镇化发展水平相对滞后。秦皇岛、邯郸、邢台、保定、沧州、衡水城镇化与生态安全系统基本为濒临失调以上水平，子类别变化趋势为城镇化滞后→系统均衡发展。这6市城镇化发展相对缓慢，整体开发程度较低，生态安全维持较好，亟须在保护好现有生态安全的基础上，加快推进新型城镇化进程。

五、京津冀城市群城镇化与生态安全协调发展的主导因素解析

（一）不同时间尺度协调发展的主导因素差异分析

根据城镇化子系统与均值的比较，划分城镇化发展阶段，定义4个子系统高于均值的为强城镇化，3个子系统高于均值的为较强城镇化，统计2000～2015年强和较强城镇化的城市数量。基于此，定义2000～2006年为城镇化平缓发展阶段，2007～2011年为城镇化中速发展阶段，2012～2015年为城镇化高速发展阶段。在不同发展阶段中，城镇化水平、人均社会消费品零售总额、第三产业人口比例均为协调发展的主导因素，这和京津冀城镇化水平提升显著、居民消费水平普遍较高以及金融、高科技等服务业发展水平较高等因素有关。

在京津冀城市群城镇化平缓发展阶段（2000～2006年），城镇化与生态安全协调发展的主导因素排在前5位的分别为城镇化水平，第三产业人口比例，第二、第三产业占GDP比例，人均社会消费品零售总额，以及每万人卫生机构床位数（表4.13），均通过0.05的显著性水平检验，前两者极其影响协调发展度，其他要素非常影响复合系统协调度。2000～2006年京津冀城市群GDP增长近2倍，城镇化水平由38.99%增长至51.19%，综合城镇化的发展对协调度的影响显著。

在京津冀城市群城镇化中速发展阶段（2007～2011年），城镇化与生态安全协调发展的主导因素排在前5位的分别为人均社会消费品零售总额、第三产业人口比例、城镇化水平、人均财政收入、人均碳排放，均通过0.05的显著性水平检验，第一个要素极其影响协调发展度，其他要素非常影响协调发展度。

在京津冀城市群城镇化高速发展阶段（2012～2015年），城镇化与生态安全协调发展的主导因素排在前5位的分别为城镇居民人均可支配收入、森林覆盖率、第三产业人口比例、人均社会消费品零售总额、城镇化水平，均通过0.05的显著性水平检验，前两者极其影响协调发展度，其他要素非常影响协调发展度。

表 4.13 京津冀城市群城镇化与生态安全系统协调调度主导因素探测

区域	京津冀城市群												北京市–天津市–河北省			河北省 11 地市		
时段	2000~2015 年			2000~2006 年			2007~2011 年			2012~2015 年			2000~2015 年			2000~2015 年		
类别	q 值	p 值	q 排序	q 值	p 值	q 排序	q 值	p 值	q 排序	q 值	p 值	q 排序	q 值	p 值	q 排序	q 值	p 值	q 排序
城镇化水平	0.851	0.00	1	0.861	0.00	1	0.780	0.00	3	0.720	0	5	0.708	0.02	9	0.813	0.00	1
第三产业人口比例	0.714	0.00	4	0.812	0.00	2	0.787	0.03	2	0.794	0	3	0.897	0.00	2	0.363	0.67	12
人均 GDP	0.733	0.00	3	0.696	0.22	6	0.599	0.45	10	0.694	0	7	0.792	0.01	3	0.718	0.04	4
第二、第三产业占 GDP 比例	0.656	0.00	7	0.791	0.00	3	0.671	0.00	7	0.677	0.63	8	0.758	0.00	5	0.352	1.00	13
人均社会固定资产投资	0.603	0.00	10	0.546	0.00	13	0.394	1.00	13	0.588	0	11	0.610	0.71	14	0.732	0.00	2
人均工业总产值	0.621	0.00	9	0.599	0.71	8	0.393	1.00	14	0.135	0.77	20	0.660	0.02	11	0.606	0.97	9
人均财政收入	0.592	0.18	11	0.516	0.92	15	0.772	0.04	4	0.369	0.98	15	0.716	0.38	8	0.236	1.00	18
人均社会消费品零售总额	0.807	0.00	2	0.738	0.02	4	0.821	0.07	1	0.786	0.03	4	0.900	0.00	1	0.676	0.00	6
城镇居民人均可支配收入	0.694	0.00	5	0.563	0.25	11	0.669	1.00	8	0.835	0.07	1	0.777	0.04	4	0.727	0.00	3
每万人卫生机构床位数量	0.635	0.04	8	0.706	0.01	5	0.363	1.00	15	0.393	0.58	14	0.648	0.00	13	0.634	0.49	8
每万人拥有医生数量	0.528	0.00	13	0.597	0.38	9	0.681	0.77	6	0.708	0.74	6	0.583	0.68	16	0.272	1.00	16
每万人互联网上网人数	0.694	0.00	6	0.597	0.96	10	0.582	0.00	11	0.608	0.49	10	0.683	0.00	10	0.656	0.00	7
每万人在校大学生数	0.544	0.00	12	0.677	0.00	7	0.547	0.76	12	0.269	1.00	19	0.462	0.11	19	0.340	1.00	14
交通线网密度	0.460	0.00	15	0.547	0.11	12	0.225	1.00	18	0.645	0.1	9	0.742	0.01	6	0.396	0.69	11
人均综合用水量	0.286	0.05	20	0.164	1.00	20	0.343	0.04	16	0.343	0.02	16	0.652	0.01	12	0.091	1.00	20
森林覆盖率	0.391	0.35	16	0.284	0.88	16	0.636	0.10	9	0.801	0.01	2	0.725	0.00	7	0.209	1.00	19
建成区绿化覆盖率	0.295	0.00	19	0.215	0.70	18	0.160	1.00	19	0.424	1.00	13	0.503	0.42	18	0.536	0.05	10
人均碳排放	0.476	0.03	14	0.544	0.09	14	0.706	0.00	5	0.295	0.89	17	0.505	0.00	17	0.272	0.92	15
污水处理厂集中处理率	0.313	0.00	18	0.199	1.00	19	0.029	1.00	20	0.275	1.00	18	0.589	0.40	15	0.699	0.00	5
万元 GDP 能耗	0.349	0.00	17	0.241	0.56	17	0.245	0.98	17	0.547	0.59	12	0.065	1.00	20	0.248	0.28	17

注：q 值代表城镇化与生态安全协同发展的影响系数；p 值代表影响因素的显著性水平

（二）不同空间尺度协调发展的主导因素差异分析

城市群、省（直辖市）、地级市三个不同空间尺度城市化与生态安全协调度主导因素排序有所不同，人均社会消费品零售总额、人均GDP、城镇居民人均可支配收入均位列前5位（表4.14），这和京津冀城市群居民消费水平较高、经济发展较好及工资收入较高、增速较快等因素有关。京津两市虹吸效应显著，外溢效应不明显，侧重技术型产业及服务业的发展；河北是保卫京津的屏障，承接了京津地区的淘汰产业，以"两高一低"型产业促进经济的提升，导致生态安全的破坏。

影响城市群城镇化与生态安全协调度的主导因素排前5位的分别为城镇化水平、人均社会消费品零售总额、人均GDP、第三产业人口比例、城镇居民人均可支配收入，影响系数（q值）均高于0.6，且均通过0.05的显著性水平检验。前两者极其影响协调发展度，京津冀城市群城镇化显著高于全国平均水平，仅次于珠江三角洲城市群和长江三角洲城市群，但两极分化严重，河北城镇化低于全国平均水平；人均社会消费品零售总额是京津冀经济增长的重要助力，河北增速较快，天津增速较缓。人均GDP、第三产业人口比例非常影响复合系统协调度，GDP直接影响城镇化质量与社会进步，河北和天津GDP长期位居全国中等水平，尤其是天津，近年来GDP增速全国滞后；京津冀第三产业人口比例从2000年28.88%增长至2015年45.67%，从业人员数量的上升为第三产业的蓬勃发展注入了新活力。城镇居民人均可支配收入较大影响复合系统协调度，京津冀城镇居民人均可支配收入长期位居全国前列，体现城镇居民消费能力，即人民福祉。

影响省（直辖市）城镇化与生态安全协调度的主导因素排前5位的分别为人均社会消费品零售总额，第三产业人口比例，人均GDP，城镇居民人均可支配收入，第二、第三产业占GDP比例，均通过0.05的显著性水平检验。前两者极其影响协调发展度，其他要素非常影响协调发展度。京津是城市群的两大极核，虹吸效应显著，凭借政策和金融等优势集聚大量人才、产业和资金等，社会消费水平、第三产业、GDP及居民收入等远高于河北。河北11个地市城镇化与生态安全协调度的主导因素排前5位的分别为城镇化水平、人均社会固定资产投资、城镇居民人均可支配收入、人均GDP、污水处理厂集中处理率，均通过0.05的显著性水平检验。城镇化水平极其影响复合系统协调度，污水处理厂集中处理率较大影响复合系统协调度，其他要素非常影响复合系统协调度。河北以低端产业、重工业及基础设施建设产业等为主，城镇化水平远低于京津；受京津吸虹效应的影响，河北环京津地区形成了环京津贫困带，"高消耗、高污染、低效益"型产业数量众多。

表4.14 京津冀城市群2000~2015年城市化与生态安全协调影响因素的交互作用结果

生态安全协调度指标 \ 城市化指标	城市化水平	第三产业人口比重	人均GDP	第二、三产业占GDP比重	人均社会固定资产投资	人均工业总产值	人均财政收入	人均社会消费品零售总额	城镇居民人均可支配收入	每万人卫生机构床位数	每万人拥有医生数量	每万人互联网上网人数	每万人在校大学生数	交通线网密度	人均综合用水量	森林覆盖率	建成区绿化覆盖率	人均碳排放	污水处理厂集中处理率	万元GDP能耗
城市化水平	0.85																			
第三产业人口比例	0.92[EB]	0.71																		
人均GDP	0.90[EB]	0.90[EB]	0.73																	
第二、三产业占GDP比例	0.88[EB]	0.79[EB]	0.87[EB]	0.66																
人均社会固定资产投资	0.92[EB]	0.91[EB]	0.83[EB]	0.90[EB]	0.60															
人均工业总产值	0.90[EB]	0.87[EB]	0.83[EB]	0.85[EB]	0.71[EB]	0.62														
人均财政收入	0.89[EB]	0.79[EB]	0.84[EB]	0.77[EB]	0.82[EB]	0.82[EB]	0.59													
人均社会消费品零售总额	0.92[EB]	0.90[EB]	0.86[EB]	0.90[EB]	0.87[EB]	0.86[EB]	0.85[EB]	0.81												
城镇居民人均可支配收入	0.91[EB]	0.90[EB]	0.81[EB]	0.88[EB]	0.77[EB]	0.77[EB]	0.82[EB]	0.86[EB]	0.69											
每万人卫生机构床位数	0.92[EB]	0.88[EB]	0.83[EB]	0.88[EB]	0.82[EB]	0.85[EB]	0.83[EB]	0.88[EB]	0.84[EB]	0.63										
每万人拥有医生数量	0.91[EB]	0.80[EB]	0.88[EB]	0.82[EB]	0.90[EB]	0.86[EB]	0.75[EB]	0.87[EB]	0.88[EB]	0.79[EB]	0.53									
每万人互联网上网人数	0.93[EB]	0.89[EB]	0.85[EB]	0.87[EB]	0.84[EB]	0.82[EB]	0.82[EB]	0.85[EB]	0.81[EB]	0.82[EB]	0.81[EB]	0.69								
每万人在校大学生数	0.90[EB]	0.79[EB]	0.88[EB]	0.77[EB]	0.84[EB]	0.84[EB]	0.76[EB]	0.89[EB]	0.89[EB]	0.84[EB]	0.80[EB]	0.86[EB]	0.54							
交通线网密度	0.90[EB]	0.83[EB]	0.82[EB]	0.79[EB]	0.75[EB]	0.76[EB]	0.77[EB]	0.86[EB]	0.80[EB]	0.77[EB]	0.75[EB]	0.80[EB]	0.79[EB]	0.46						
人均综合用水量	0.90[EB]	0.81[EB]	0.82[EB]	0.75[EB]	0.74[EB]	0.81[EB]	0.63[EB]	0.87[EB]	0.79[EB]	0.81[EB]	0.77[EB]	0.81[EB]	0.80[EB]	0.77[EB]	0.29[EN]					
森林覆盖率	0.94[EB]	0.80[EB]	0.90[EB]	0.85[EB]	0.85[EB]	0.92[EB]	0.69[EB]	0.90[EB]	0.84[EB]	0.81[EB]	0.71[EB]	0.78[EB]	0.79[EB]	0.85[EN]	0.70[EN]	0.39[EN]				
建成区绿化覆盖率	0.92[EB]	0.83[EB]	0.83[EB]	0.84[EB]	0.67[EB]	0.70[EB]	0.77[EB]	0.86[EB]	0.75[EB]	0.77[EB]	0.77[EB]	0.76[EB]	0.74[EB]	0.63[EN]	0.65[EN]	0.72[EB]	0.30			
人均碳排放	0.95[EB]	0.85[EB]	0.91[EB]	0.85[EB]	0.88[EB]	0.88[EB]	0.73[EB]	0.90[EB]	0.88[EB]	0.81[EB]	0.77[EB]	0.80[EB]	0.77[EB]	0.89[EB]	0.76[EB]	0.65[EB]	0.68[EB]	0.48		
污水处理厂集中处理率	0.89[EB]	0.89[EB]	0.85[EB]	0.86[EB]	0.73[EB]	0.76[EB]	0.78[EB]	0.88[EB]	0.82[EB]	0.79[EB]	0.79[EB]	0.79[EB]	0.76[EB]	0.68[EB]	0.67[EN]	0.75[EN]	0.49[EN]	0.84[EN]	0.31	
万元GDP能耗	0.93[EB]	0.80[EB]	0.88[EB]	0.79[EB]	0.72[EB]	0.76[EB]	0.69[EB]	0.87[EB]	0.77[EB]	0.84[EB]	0.74[EB]	0.73[EB]	0.73[EB]	0.74[EB]	0.85[EB]	0.77[EB]	0.63[EB]	0.81[EB]	0.61[EB]	0.35

注：W 表示非线性减弱；WN 表示单因子非线性减弱；EB 表示双重因子增强；EN 表示非线性增强；IN 表示独立

（三）城市群城镇化与生态安全协调度影响因素的交互作用分析

双要素之间的交互作用均高于单要素对城镇化与生态安全复合系统协调度的影响程度，这说明各要素对复合系统协调度均存在正向影响，共同作用较强。城镇化水平与人均碳排放对复合系统协调度的综合影响最高，这说明这两者对复合系统协调度的交互作用最强，城镇化水平通过影响城镇化质量显著影响复合系统协调度，二氧化碳等温室气体的排放对城镇化发展水平、三次产业人口比例、第二、第三产业占比、人均社会固定资产投资、人均工业总产值等与人民生活息息相关的因素影响显著，继而充分影响复合系统协调度。交通线网密度与森林覆盖率为独立相互作用，说明这两者对复合系统协调度的影响具有相对独立性。交通线网密度分别与人均综合用水量，人均综合用水量分别与森林覆盖率、建成区绿化覆盖率、污水处理厂集中处理率、万元 GDP 能耗，森林覆盖率分别与建成区绿化覆盖率、污水处理厂集中处理率、万元 GDP 能耗，以及人均碳排放与污水处理厂集中处理率均为非线性增强相互作用，交互作用更为明显，其余要素之间均为双因子增强相互作用，交互作用不明显。

城镇化与生态安全子系统对复合系统协调度的影响程度大小排序为：人口城镇化子系统>经济城镇化子系统>社会城镇化子系统>空间城镇化子系统。人口城镇化要素之间的交互作用明显高于其他子系统，表明人口城镇化对复合系统协调度的影响较为显著，这与我国新型城镇化以人为本，强调人与自然和谐共生的宗旨总体相符。空间城镇化子系统要素与生态安全压力、生态安全状态子系统的部分要素的交互作用效益更明显，这说明空间城镇化与生态安全存在较强的相关性，城市群国土空间的扩张要充分考虑生态安全效益，追求土地资源的优化利用。

第四节 京津冀城市群生态安全协同会诊系统运行流程

京津冀城市群生态安全协同会诊系统是在城市群统计数据的基础上，基于 GIS 空间分析平台，综合管理 2000～2015 年京津冀城市群人口发展、经济发展、城镇发展、产业发展、生态环境等要素，并对相关结果进行综合分析，为城市群健康发展提供科学依据。系统由 5 个子系统构成，即生态安全格局基础数据、生态安全格局指标体系与分级标准、生态安全格局演变综合分析、用户管理模块、帮助模块。该系统于 2018 年 9 月获得国家计算机软件著作权登记证书，登记号为 2018SR754443，于 2020 年 8 月 30 日通过国家信息中心的软件测试，测试号为 SICSTC/TR–CL20200012。

一、系统登录界面说明

在系统启动时，显示登录界面，提示用户输入登录用户名及登录密码，单击"登录"，系统将启动并运行所选择的相应模块供用户使用（图4.8）。

图4.8 系统登录界面

二、系统主界面说明

为了方便用户操作，系统主界面采用 Office 2013 界面模式，主窗口按功能共分为五个功能区：菜单栏区、工具条区、图层控制面板、地图显示区及状态栏，具体界面如图4.9所示。

（一）系统菜单栏

菜单栏区包括生态安全格局基础数据、生态安全格局指标体系与分级标准、生态安全格局演变综合分析、用户管理和帮助五个功能模块。每个功能模块下都有二级、三级菜单。

（二）系统工具条

系统工具条在系统主界面的左侧中部，工具条主要包括选择、漫游、放大、缩小、全景、空间测量、空间查询和导出图片等功能。

选择：鼠标左键单击"选择"按钮，鼠标状态切换为箭头图标，进入初始状态。

漫游：鼠标左键单击"漫游"按钮，系统自动根据鼠标的移动显示地图。

放大、缩小：控制地图放大、缩小的工具，鼠标左键单击"放大"或"缩小"按钮，

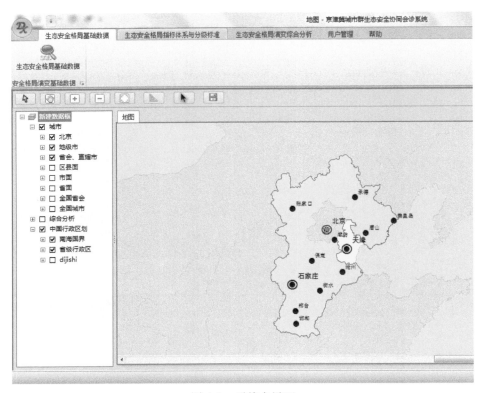

图 4.9　系统主界面

按住鼠标左键进行拉框操作，就能够对地图进行放大或缩小的操作。

全景：对地图的全图范围进行显示。

空间测量：鼠标左键单击"空间测量"按钮，弹出空间测量面板。

鼠标左键单击测量面板上的"测量长度"按钮开始测量，每单击一次将形成一线段，双击结束测量，长度信息在测量面板状态栏显示。

鼠标左键单击测量面板上的"测量面积"按钮开始测量，每单击一次将形成多边形一个边，双击结束测量，面积信息在测量面板状态栏显示。

鼠标左键单击测量面板上的"测量要素"按钮，在地图窗口上单击空间要素，进行测量，测量信息在测量面板状态栏显示。

鼠标左键单击测量面板上的"总和"按钮，每测量一次面积或者长度，将自动记录总和，总和信息在测量面板状态栏显示。

鼠标左键单击测量面板上的"选择单位"按钮，选择测量单位，单位信息在测量面板状态栏显示。

鼠标左键单击测量面板上的"清空"按钮，测量面板状态栏的信息都会清空。

导出：鼠标左键单击"导出"按钮，将地图窗口中的地图导出为图片格式。

（三）图层控制面板与地图显示区

图层控制面板主要是管理各图层是否显示、地图显示颜色、符号要素列表。

地图显示区为本系统的核心区域，主要是显示用户加载的地图数据。地图显示区主要是显示当前操作的地图图层信息。该窗口为活动窗口时，滚动鼠标滚轮，可实现当前地图的无极缩放，前滚是缩小，后滚是放大。

三、生态安全格局基础数据模块

单击"生态安全格局基础数据"菜单，系统会显示功能菜单的二级菜单。基础功能菜单主要包括生态安全格局基础数据子系统二级菜单。

生态安全格局基础数据功能用于管理生态安全格局基础数据。单击菜单下的"基础数据"按钮，系统会自动跳出管理界面，如图4.10所示。当用户关闭基础数据管理窗体后，若想再次显示该窗口，可再次单击菜单下对应的按钮。

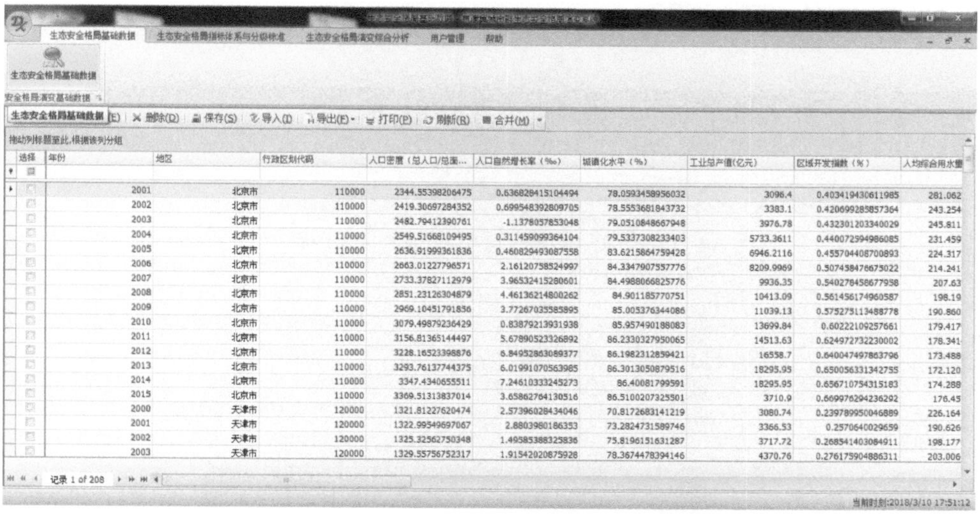

图4.10　生态安全格局基础数据管理界面

生态安全格局基础数据管理界面按功能共分为四个功能区：工具条区、数据显示区、数据控制区以及数据状态栏。

（1）工具条区主要包括添加、编辑、删除、保存、导入、导出、打印、刷新、合并等功能。

添加：鼠标左键单击"添加"按钮，系统弹出新增数据界面，如图4.11所示。输入新的指标数据，单击"新增"即可。单击"取消"按钮则关闭该界面。

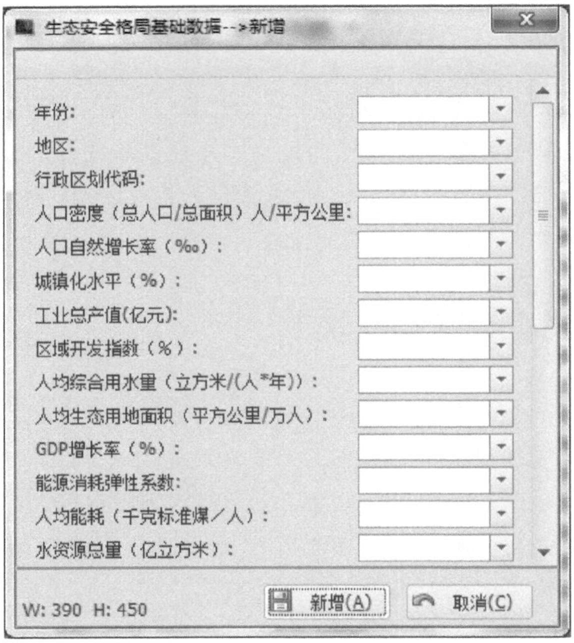

图 4.11　新增数据界面

编辑：鼠标左键单击"编辑"按钮，系统弹出编辑数据界面（图 4.12）。更新数据，单击"保存"即可。单击"取消"按钮则关闭该界面。

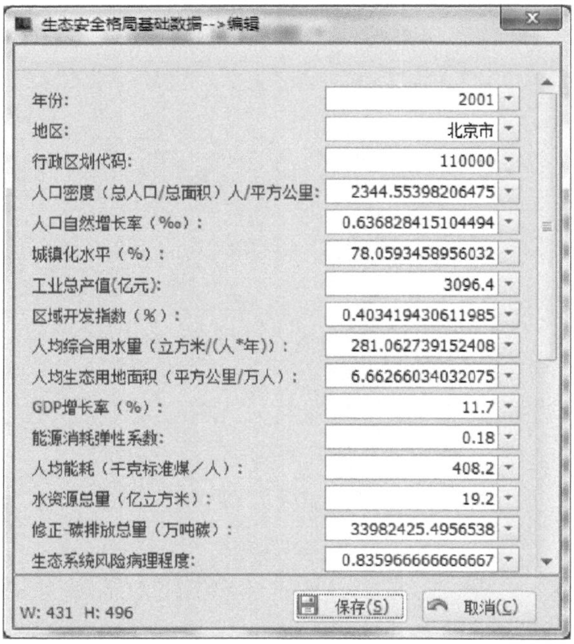

图 4.12　编辑数据界面

删除：鼠标左键单击"删除"按钮，系统弹出确认删除的对话框。单击"是"按钮，确认删除；单击"否"按钮，则关闭该界面。

保存：鼠标左键单击"保存"按钮系统弹出确认执行保存结果的消息对话框。

导入：鼠标左键单击"导入"按钮，系统弹出选择导入数据的消息对话框，用户选择相应的导入模板，在对话框中单击打开即可。

导出：鼠标左键单击"导出"按钮的下拉菜单，选择相应的导出格式，将数据表格中的数据导出为对应的格式。

打印：鼠标左键单击"打印"按钮，系统弹出选择打印数据的界面，用户可以根据相应的需求在界面内进行调整和打印。

刷新：鼠标左键单击"刷新"按钮，数据表格将重新加载和刷新。

合并：鼠标左键单击"合并"按钮，数据表格将有重复值的单元格进行合并，方便用户直观的分析。当不需要合并视图，再次单击"合并"按钮即可。

（2）数据显示区是将数据以表格形式进行展示，用户可以在表格对数据进行修改、排序、筛选等功能。

（3）数据控制区可以控制数据的分组筛选情况，用户可以把某一列的标题拖动到数据控制区，数据显示区的数据可自动按照该列进行分组展示。

（4）数据状态栏是显示数据的记录条数，用户可以对数据集进行一定的操作，包括上一条记录、下一条记录、第一条记录、最后一条记录、上一页、下一页等功能。

四、生态安全格局指标体系与分级标准模块

单击"生态安全格局指标体系与分级标准"菜单，系统会显示功能菜单的二级菜单。基础功能菜单主要包括权重、指标体系以及分级标准的二级菜单。

（一）生态安全协同会诊指标体系

生态安全协同会诊指标体系功能用于管理系统的指标体系。单击菜单下的"生态安全格局指标体系与分级标准"按钮，系统会自动跳出管理界面，如图4.13所示。当用户关闭基础数据管理窗体后，若想再次显示该窗口，再次单击菜单下的按钮即可。

（二）生态安全综合指数分级标准

生态安全综合指数分级标准功能用于管理综合指数标准。单击菜单下的"生态安全综合指数（CIES）分级标准"按钮，系统会自动跳出管理界面，如图4.14所示。当用户关闭基础数据管理窗体后，若想再次显示该窗口，再次单击菜单下的按钮即可。

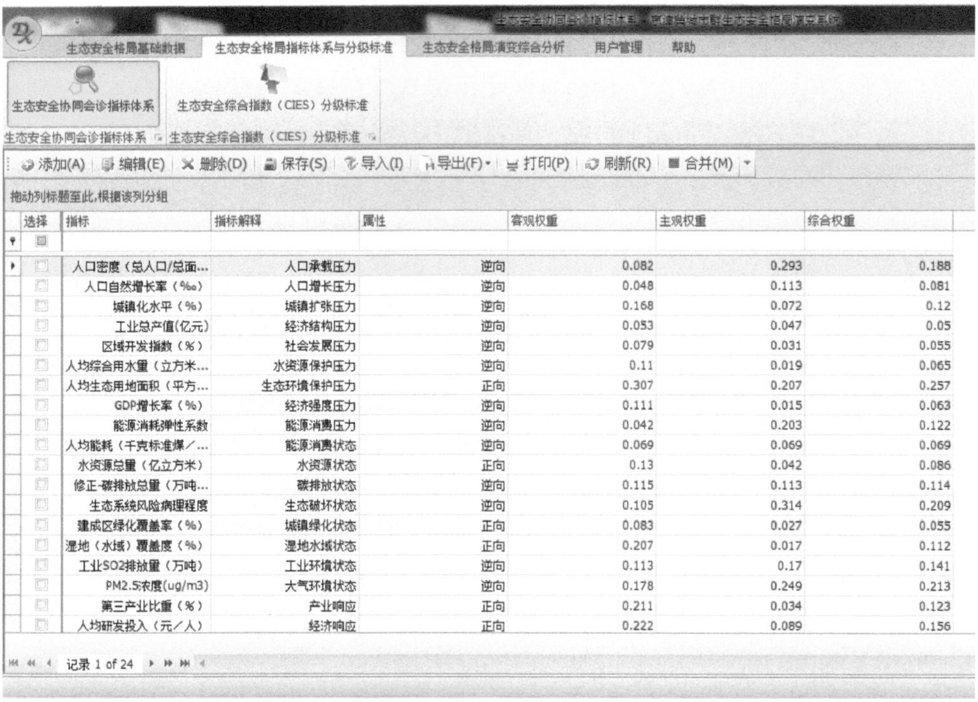

选择	指标	指标解释	属性	客观权重	主观权重	综合权重
	人口密度（总人口/总面…	人口承载压力	逆向	0.082	0.293	0.188
	人口自然增长率（‰）	人口增长压力	逆向	0.048	0.113	0.081
	城镇化水平（%）	城镇扩张压力	逆向	0.168	0.072	0.12
	工业总产值(亿元)	经济结构压力	逆向	0.053	0.047	0.05
	区域开发指数（%）	社会发展压力	逆向	0.079	0.031	0.055
	人均综合用水量（立方米…	水资源保护压力	逆向	0.11	0.019	0.065
	人均生态用地面积（平方…	生态环境保护压力	正向	0.307	0.207	0.257
	GDP增长率（%）	经济强度压力	逆向	0.111	0.015	0.063
	能源消耗弹性系数	能源消费压力	逆向	0.042	0.203	0.122
	人均能耗（千克标准煤／…	能源消费状态	逆向	0.069	0.069	0.069
	水资源总量（亿立方米）	水资源状态	正向	0.13	0.042	0.086
	修正-碳排放总量（万吨…	碳排放状态	逆向	0.115	0.113	0.114
	生态系统风险病理程度	生态破坏状态	逆向	0.105	0.314	0.209
	建成区绿化覆盖率（%）	城镇绿化状态	正向	0.083	0.027	0.055
	湿地（水域）覆盖度（%）	湿地水域状态	正向	0.207	0.017	0.112
	工业SO2排放量（万吨）	工业环境状态	逆向	0.113	0.17	0.141
	PM2.5浓度(ug/m3)	大气环境状态	逆向	0.178	0.249	0.213
	第三产业比重（%）	产业响应	正向	0.211	0.034	0.123
	人均研发投入（元／人）	经济响应	正向	0.222	0.089	0.156

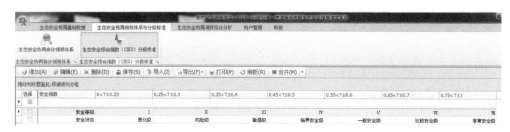

图 4.13　生态安全协同会诊指标体系管理界面

图 4.14　生态安全综合指数分级标准管理界面

五、空间数据管理模块

单击“生态安全格局演变综合分析”模块菜单，系统会显示生态安全格局演变综合测算、生态安全格局时空演变特征分析、生态安全影响因素分析等功能。

（一）生态安全格局演变综合测算

生态安全格局演变综合测算功能用于测算生态安全格局。单击菜单下的“生态安全格局演变综合测算”按钮，系统会自动跳出管理界面，如图 4. 15 所示。当用户关闭基础数据管理窗体后，若想再次显示该窗口，可再次单击菜单下对应的按钮。

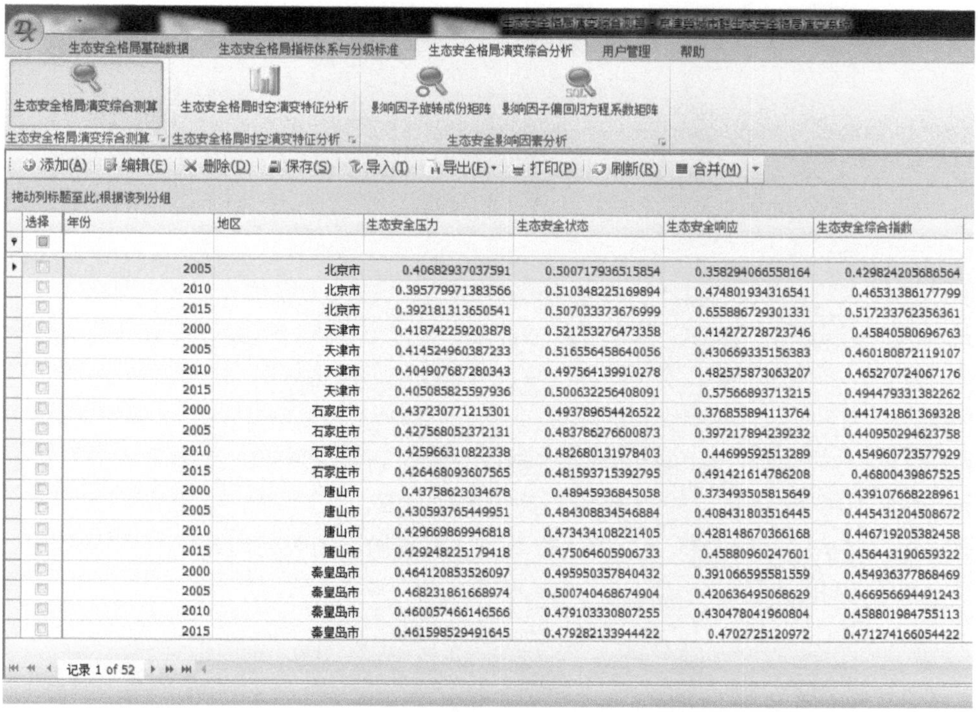

选择	年份	地区	生态安全压力	生态安全状态	生态安全响应	生态安全综合指数
	2005	北京市	0.40682937037591	0.500717936515854	0.358294066558164	0.429824205686564
	2010	北京市	0.395779971383566	0.510348225169894	0.474801934316541	0.46531386177799
	2015	北京市	0.392181313650541	0.507033373676999	0.655886729301331	0.517233762356361
	2000	天津市	0.418742259203878	0.521253276473358	0.414272728723746	0.45840580696763
	2005	天津市	0.414524960387233	0.516556458640056	0.430669335156383	0.460180872119107
	2010	天津市	0.404907687280343	0.497564139910278	0.482575873063207	0.465270724067176
	2015	天津市	0.405085825597936	0.500632256408091	0.57566893713215	0.494479331382262
	2000	石家庄市	0.437230771215301	0.493789654426522	0.376855894113764	0.441741861369328
	2005	石家庄市	0.427568052372131	0.483786276600873	0.397217894239232	0.440950294623758
	2010	石家庄市	0.425966310822338	0.482680131978403	0.44699592513289	0.454960723577929
	2015	石家庄市	0.426468093607565	0.481593715392795	0.491421614786208	0.46800439867525
	2000	唐山市	0.43758623034678	0.48945936845058	0.373493505815649	0.439107668228961
	2005	唐山市	0.430593765449951	0.484308834546884	0.408431803516445	0.445431204508672
	2010	唐山市	0.429669869946818	0.473434108221405	0.428148670366168	0.446719205382458
	2015	唐山市	0.429248225179418	0.475064605906733	0.45880960247601	0.456443190659322
	2000	秦皇岛市	0.464120853526097	0.495950357840432	0.391066595581559	0.454936377868469
	2005	秦皇岛市	0.468231861668974	0.500740468674904	0.420636495068629	0.466956694491243
	2010	秦皇岛市	0.460057466146566	0.479103330807255	0.430478041960804	0.458801984755113
	2015	秦皇岛市	0.461598529491645	0.479282133944422	0.4702725120972	0.471274166054422

图 4. 15　生态安全格局演变综合测算管理界面

（二）生态安全格局时空演变特征分析

生态安全格局时空演变特征分析用于分析生态格局时空演变特征。单击分析菜单下的“生态安全格局演变综合分析”按钮，系统会自动跳出分析界面，如图 4. 16 所示。选择需要分析的指标，单击查询“按钮”即可。用户可根据实际需要，选择是否分析所有数据。

分析界面按功能共分为三个功能区：工具条区、图表显示区及数据显示区。

(1) 工具条区主要包括开始年份、结束年份、城市、指标、查询、导出、显示标签等功能。

开始年份：鼠标左键单击开始年份旁的下拉框，选择相应年份作为数据查询的起始年份。

指标：鼠标左键单击指标旁的下拉框，选择相应的指标作为查询的数据。

导出：鼠标左键单击导出按钮，选择相应的导出格式，将数据表格中的数据和图表导出为对应的格式。

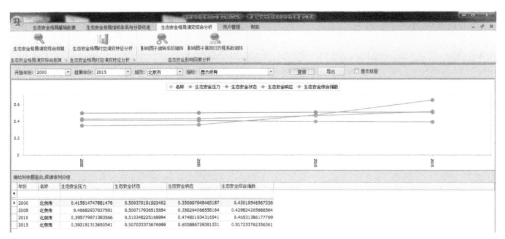

图 4.16　生态安全格局时空演变特征分析界面

显示标签：鼠标左键单击勾选"显示标签"按钮。如果选中，则图表区中的数据将显示标签；如果不选中，则图表区中的数据将不显示标签。

（2）图表显示区是按照年份、指标的不同，将数据以图表的形式进行可视化展示，如图 4.17~图 4.20 所示。

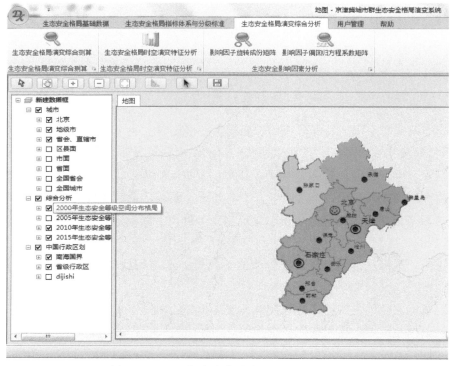

图 4.17　2000 年京津冀城市群生态安全格局

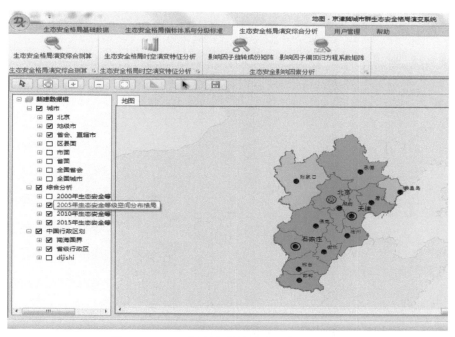

图 4.18　2005 年京津冀城市群生态安全格局

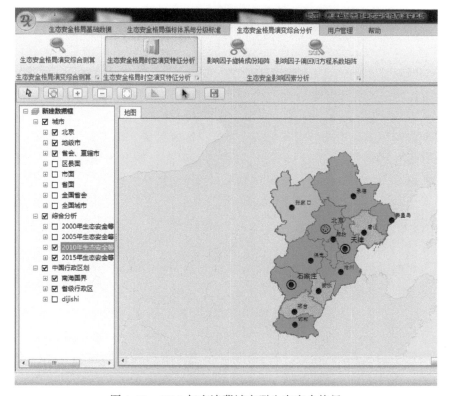

图 4.19　2010 年京津冀城市群生态安全格局

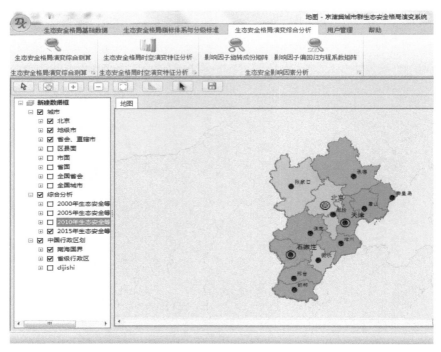

图 4.20　2015 年京津冀城市群生态安全格局

（3）数据显示区是将数据以表格形式进行展示，用户可以在表格对数据进行修改、排序、筛选等功能。

（三）　生态安全影响因素分析

生态安全影响因素分析功能用于分析生态安全影响因素。单击菜单下的"生态安全格局演变综合分析"按钮，系统会自动跳出分析结果界面，如图 4.21 所示。当用户关闭管理窗体后，若想再次显示该窗口，可再次单击菜单下对应的按钮。

六、用户管理

单击用户管理菜单，系统会显示功能菜单的二级菜单。基础功能菜单主要包括修改密码、用户变更两个二级菜单。

（一）　修改密码

修改密码用于修改用户当前使用的密码。单击"修改密码"按钮，系统会自动跳出修改密码界面。当用户关闭修改密码窗体后，若想再次显示该窗口，再次单击"修改密码"按钮即可。用户依次输入原始密码和新密码，单击"确定"即可修改。单击"取

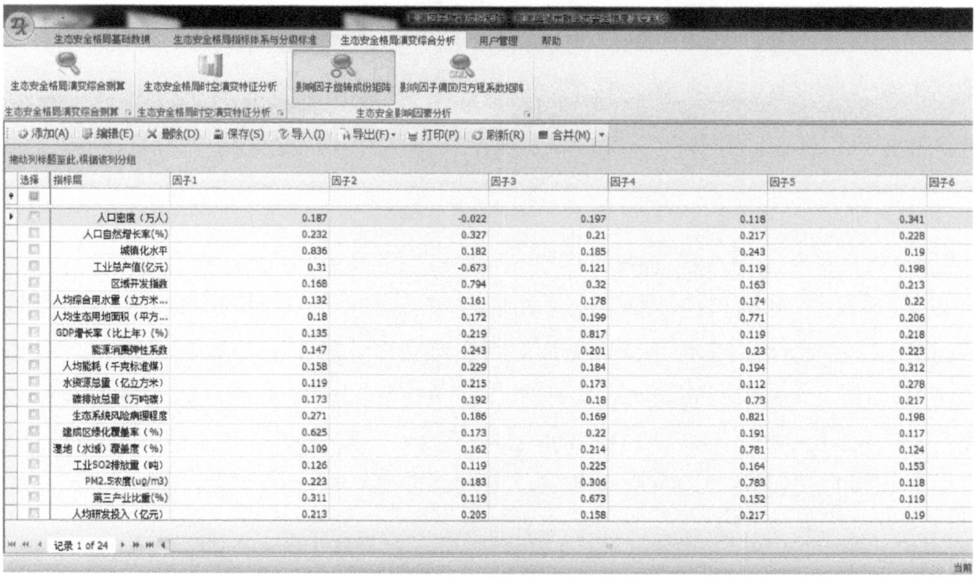

图 4.21　生态安全格局演变综合测算管理界面

消"，关闭该窗体。

（二）用户变更

用户变更用于管理当前使用系统的用户。单击"添加用户"按钮，系统会自动跳出添加用户界面。当用户关闭添加用户窗体后，若想再次显示该窗口，再次单击"添加用户"按钮即可。用户依次输入新用户名和新密码，单击"确定"即可修改。单击"取消"，关闭该窗体。

单击"删除用户"按钮，系统会自动跳出删除用户界面。当用户关闭删除用户窗体后，若想再次显示该窗口，再次单击"删除用户"按钮即可。用户勾选需要删除的用户，单击"确定"即可删除。单击"取消"，关闭该窗体。

单击"帮助"菜单，系统会显示功能菜单的二级菜单。基础功能菜单为用户帮助文档的二级菜单，单击"用户帮助文档"按钮，系统自动弹出用户帮助文档，便于用户参考。

七、系统研发分析结果

（一）京津冀城市群生态安全最高等级仅为一般安全级

需要京津冀三地多部门联合，建立协同联防联控的生态安全防治机制，以实现区域"同城化，一体化"的绿色可持续发展目标。

从时间演变过程分析，2000～2015年，京津冀城市群生态安全状况在小幅波动中呈现改善趋势。整个过程中，城市群的总体规划、国家与区域政策支撑对城市群生态安全指数的拉动效应具有阶段性特征，表明政策的实施保障机制并不健全，难以推动生态安全格局持续稳定提升。因此，京津冀城市群在出台相关规划与政策的同时，应该建立更加完善的专项规划、配套政策及其实施评估机制，尤其需要出台相关法律法规支撑协同联防联控的生态安全防治机制，建立确保形成稳固的生态安全格局。

从空间演变过程分析，京津冀城市群13地市生态安全指数的演变趋势差异性显著。北京市、秦皇岛市、张家口市、保定市、石家庄市、沧州市、天津市和邯郸市8个城市生态安全指数呈上升趋势，得益于国家生态文明战略和产业转型战略实施过程中对生态安全建设的高度重视。承德市、廊坊市、衡水市、唐山市和邢台市5个城市生态安全指数呈下降趋势，一方面应大力加强京津冀北部张承地区的生态安全支撑和水源涵养的功能建设；另一方面应积极推进衡水市、唐山市和邢台市的产业结构转型升级，不断完善生态安全保障体系，遏制并扭转其生态安全状态的下降趋势。

（二）城镇化对京津冀城市群生态安全的影响具有显著的正相关性

城镇化、社会发展以及技术进步对京津冀城市群生态安全具有显著的正相关性，其中生活垃圾无害化处理率、就业率因子表征的社会发展水平对生态安全促进作用最大。因此，京津冀城市群应该在深化经济结构改革和产业结构转型升级的基础上，加强建设城市群生态安全治理力度，构建一体化、公平化社会服务体系，保障基层劳动者的基本生活条件，提升全民素质与环保意识，完善就业、养老、医疗、保险等社会制度，以保障城市群生态安全格局。同时，城市群各级政府应该持续增加生态技术研发投入，扶持科研院所及相关企业开展生态技术等方面的研发活动，全面提升生态技术水平。另外，建立健全城市群部门间协调机制，加快城市群生态空间的一体化、系统化保护与修复，在保持生态产品和服务供给的条件下，基于生态资源优势促进生态工业、旅游业及农业的发展，在获得"金山银山"的同时保持"绿水青山"，降低区域生态安全风险。

（三）开发水平和经济发展对京津冀城市群生态安全具有显著负相关性

以工业总产值、区域开发指数为表征的开发水平和病理程度对生态安全阻碍作用更大。所以，应深入调整产业结构，扭转京津冀城市群生态胁迫的源头。河北省在承接京津产业疏解转移的同时，要严格限制在生态脆弱地区建设高耗能和高污染的行业项目，制定并适时调整京津冀限制、禁止、淘汰类项目目录，淘汰落后产能和压缩过剩产能。提高环保、能耗、安全、质量等标准，倒闭区域产业转型升级，同时，包括从严排放标准，发展清洁能源，防治机动车污染等多项措施并举。同时，划定并严守城市群生态保护红线，控制空间开发强度与速度，遏制生态恶化，保障生态安全。2017年2月，中共中央办公厅、国务院办公厅印发了《关于划定并严守生态保护红线的若干意见》。目前，京津冀生态保护红线的划定工作已经完成，应加快出台严守红线的具体保障措施。更重要的是，京津冀城市群生态保护红线内部空间尚存在的城镇化用地效率低、开发速度过快、功能结构不合理等问题，均会导致城市群生态安全恶化。所以，有效限制京津冀城市群城乡空间开发速度，优化国土空间开发格局，规范空间开发秩序，科学构建生态安全格局，是保障生态空间安全的必由之路。

主要参考文献

曹新向．2008．中原城市群城市生态安全评价与生态建设研究．黄河文明与可持续发展,1(2):181-192.

陈利顶,周伟奇,韩立建,等．2016．京津冀城市群地区生态安全格局构建与保障对策．生态学报,36(22):7125-7129.

陈星,周成虎．2005．生态安全:国内外研究综述．地理科学进展,24(6):8-20.

陈永林,谢炳庚,钟典,等．2018．基于微粒群-马尔科夫复合模型的生态空间预测模拟——以长株潭城市群为例．生态学报,38(1):55-64.

陈勇,黄冉冉,唐荣彬,等．2017．基于DPSIR和云模型的矿业城市生态安全评价．矿业研究与开发,37(12):32-38.

邓聚龙．1990．灰色系统理论教程．武汉:华中理工大学出版社.

董晓峰,杨春志,刘星光．2017．中国新型城镇化理论探讨．城市发展研究,24(1):26-34.

方创琳,王振波,刘海猛．2019．美丽中国建设的理论基础与评估方案探索．地理学报,74(4):619-632.

方建德,杨扬,熊丽．2010．国内外城市可持续发展指标体系比较．环境科学与管理,35(8):132-136.

顾朝林,马婷,袁晓辉,等．2010．长株潭城市群绿心生态保护与发展探讨．长江流域资源与环境,19(10):1124-1131.

郭玲玲,武春友,于惊涛．2015．中国能源安全系统的仿真模拟．科研管理,36(1):112-120.

韩天放,董志贵,胡筱敏．2009．辽宁省城市生态安全评价方法与预测模型研究．安全与环境学报,9(1):74-77.

黄国和,安春江,范玉瑞,等．2016．珠江三角洲城市群生态安全保障技术研究．生态学报,36(22):7119-7124.

贾良清,欧阳志云,赵同谦,等．2004．城市生态安全评价研究．生态环境,13(4):592-596.

江勇,付梅臣,杜春艳,等．2011．基于DPSIR模型的生态安全动态评价研究——以河北永清县为例．资源与产业,13(1):61-65.

柯小玲,向梦,冯敏．2017．基于灰色聚类法的长江经济带中心城市生态安全评价研究．长江流域资源与环境,26(11):1734-1742.

李刚,李建平,孙晓蕾,等．2017．主客观权重的组合方式及其合理性研究．管理评论,29(12):17-26,61.

李海东,王帅,刘阳．2014．基于灰色关联理论和距离协同模型的区域协同发展评价方法及实证．系统工程理论与实践,34(7):1749-1755.

李俊翰．2019．滨州市生态安全综合评价及其安全格局构建研究．泰安:山东农业大学.

李佩武,李贵才,张金花,等．2009．深圳城市生态安全评价与预测．地理科学进展,28(2):245-252.

李小玲,杨成忠.2018.城市生态安全评价研究.湖北农业科学,57(16):113-117.

廖柳文,秦建新.2016.环长株潭城市群湿地生态安全研究.地球信息科学学报,18(9):1217-1226.

林海明.2009.因子分析模型的改进与应用.数理统计与管理,28(6):998-1012.

刘庆,陈利根,黄天旭,等.2010.基于生态足迹的长株潭城市群土地生态安全分析.资源开发与市场,26(11):1022-1025.

刘庆,陈利根,舒帮荣,等.2010.长株潭城市群土地生态安全动态评价研究.长江流域资源与环境,19(10):1192-1197.

马艳梅,吴玉鸣,吴柏钧.2015.长三角地区城镇化可持续发展综合评价——基于熵值法和象限图法.经济地理,35(6):47-53.

庞雅颂.2012."青岛—潍坊—日照"城市群区域生态安全评价研究.青岛:中国海洋大学.

彭佳捷,周国华,唐承丽,等.2012.基于生态安全的快速城市化地区空间冲突测度——以长株潭城市群为例.自然资源学报,27(9):1507-1519.

彭婕.2018.基于熵权物元模型的城市生态安全评价研究——以韶山市为例.绿色科技,(18):16-18.

秦耀辰,张二勋,刘道芳.2003.城市可持续发展的系统评价——以开封市为例.系统工程理论与实践,23(6):1-8,35.

任志远,黄青,李晶.2005.陕西省生态安全及空间差异定量分析.地理学报,60(4):597-606.

宋建波,武春友.2010.城市化与生态环境协调发展评价研究——以长江三角洲城市群为例.中国软科学,(2):78-87.

孙海涛.2009.城市生态安全评价体系研究.中国国土资源经济,22(3):23-26.

仝川.2000.环境指标研究进展与分析.环境科学研究,13(4):53-55.

汪翡翠,汪东川,张利辉,等.2018.京津冀城市群土地利用生态风险的时空变化分析.生态学报,38(12):4307-4316.

王根绪,程国栋,钱鞠.2003.生态安全评价研究中的若干问题.应用生态学报,14(9):1551-1556.

王晶,原伟鹏,刘新平.2018.哈尔滨城市土地生态安全时序评价及预测分析.干旱区地理,41(4):885-892.

王明全,王金达,刘景双.2007.城市生态安全评价研究——以长春市为例.干旱区资源与环境,21(3):72-76.

王祥荣,樊正球,谢玉静,等.2016.城市群生态安全保障关键技术研究与集成示范——以长三角城市群为例.生态学报,36(22):7114-7118.

王洋,方创琳,王振波.2012.中国县域城镇化水平的综合评价及类型区划分.地理研究,31(7):1305-1316.

王振波,梁龙武,方创琳,等.2018.京津冀特大城市群生态安全格局时空演变特征及其影响因素.生态学报,38(12):4132-4144.

魏黎灵,李岚彬,林月,等.2018.基于生态足迹法的闽三角城市群生态安全评价.生态学报,38(12):4317-4326.

吴艳霞,邓楠.2019.基于RBF神经网络模型的资源型城市生态安全预警——以榆林市为例.生态经济,35(5):111-118.

夏本安,王福生,侯方舟.2011.长株潭城市群生态屏障研究.生态学报,31(20):6231-6241.

谢花林,李波.2004.城市生态安全评价指标体系与评价方法研究.北京师范大学学报(自然科学版),40(5):705-710.

谢余初,巩杰,张玲玲.2015.基于 PSR 模型的白龙江流域景观生态安全时空变化.地理科学,35(6):790-797.

徐美,朱翔,刘春腊.2012.基于 RBF 的湖南省土地生态安全动态预警.地理学报,67(10):1411-1422.

杨静雯,何刚,周庆婷,等.2019.基于 DPSIR-TOPSIS 模型的安徽省矿业城市生态安全评价.安徽农业大学学报(社会科学版),28(5):41-48.

杨立国.2009.基于生态足迹的城市群生态系统安全评价——以长株潭城市群为例.世界地理研究,18(1):74-82.

杨天荣,匡文慧,刘卫东,等.2017.基于生态安全格局的关中城市群生态空间结构优化布局.地理研究,36(3):441-452.

杨振,雷军,英成龙,等.2017.新疆县域城镇化的综合测度及空间分异格局分析.干旱区地理,40(1):230-237.

余晓玲,宋慷慷,林珍铭.2019.工业城市土地生态安全评价及其障碍因子分析.江苏农业科学,47(11):271-275.

袁晓玲,梁鹏,曹敏杰.2013.基于可持续发展的陕西省城镇化发展质量测度.城市发展研究,20(2):52-56,86.

张崇淼,李森,张力喆,等.2019.基于 PSR 模型的城市生态安全评价与贡献度研究——以铜川市为例.安全与环境学报,19(3):1049-1056.

张春梅,张小林,吴启焰,等.2012.发达地区城镇化质量的测度及其提升对策——以江苏省为例.经济地理,32(7):50-55.

张继权,伊坤朋,Hiroshi Tani,等.2011.基于 DPSIR 的吉林省白山市生态安全评价.应用生态学报,22(1):189-195.

张家其,吴宜进,葛咏,等.2014.基于灰色关联模型的贫困地区生态安全综合评价——以恩施贫困地区为例.地理研究,33(8):1457-1466.

张玉玲,迟国泰,祝志川.2011.基于变异系数-AHP 的经济评价模型及中国十五期间实证研究.管理评论,23(1):3-13.

赵维良,纪晓岚,柳中权.2009.主成分分析在城市生态安全评价中的应用——以上海为例.科技进步与对策,26(5):135-137.

赵文力,刘湘辉,鲍丙飞,等.2019.长株潭城市群县域生态安全评估研究.经济地理,39(8):200-206.

甄江红.2018.城市用地扩展对生态安全的影响——以内蒙古自治区呼和浩特市为例.内蒙古农业大学学报(自然科学版),39(3):52-59.

周文华,王如松.2005.城市生态安全评价方法研究——以北京市为例.生态学杂志,24(7):848-852.

朱玉林,李明杰,顾荣华.2017.基于压力-状态-响应模型的长株潭城市群生态承载力安全预警研究.长江流域资源与环境,26(12):124-131.

Grim N B, Grove J G, Pickett S T A, et al. 2000. Integrated approaches to long-term studies of urban ecological system. BioScience,50(7):571-584.

Hang C L, Yoon K. 1981. Multiple Attribute Decision Making. Methods and Applications. A State-Of-the-Art

Survey. Berlin: Springer.

Jia X L, An H Z, Fang W, et al. 2015. How do correlations of crude oil prices co-move? A grey correlation-based wavelet perspective. Energy Economics, 49:588-598.

Li Y F, Sun X, Zhu X D, et al. 2010. An early warning method of landscape ecological security in rapid urbanizing coastal areas and its application in Xiamen, China. Ecological Modelling, 221(19):2251-2260.

Li Y, Li Y, Zhou Y, et al. 2012. Investigation of a coupling model of coordination between urbanization and the environment. Journal of Environmental Management, 98:127-133.

Liang P, Li M D, Gui J Y. 2010. Ecological Security Assessment of Beijing Based on PSR Model. Procedia Environmental Sciences, 2(2):832-841.

Lin T, Xue X Z, Huang J, et al. 2008. Assessing egret ecological safety in the urban environment: A case study in Xiamen, China. International Journal of Sustainable Development and World Ecology, (4):383-388.

Naveh Z. 2006. From Biodiversity to Ecodiversity: A Landscape-Ecology Approach to Conservation and Restoration. Restoration ecology, 2(3):180-189.

Singh R K, Murty H R, Gupta S K, et al. 2012. An overview of sustainability assessment methodologies. Ecological Indicators, 15(1):281-299.

Steffen W, Richardson K, Rockström J, et al. 2015. Sustainability. Planetary boundaries: guiding human development on a changing planet. Science, 347(6223):1259855.

Wang H, Long H L, Li X B, et al. 2013. Evaluation of changes in ecological security in China's Qinghai Lake Basin from 2000 to 2013 and the relationship to land use and climate change. Environmental Earth Sciences, 72(2):341-354.

Wolfslehner B, Vacik H. 2008. Evaluating sustainable forest management strategies with the Analytic Network Process in a Pressure-State-Response framework. Environmental management, 88(1):1-10.

第五章 | 城市群区域生态安全格局优化系统研发

京津冀城市群是中国未来经济发展格局中最具活力和潜力的核心地区之一，在我国新型城镇化战略布局中处于重要地位。但与此同时，京津冀城市群也是我国人类活动对生态过程干扰强度极大的区域之一，在其城市化快速推进过程中，生态环境受到不同程度的破坏，区域内部资源环境问题也日益突出。如何通过对现有生态空间结构要素的优化调整，实现对该城市群地区生态系统服务与功能的提升，并协调其城镇化进程与生态环境保护的关系成为重要议题。为此，需要研发京津冀城市群区域生态安全格局优化系统，定量识别重要生态安全格局组分并对其进行优化重组，进而提出京津冀城市群生态安全格局的优化方案，以期为优化京津冀城市群生态安全格局、保障区域生态安全、促进其可持续发展提供科学参考。本章重点研发了京津冀城市群生态安全格局优化技术和优化方案，介绍了京津冀城市群生态安全格局优化系统研发与操作流程，旨在为京津冀城市群生态安全格局优化提供技术支撑。

第一节 城市群区域生态安全格局内涵与基础数据

一、生态安全格局的基本内涵

生态安全是指一个区域人类生存和发展所需的生态系统服务功能处于不受或少受破坏与威胁的状态，使生态环境保持既能满足人类和生物群落持续生存与发展的需要，又能使生态环境功能不受损害，并使其与经济社会处于可持续发展的良好状态（马克明等，2004）。20世纪以来，快速的城市化进程已成为人类社会发展最显著的特征，高强度的城市化进程往往伴随着高强度的土地开发及土地利用方式的快速转变，使原本脆弱的生态环境趋于恶化，生态系统受到的威胁日益严重，进而威胁区域生态安全。当前生态安全问题正受到国内外学者和组织的广泛关注。在我国，党中央、国务院高度重视生态环境保护，生态安全格局被认为是实现区域生态安全、缓解生态保护与经济发展之间矛盾的基本保障和重要空间途径之一（陈昕等，2017）。党的十八大报告明确要求"构建科学合理的城市化格局、农业发展格局、生态安全格局"，习近平总书记也强调"构建科学合理的城镇化推进格局、农业发展格局、生态安全格局，保障国家和区域生态安全，提高生态服务功能"。

构建区域生态安全格局是实现区域生态安全的基本保障和重要途径，能够有效化解生态保护与经济发展的矛盾，其成果可直接用于城市空间结构优化与生态保护建设，为区域生态空间结构优化布局提供定量参考。其中，城市群生态安全是区域生态安全的典型代表，是通过对城市群内的生态要素，如关键节点、斑块、廊道及生态网络的生态系统服务供给和需求的综合调控，实现城市群内部和外部、行政区之间生态系统功能的充分发挥（马克明等，2004）。作为中国城市化的主体区，城市群是否能够健康协调持续发展，深刻影响着中国未来社会经济的发展走向（杨天荣等，2017）。随着城市化进程的不断推进，城市群原有生态空间结构遭到一定程度的破坏，导致人口、资源、环境压力逐渐增大，生态环境恶化、资源供给不足等区域生态安全问题日益突出，并上升到国家生态安全层面。因此，合理优化城市群生态空间结构，保障区域生态安全需求，协调环境与发展和谐共赢，对于实现中国生态文明发展目标与新型城镇化发展战略具有重要的理论意义和现实意义。

京津冀城市群位于华北平原北部，地处环渤海核心地带，地势西北较高、东南平坦，地貌以平原为主，沿渤海岸多滩涂、湿地，生态系统类型多样（李磊和张贵祥，2015）。京津冀城市群包括北京、天津两大直辖市以及河北省的石家庄、唐山、保定、廊坊、张家口、承德、秦皇岛、沧州、衡水、邢台与邯郸 11 个地级市，交通便利，区位优势明显。作为我国最具影响力的城市群之一，2019 年京津冀城市群以仅占全国 2.3% 的土地面积和全国 7.1% 的总人口，创造了全国 8.54% 的生产总值。然而，在社会经济迅速发展的同时，高强度的城市扩张也对京津冀城市群生态环境造成了巨大压力。例如，水资源短缺、雾霾严重等问题已成为制约区域可持续发展的重要限制因素。一些地区的生态服务功能明显下降，如西部太行山、燕山土壤侵蚀和坝上高原湖泊萎缩及消失，以及地面沉降加剧。

二、数据来源

本章依托中国生态系统评估与生态安全格局数据库、中国科学院资源环境科学与数据中心、国家地球系统科学数据共享服务平台、全球变化科学研究数据出版系统、CNKI-中国社会经济发展统计数据库、MODIS 数据库等数据库收集了京津冀城市群区域生态安全格局的如下核心数据：净初级生产力（NPP）、土地利用数据（100m 分辨率，2015 年 Landsat 8 人工解译）、年均降水量、降水产流系数、实际蒸散量、高程、坡度、归一化植被指数（NDVI）、土壤类型、土壤有机碳、土壤侵蚀强度、土壤质地、地貌、自然保护区、基础地理数据等。数据来源及描述见表 5.1。

表 5.1　京津冀城市群区域生态安全格局分析基础数据集

数据名称	分辨率	格式	数据描述与来源
净初级生产力（NPP）	1km	栅格	Terra/MODIS Net Primary Production Yearly L4 Global 1km（MOD17A3），http://files. ntsg. umt. edu/data/NTSG _ Products/MOD17/GeoTIFF/MOD17A3/GeoTIFF_30arcsec/；2020 年 10 月下载
土地利用数据	100m	栅格	人工解译 2015 年 Landsat 8 影像
年均降水量	500m	栅格	基于全国 1915 个站点的气象数据，经整理、检查和插值获得，中国科学院资源环境科学与数据中心，http://www. resdc. cn/Default. aspx
降水产流系数	0.125°	栅格	Global Streamflow Characteristics v1.9（GSCD _ v1.9），https://wci. earth2observe. eu/thredds/dodsC/jrc/gscd/GSCD _ v1.9. nc. html；2020 年 10 月下载
实际蒸散量	1km	栅格	Global High-Resolution Soil-Water Balance，https://figshare. com/articles/dataset/Global_High-Resolution_Soil-Water_Balance/7707605；2020 年 10 月下载
高程	90m	栅格	SRTM 90m Digital Elevation Database v4.1，https://srtm. csi. cgiar. org/；2020 年 10 月下载
坡度	90m	栅格	由 SRTM 90m Digital Elevation Database v4.1 DEM 数据计算获得
归一化植被指数（NDVI）	500m	栅格	MODIS NDVI 数据产品（MOD13Q1），下载于美国国家航空航天局
土壤类型	1km	栅格	中国科学院资源环境科学与数据中心，http://www. resdc. cn/Default. aspx
土壤有机碳	1km	栅格	Global Soil Organic Carbon Estimates，European Soil Data Centre（ESDAC）
土壤侵蚀强度	1km	栅格	中国科学院资源环境科学与数据中心，http://www. resdc. cn/Default. aspx
土壤质地	1km	栅格	中国科学院资源环境科学与数据中心，http://www. resdc. cn/Default. aspx
地貌	1km	栅格	中国科学院资源环境科学与数据中心，http://www. resdc. cn/Default. aspx
自然保护区	—	矢量	World Database on Protected Areas（WDPA），https://www. protectedplanet. net/
基础地理数据	1∶400 万	矢量	国家地理信息中心（http://ngcc. sbsm. gov. cn/）

第二节　城市群区域生态安全格局优化技术方法

俞孔坚等（2009a，2009b）提出了构建生态安全格局三步骤的方法框架：首先，确定物种扩散源的现有自然栖息地（即生态源地）；其次，建立阻力面；最后，根据阻力面来判别安全格局。此方法在国内得到较为广泛的应用。基于俞孔坚等提出的生态安全格局构建方法，依托获取的 GIS 数据，以核心研究内容为基础，研发了城市群区域生态安全格局协调优化的技术方法和技术实现流程（图 5.1）。首先，对研究区域生态系统服务重要性与生态环境敏感性进行评价，综合两者评价结果，识别区域生态安全格局的"生态源地"。其次，采用最小累积阻力模型测算生态源地间景观要素流通的相对阻力，建立生态源地扩张阻力面，从生态属性与生态胁迫两方面构建阻力因子体系，生成最小累积阻力面，判断景观与生态源地之间的连通性与可达性。识别缓冲区、源间廊道、辐射道及生态战略节点等其他生态安全格局组分；进行土地利用生态适宜性评价，最终基于研究结果进行区域生态安全格局协调与优化，对现状生态安全格局进行评价，确定格局调整与规则优化，以及对方案进行评价与优选。

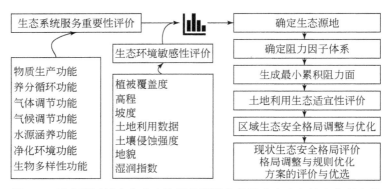

图 5.1　城市群区域生态安全格局协调优化的技术方法和技术实现流程

一、确定生态源地

京津冀城市群地处内蒙古高原、太行山脉向华北平原的过渡地带，是华北平原的关键区域，在华北平原生态安全格局中占有重要地位。京津冀城市群北部是华北平原的主要生态屏障，其水源涵养、土壤保持和防风固沙功能直接影响京津冀城市群甚至华北平原生态系统安全。该区长期以来的资源不合理开发利用造成草原生态系统严重退化，当地土地沙化严重、沙漠化敏感性程度较高，是北京市乃至华北地区的主要沙尘暴源区。京津冀城市群水资源短缺，全域均出现河流断流和湿地萎缩问题，全年存在断流现象的河流比例约为70%，永定河、潮白河、小白河、新洋河、滹沱河等主要河渠历史上均存在全年断流现象。同时，随着城市化的快速发展，京津冀城市群城镇人口数量激增，带来环境污染加剧、生态承载力降低等一系列生态环境问题。因此，京津冀城市群区域生态源地识别对维护区域生态安全具有重要意义。区域生态源地是指维护区域生态安全和可持续发展必须加以保护的区域，一般由生态服务价值高度重要、生态高度敏感的自然生态斑块组成。构建生态安全格局就是以最小面积的生态用地保护，即生态源地，来满足城市与区域社会经济发展的生态需求，是区域社会经济功能和生态系统服务的权衡结果，能够更好地协调区域生态安全与社会经济发展之间的矛盾（彭建等，2017）。

（一）识别生态源地的方法

目前，生态源地识别通常基于生物多样性丰富度及生态系统服务重要性的考虑，大致可以分为两种方法。

（1）直接识别，即选取自然保护区、风景名胜区的核心区等直接作为生态源地。这一方法具有很高的便捷性，但也有其固有的缺陷。例如，自然保护区或风景名胜区的设立本身就有强烈的行政管制因素，且随着时间的推移其内部的空间差异逐渐增强，尤其是随着旅游业在自然保护区的迅速发展，局部地区已经出现明显的生态退化、景观破碎化和生态系统服务下降等现象。此外，也有学者选择土地利用类型长期稳定且面积较大的斑块，如林地、耕地作为生态源地，但这一做法忽略了相同地类的内部差异。

（2）构建综合评价指标体系识别生态源地。已有研究所采用的指标可分为生态敏感性、景观连通性、生境重要性等维度，各类指标的适用性各有优劣。其中，生境重要性指标应用较为广泛，主要关注土壤保持、生物多样性保护、水源涵养和固碳释氧等具体生态系统服务。

本章在确定京津冀城市群地区生态源地时，使用第二种方法，综合评价指标体系法。生态安全格局构建不是一个抽象的概念，而是具有可操作性和可实施性的具体性措施，因此生态安全格局的构建需要采用一个公认的、客观的生态安全评价体系，需要多角度、多尺度考虑，采用科学的评价指标对人类活动发展需求与生态环境现状进行格局优化、风险预警模拟。生态系统服务是生物生存和发展物质需求的保障，而生态环境敏感性是城市群发展的限制性因素，生态环境越敏感的地区越容易产生环境问题（刘道飞等，2019）。基于此，本章主要依据研究区生态系统服务功能与生态敏感性特征状况，结合数据可获取性、客观性等原则，在参考已有研究成果的基础上，选取相关指标进行生态服务重要性及生态环境敏感性评价，根据生态系统服务重要性评价和生态环境敏感性评价结果综合确定京津冀城市群区域的生态源地。

（二）识别生态源地的指标体系法

生态系统服务是指人类直接或间接从生态系统得到的所有收益（Costanza et al.，1997），是人类赖以生存和发展的基础。生态系统服务重要性评价主要针对区域的特定生态环境状况，分析生态系统服务的地域分异规律，明确各种生态系统服务的重要区域（贾良清等，2005），筛选出具有重要生态价值的关键斑块加以保护，其结果可以为生态系统科学管理与生态保护和建设提供直接依据（王治江等，2007）。

已有研究表明，京津冀城市群区域生态系统服务功能对区域的生态安全具有重要影响。例如，京津冀城市群区域水资源过度开采，调蓄能力降低；土壤侵蚀面积大，水土流失造成的土地退化现象降低土地生产力，并严重制约地区经济发展（把增强和王连芳，2015）；长期以来，京津冀城市群饱受风沙危害，尤其是冬春季节频发的沙尘天气严重威胁区域空气质量和人民生活（夏青和马志尊，2014）；防风固沙区域生物多样性丧失的速度将直接影响生态系统服务功能丧失的快慢，而京津冀城市群区域内的城市扩张及开发活动导致自然生境面积不断缩小，生境碎片化问题突出，将制约区域未来发展（鄂竟平，2004）。

选取京津冀城市群最为重要的物质生产功能、养分循环功能、气体调节功能、气候调节功能、水源涵养功能、净化环境功能、生物多样性功能 7 项生态系统服务功能（蒙吉军等，2014），对京津冀城市群区域生态系统服务价值进行核算。将 7 项生态系统服务功能价值进行等权叠加，将其结果划分为一般重要、较重要、中度重要、高度重要和极重要 5 个等级，获得生态系统服务重要性评价结果。

生态环境敏感性是指生态系统对人类活动干扰和自然环境变化的响应程度，说明发生区域生态环境问题的难易程度和可能性大小（欧阳志云，2000）。敏感程度较高的区域在受到人类不合理活动影响时更易产生生态环境问题。生态环境敏感性评价的实质是对现状自然环境背景下的潜在生态问题进行明确辨识，并将其落实到具体空间区域上的过程（潘峰等，2011）。通过生态环境敏感性评价，可以筛选出受到干扰后不容易恢复的高敏感区域，从而基于生态系统内部稳定性提升视角为生态空间的确定提供目标导向，为区域生态环境问题预防和治理决策提供科学依据。

根据京津冀城市群生态环境实际特征，选取植被覆盖度、高程、坡度、土地利用类型、土壤侵蚀强度、地貌和湿润指数 7 项指标作为评价因子（陈昕等，2017），评价研究区的生态环境敏感性。其中，土壤侵蚀强度用来表示研究区水土流失敏感性。按照级别将研究区生态环境敏感性划分为不敏感、较敏感、中度敏感、高度敏感、极度敏感 5 个等级（表 5.2），最终获得生态环境敏感性评价结果。

表 5.2　生态环境敏感性评价因子分级及权重

评价因子/单位	敏感性赋值					权重
	极度敏感	高度敏感	中度敏感	较敏感	不敏感	
植被覆盖度	>0.75	(0.65，0.75]	(0.50，0.65]	(0.35，0.50]	≤0.35	0.15
高程/m	(300，450]	(100，300]	(50，100]；(450，600]	(20，50]；(600，1000]	(0，20]；>1000	0.10
坡度/(°)	≤5	(5，10]	(10，15]	(15，25]	>25	0.20
土地利用类型	林地、水域	草地	园地	耕地	其他用地	0.15
土壤侵蚀强度	极强烈侵蚀	强烈侵蚀	中度侵蚀	轻度侵蚀	微度侵蚀	0.15
地貌	闭流盆地	河谷平原	泛滥冲积平原	洪积平原	山地、丘陵	0.10
湿润指数	≤5	(5，20]	(20，50]	(50，65]	>65	0.15

最后，将生态系统服务重要性评价与生态环境敏感性评价结果进行加和，识别出京津冀城市群区域的生态源地。

二、确定阻力因子体系并生成最小累积阻力面

"源"是事物或时间向外扩散的起点和基地，具有向四周扩张或吸引的能力，扩张能力或吸引能力的大小与"源"的性质和四周传播媒介的性质有关（王琦等，2016）。本章中"源"即生态源地，生态源地向外扩张过程中，物种以及生态功能在空间内流通、迁移时，会受到自然以及人为的干扰，即各种景观要素流、生态流扩散过程中会受到多种因素的制约。制约程度强弱可以用最小累积阻力面进行表征。

（一）确定阻力因子体系

生态安全评价指标选择时不仅要考虑区域自然生态环境状况，还要考虑人类活动影响，以及要反映出对生态安全有潜在影响的重要因素，同时也要考虑区域指标数据的可获得性（王晓玉等，2019）。根据研究区概况，结合国内外研究指标选择方法，从生态属性、生态胁迫两个方面两个层级构建阻力因子体系（表5.3），生态源地的生态属性能够表征其抗干扰能力强弱，生态胁迫表示外部干扰强度。京津冀城市群最重要的生态属性为地形地貌、水系和植被，选择植被覆盖度、高程、坡度、距水体距离、土地利用类型、土壤侵蚀强度6个因子。生态胁迫则主要来源于各种人为活动的影响。综合考虑区域生态安全的自然因素、经济因素和社会因素，刻画其生态属性，选取距城市建设用地距离、距农村居民点的距离、距工矿及其他建设用地距离、距铁路距离、距公路距离5个因子。

表5.3 生态安全阻力因子体系

第一层级	第二层级	指标分级				
		1	2	3	4	5
生态属性	植被覆盖度	≤0.4	(0.4, 0.6]	(0.6, 0.8]	(0.8, 0.9]	>0.9
	高程/m	≤200	(200, 500]	(500, 1 000]	(1 000, 1 500]	>1 500
	坡度/(°)	≤3	(3, 8]	(8, 15]	(15, 25]	>25
	距水体距离/m	≤3 000	(3 000, 5 000]	(5 000, 10 000]	(10 000, 15 000]	>15 000
	土地利用类型	林地、水域	草地	耕地	其他用地	建设用地
	土壤侵蚀强度	微度侵蚀	轻度侵蚀	中度侵蚀	强烈侵蚀	极强烈侵蚀
生态胁迫	距城市建设用地距离/m	>10 000	(5 000, 10 000]	(3 000, 5 000]	(1 000, 3 000]	≤1 000
	距农村居民点的距离/m	>2 500	(1 500, 2 500]	(1 000, 1 500]	(500, 1 000]	≤500
	距工矿及其他建设用地距离/m	>10 000	(5 000, 10 000]	(3 000, 5 000]	(1 000, 3 000]	≤1 000
	距铁路距离/m	>20 000	(10 000, 20 000]	(5 000, 10 000]	(3 000, 5 000]	≤3 000
	距公路距离/m	>20 000	(15 000, 20 000]	(7 000, 15 000]	(3 000, 7 000]	≤3 000

将各评价指标按生态安全水平由高到低分为 1~5 级。其中，高程分级参照研究区数据均值，以 200m 为一级临界值；坡度、土地利用类型分级参照相关文献划分；距城市建设用地距离、距农村居民点的距离、距工矿及其他建设用地距离、距铁路距离、距公路距离分级参照相关文献划分，土壤侵蚀强度分级参照土壤侵蚀分类分级标准（蒙吉军等，2014）。

（二）生成最小累积阻力面

"源""汇"景观理论认为，异质景观可以分为"源"与"汇"两种景观，其中"源"景观包括可以促进景观类型发展的过程，而"汇"景观包括阻碍景观类型发展的过程（王琦等，2016）。虽然"源"和"汇"景观具有相反的性质，但在一个过程中的"源"景观可能成为另一个过程中的"汇"景观。"源"和"汇"之间的转换是作为控制和覆盖空间的竞争过程而发生的，这种竞争过程是通过克服各种阻力来实现的。"源""汇"理论旨在探究不同景观类型在空间上的动态平衡对生态过程的影响，从而找到适合一个地区的景观空间格局。最小累积阻力模型（MCR）是一种基于图论的度量方法，最早在 1992 年由 Knaapen 提出，用于研究物种从源到目的地运动过程中所需耗费的代价。物种在穿越异质景观时，累积阻力最小的通道即为最适宜的通道，实质上反映了异质景观对某种空间运动过程的综合阻力。综合考虑景观单元之间的水平联系而非内部的垂直过程是该模型的优势，主要是因为任一单元与源单元的连通性和相似性可以通过最小累积阻力的大小进行判断。在具体研究中，物种扩散最先使用该模型，之后引用到生态安全格局及其相关领域。

最小累积阻力模型从"源"与"汇"的相互转换出发，计算"源"在向"汇"转换过程中，克服所有同质或异质景观单元阻力所用的最小成本，即模拟土地单元水平运动，根据"源"到任一单元所需克服的阻力值来反映该单元与"源"的连通性，进而判断土地的生态安全性，其计算公式为

$$\text{MCR} = f_{\min}\left(\sum_{i,\ j=1}^{n} D_{ij} \times R_i \right) \tag{5.1}$$

式中，MCR 为从"源"扩散到空间某一点的最小累积阻力值；f 为一个未知的正函数，反映空间任一点的最小阻力与其到所有"源"的距离和景观基面特征的正相关关系；D_{ij} 为"源" j 到空间某一点所穿越的景观基面 i 的空间距离；R_i 为景观单元 i 对运动过程的阻力系数。

采用最小累积阻力模型，基于 ArcGIS 10.3 中 Cost-Distance 模块，通过计算生态源地到其他景观单元所耗费的累积距离，测算其向外扩张过程中各种景观要素流、生态流扩散的最小阻力值，进而判断景观单元与源地之间的连通性和可达性（韩世豪等，2019）。

三、通过评价土地利用生态适宜性构建区域生态安全格局

（一）评价土地利用生态适宜性

2006年国家"十一五"规划提出按照不同区域的资源环境承载力、现有开发密度和发展潜力等要素，将国土空间划分为优化开发、重点开发、限制开发和禁止开发四类主体功能区。在主体功能区划中，土地生态适宜性评价（land ecological suitability assessment）作为理论和方法论基础，具有重要的实践价值（付野等，2019）。同时，土地生态适宜性评价作为城市生态规划的核心问题，已经成为城市总体规划和土地利用规划制定的重要依据，在构建城市生态安全格局上具有重要作用（赵天明等，2019）。

土地生态适宜性评价，又称为土地生态适宜性分析或土地适宜性评价，最早由美国宾夕法尼亚大学麦克哈格（McHarg）教授提出，其定义为"由土地具有的水文、地理、地形、地质、生物、人文等特征所决定的，对特定、持续性用途的固有适宜性程度"。联合国粮食及农业组织在1977年给出的定义是"某一特定地块的土地对于某一特定使用方式的适宜程度"。还有一种适宜性分析的定义是美国国家森林局提出的，"由经济和环境价值的分析所决定的、针对特定区域土地的资源管理利用实践"。麦克哈格的定义强调结合场地的多种特征，联合国粮食及农业组织的定义强调土地使用方式，美国国家森林局的定义强调土地价值和土地资源管理。虽然不同机构和学者的研究各有侧重，但都强调从生态保护和土地可持续利用的角度对不同土地利用方式的适宜度进行定量分析。有学者将土地适宜性评价和土地生态适宜性评价进行区分，认为与土地适宜性评价相比，土地生态适宜性评价更具有系统性和综合性，对生态环境更加重视。在节约集约利用资源和生态保护环境的背景下，土地生态适宜性评价是优化生态安全空间结构的必要手段，是科学制定空间规划的重要依据（刘孝富等，2010）。

结合城市群一般土地利用状况，在进行土地利用生态适宜性评价时，主要选择耕地、林地和草地3种用地类型。选取坡度、土壤类型、土壤有机质、水资源和土壤侵蚀性5个因子作为诊断指标建立评价标准。评价系采用土地适宜类、土地适宜等和土地限制型三级制。将土地分为宜耕、宜林和宜草3个适宜类；依据适宜性程度分为高度适宜、中度适宜、临界适宜和不适宜4等；在每种土地适宜等级内按其限制因素和限制等级来进一步划分土地限制型。最终对耕地、林地和草地3种用地类型生态安全等级进行评价，分为安全、中度安全、临界安全、不安全4个等级。

（二）构建区域生态安全格局

区域生态安全格局是一种健康、稳定、可持续的生态安全状态，它是区域生态安全格

局规划的理论基础。构建生态安全格局，需要进一步关注区域生态系统数量结构与空间格局的优化，通过对维持区域生态安全具有关键意义的点、线、面的识别，为区域充足的生态系统服务和良好的人居环境提供基本的格局保障。构建区域生态安全格局首先需要对现状生态空间信息进行提取与表达，识别关键生态节点即生态源地。然后在此基础上，关注生态环境问题的发生与作用机制，强调综合解决生态系统恢复以及景观稳定性问题，最后基于格局与过程相互作用的原理，通过关键生态节点保护来寻求区域生态安全可持续性维系与提升。这一过程即区域生态安全格局优化过程。

区域生态安全格局优化可定义为人们在面对具体生态环境问题时，积极发挥主观能动性，以景观生态学和景观生态规划原理为基础，按照一定的规划原则和流程，依靠 GIS 空间分析技术、情景分析法、数学模型等空间规划技术方法（欧定华等，2015），对区域内各种自然、经济、人文要素进行安排、设计、组合与布局，得到由点、线、面、网组成的多目标、多层次和多类别的区域性空间优化配置方案，以维持区域生态系统结构和过程的完整性，实现区域生态、经济、社会综合效益最大化。其中，自 1970 年提出以来，情景分析法应用研究一直十分活跃（张津等，2018）。情景分析法在空间规划中的应用研究较少，但它能够针对不同状态目标为决策者提供多个相对最优方案的优势，弥补了传统空间规划结果单一的缺陷，将在空间规划研究中拥有广阔应用前景。

在生态源地扩张阻力面建立的基础上，通过分析其阻力曲线与空间分布特征，识别生态源地缓冲区、源间廊道、辐射道及关键生态战略节点等其他生态安全格局组分，构建城市群生态安全格局。基于区域生态安全格局的构建，识别主要生态安全格局组分并分析其空间分布特征，依据研究区自然地理特征及当前土地利用现状，运用情景分析法，设置强约束情景和一般约束情景，分别制定不同约束情景下生态安全格局的调整和优化规则，针对不同优化规则对不同用地进行协调和优化。最后选择景观指数分析方法对不同情景下景观格局不好的表现进行综合评估，通过对比优化格局及土地利用现状格局的景观格局指数，来判断所构建土地利用格局的安全性及方法的适用条件。

四、设置区域生态安全格局优化的情景方案

（一）强约束情景下生态安全格局的调整与优化规则

以生态源地扩张阻力面计算结果为基础，综合考虑耕地、林地、草地、建设用地的调整阻力难度和基本原则。

1. 耕地调整原则

基于土地生态适宜性评价结果，现状为耕地、宜耕性为高度或中度适宜的图斑保持耕地属性不变。现状为耕地、宜耕性为不适宜的图斑调整为生态用地。当该图斑宜林性为高

度或中度适宜时，则退耕还林；当该图斑宜林性为临界适宜或不适宜时，则退耕还草。现状为未利用地、宜耕性为高度适宜的图斑则调整为耕地。

2. 林地调整原则

现状为林地的图斑保持属性不变。现状为耕地、宜耕性为临界适宜和不适宜的图斑，若宜林性为中度或高度适宜的图斑，转化为林地。现状为未利用地、宜耕性为临界适宜或不适宜、宜林性为高度适宜的图斑调整为林地。现状为未利用地，宜耕性为临界适宜或不适宜，宜林性为中度适宜，宜草性为中度适宜、临界适宜或不适宜的图斑，转化为林地。

3. 草地调整原则

对于现状为草地的图斑，保持其属性不变。现状为耕地、宜耕性为临界适宜或不适宜、宜林性为临界适宜或不适宜的图斑，则退耕还草。现状为未利用地、宜耕性为临界适宜或不适宜、宜林性为临界适宜或不适宜、适宜草地的图斑，调整为草地。

4. 建设用地调整原则

城市建设用地、农村居民点和工矿及其他建设用地分别设置 3km、500m 和 3km 的缓冲区，对缓冲区内的土地利用类型按照如下原则进行调整：现状为建设用地，保持土地利用图斑属性不变；现状为未利用地，宜耕性为临界适宜或不适宜、宜林性为临界适宜或不适宜、宜草性为临界适宜或不适宜的图斑，如果生态安全水平为临界安全或安全，则调整为建设用地。

（二）一般约束情景下生态安全格局的调整与优化规则

一般约束情景重点考虑建设用地的调整。建设用地调整原则：城市建设用地、农村居民点和工矿及其他建设用地分别设置 3km、500m 和 3km 的缓冲区，对缓冲区内的土地利用类型按照如下原则进行调整：现状为建设用地，保持土地利用图斑属性不变；现状为未利用地、宜耕性为临界适宜或不适宜、宜林性为临界适宜或不适宜、宜草性为临界适宜或不适宜的图斑，如果生态安全水平为临界安全或安全，则调整为建设用地。现状为耕地、宜耕性为临界适宜或不适宜、宜林性为临界适宜或不适宜、宜草性为临界适宜或不适宜的图斑，如果生态安全水平为临界安全或安全，则调整为建设用地。调整顺序为城市建设用地>农村居民点>工矿及其他建设用地。

五、选择区域生态安全格局的优化方案

景观生态学原理与方法能发挥景观结构组分特征易于保存信息的优势，且景观格局及变化能直接反映生态系统的结构和功能的变化，是多种生态过程作用的积累结果，因此越来越多的学者从景观尺度上探讨和研究区域生态安全（谢余初等，2015）。景观安全格局以景观生态学理论和方法为基础，通过对景观过程（包括城市的扩张、物种的空间运动、水和风的流动、灾害过程的扩散等）的分析和模拟，来判别对这些过程的安全与健康具有关键意义的景观元素、空间位置及空间联系，这种关键性元素、战略位置和联系所形成的格局就是景观安全格局。景观安全格局旨在解决如何在有限的土地面积上，以最高效的景观格局维护土地生态过程、历史文化过程、游憩过程等的安全与健康的问题。

景观异质性是判断景观生态系统稳定性和安全性的重要标志，景观安全格局的实质是景观异质性的维持与发展，由景观要素的多样性和景观要素的空间相互关系共同决定。景观指数能够高度浓缩景观格局信息，反映景观结构组成及其过程中某些空间格局配置特征，可以定量分析研究区内格局变化及其过程。其特征主要体现在单个斑块、斑块类型以及整个景观镶嵌体 3 个尺度上。景观指数一般分为斑块水平、景观类型水平以及景观水平 3 个级别。景观格局指数一般可以分为景观水平和景观类型水平两种指数，为从景观结构、景观多样性、空间异质性、破碎度、人类活动对景观格局的影响程度以及各景观类型面积等方面评价所构建的京津冀城市群土地利用格局的安全性，分别从类型和景观尺度上选取景观指数，通过对比优化格局及土地利用现状格局的景观格局指数，来判断本章所构建的土地利用格局的安全性及方法的适用条件。景观格局指数的计算在 Fragstats 4.2 软件中进行。

类型尺度选择的景观格局指数：斑块数量（NP）、斑块密度（PD）、最大斑块指数（LPI）、边缘密度（ED）、平均面积指数（AREA_MN）、面积加权形状指数（SHAPE_AM）、平均面积分形维数（FRAC_MN）、散布与并列指数（IJI）、连通度指数（COHESION）。

景观尺度选择的景观格局指数：斑块数量（NP）、斑块密度（PD）、最大斑块指数（LPI）、边缘密度（ED）、平均面积指数（AREA_MN）、面积加权形状指数（SHAPE_AM）、平均面积分形维数（FRAC_MN）、蔓延度（CONTAG）、散布与并列指数（IJI）、连通度指数（COHESION）、香农多样性指数（SHDI）、香农均匀度指数（SHEI）。

斑块数量/边缘密度等指标能够反映斑块的破碎化程度。形状类型/蔓延度能够反映土地系统受自然、人为活动的干扰程度。连通度指数能够反映土地系统抵御自然、人为活动导致的生态风险的能力。

第三节　京津冀城市群区域生态安全格局优化方案

以城市群区域生态安全格局优化协调技术方法为基础对京津冀城市群生态安全格局进行协调优化并提出相应的协调优化方案。首先，识别京津冀城市群区域生态源地，然后根据生态源地计算京津冀城市群生态源地扩张的最小累积阻力面，同时结合京津冀城市群土地利用生态适宜性评价，评估京津冀城市群区域耕地-林地-草地-建设用地生态安全等级，根据安全等级，设置强约束情景和一般约束情景并提出京津冀城市群区域生态安全格局调整与优化方案，最后运用景观指数方法对不同情景下的景观格局变化进行系统评价，确定优选方案。

一、京津冀城市群区域生态源地识别

基于对京津冀城市群生态服务重要性和生态环境敏感性的评价结果，综合具有极重要的生态系统服务功能以及生态环境高度敏感地区，识别出生态源地分布。

京津冀城市群区域生态系统服务价值重要性评价结果见图5.2。从各城市评价结果来看，除生物多样性外，北京市与天津市的城市中心区其他六项生态系统服务功能价值均处于区域内最低水平，综合结果表明北京市生态系统服务功能价值较低，其生态系统服务功能等级仅为一般重要。反之，秦皇岛市各项生态系统服务功能价值数值为区域内最高值，其生态系统服务功能属于极重要级别。张家口市北部生物多样性较低。

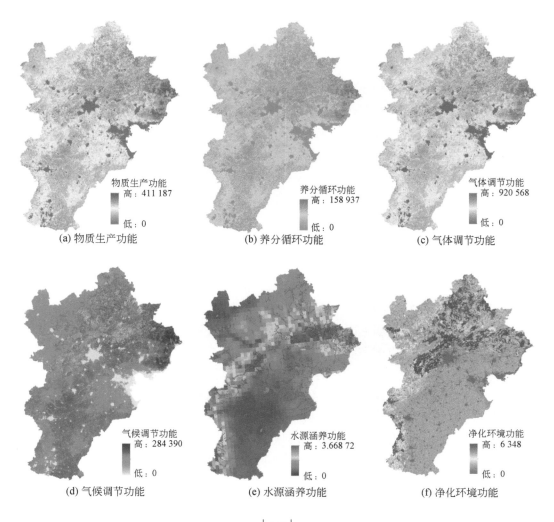

(a) 物质生产功能　　　　(b) 养分循环功能　　　　(c) 气体调节功能

(d) 气候调节功能　　　　(e) 水源涵养功能　　　　(f) 净化环境功能

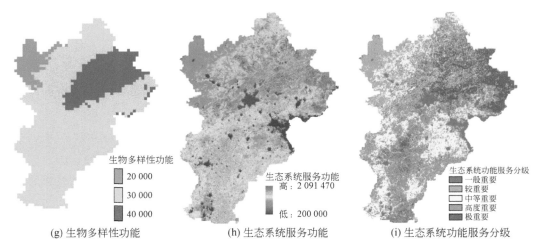

图 5.2 京津冀城市群区域生态系统服务重要性评价结果

　　从各项评价结果来看，物质生产功能、养分循环功能、气体调节功能和气候调节功能四项评价结果空间分布较为类似，北京市与天津市城区为低值区，秦皇岛市为高值区，南部中间高两边低。水源涵养功能高值区呈带状分布，基本与京津冀城市群重要的水源涵养区相吻合，分布在密云水库上游的潮白河流域、官厅水库上游的永定河流域、潘家口水库上游的滦河流域以及西大洋水库、王快水库、黄壁庄水库、港南水库的汇水区域，与京津冀城市群关于水源涵养重点功能区的规划一致。净化环境功能价值北高南低，承德市、北京市北部、秦皇岛市北部、唐山市北部地区为山区，生态环境本底较好。生物多样性功能价值分异较为明显，承德市南部与北京市北部生物多样性较高，张家口市西部为低值区，其余为中值区。

　　从综合评价结果来看，京津冀城市群生态服务功能重要性呈现出"一核一轴两翼"的格局，其中秦皇岛市、唐山市东部、承德市东南部以及北京市城郊地区为"一核"，属于极重要级别。承德市呈现极重要与一般重要混杂的状态，这一情形主要是由于承德市生物多样性存在较大差异。邯郸市、邢台市、石家庄市、保定市、廊坊市 5 市中部地区为高度重要地区，呈带状分布。两翼为中等重要地区。北京市与天津市城区为一般重要地区，生态系统服务价值较低，两市人类活动对生态环境影响程度较高。张家口市西部属于较重要地区。

　　京津冀城市群区域生态环境敏感性评价结果见图 5.3。从各城市评价结果来看，承德市因其森林覆盖率高，同时又是京津冀城市群的供水源地，有五项评价敏感程度较高，分别是高程、坡度、土地利用类型、土壤侵蚀强度、湿润指数，尤其是湿润指数与土地利用类型为极度敏感，属于生态安全需要重点关注的地区。而城市群东南部主要为平原地带，同时以建设用地为主，故生态敏感性并不高。

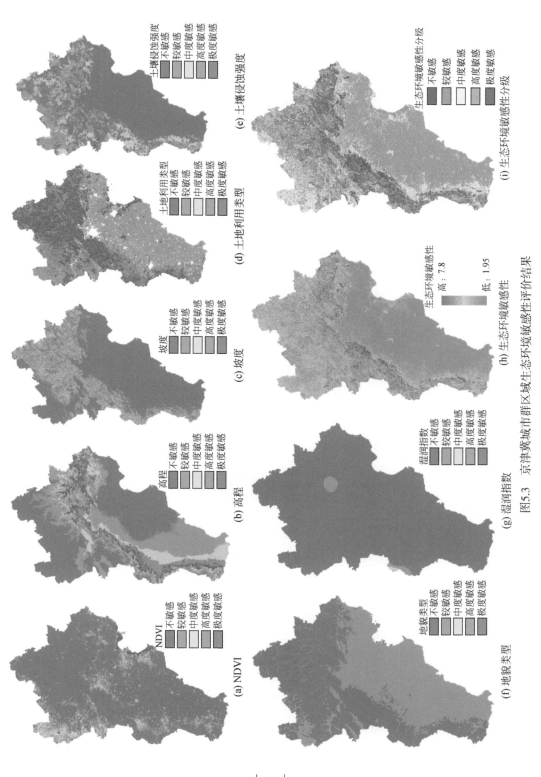

(e) 土壤侵蚀强度

(d) 土地利用类型

(c) 坡度

(b) 高程

(a) NDVI

(i) 生态环境敏感性分级

(h) 生态环境敏感性

(g) 湿润指数

(f) 地貌类型

图5.3　京津冀城市群区域生态环境敏感性评价结果

从各项生态环境敏感性指标评价结果来看，京津冀城市群湿润指数结果基本均为极度敏感，说明京津冀城市群整体缺水较为严重，水资源短缺问题亟待解决。差异化最为明显的是土地利用类型，呈现为西北与东南两极分化状态，说明京津冀城市群土地利用集中，西北部以林地为主，东南部以耕地为主。地貌类型评价结果仅有较敏感与不敏感两个类型，说明京津冀城市群自然本底较好，以平原为主。土壤侵蚀极度敏感地区分布在西部和北部与西南部地区，而在北部的太行山东坡和燕山山地土壤侵蚀最为严重，如不加以重视，极易发生生态和贫困的恶性循环，并对北京市的水库行洪和供水造成压力。

整体来看，京津冀城市群区域生态环境敏感性呈现"北高南低、西高东低"的格局，与土地利用类型和坡度评价结果相类似，说明地形地貌对于京津冀城市群地区生态环境脆弱性影响较大。具体而言，张家口市、承德市、秦皇岛市北部、保定市西部、石家庄市西部、邢台市西部与邯郸市西部敏感性较高，其中秦皇岛市北部、张家口市南部、保定市西部、石家庄市西部属于极度敏感地区，其他地区基本属于较敏感地区，不存在不敏感地区。

将二者识别的生态源进行加和，选择生态系统服务极重要地区和生态环境极度敏感地区，作为京津冀城市群区域生态安全格局的生态源（图5.4）。

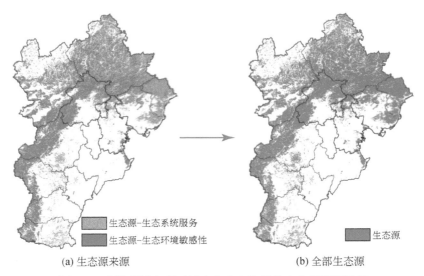

(a) 生态源来源   (b) 全部生态源

图5.4　京津冀城市群区域生态安全格局的生态源识别结果

生态系统服务方面，遴选出的生态源地主要聚集于秦皇岛市、承德市东南部，并包括保定市、石家庄市和邯郸市三市部分地区。生态环境敏感性方面，生态源地主要包括承德市、张家口市南部、北京市东部与北部、保定市西部、石家庄市西部、邢台市西部与邯郸市西部地区。京津冀城市群区域生态源地主要分布在西部、北部山区，根据《全国主体功能区规划》，京津冀城市群共有 1 处国家重点生态功能区，即浑善达克沙漠化防治生态功能区，河北省的坝上高原地区位于此区内。三省（直辖市）主体功能区规划中有2处省级重点生态功能区，包括冀北燕山山区和冀西太行山山区，也在生态源地区内。同时，这些生态源地关系到京津冀城市群的水资源和生态安全，是京津冀城市群生态安全的重要屏障，并且与《全国生态功能区划（修编版）》中京津冀城市群的3处重要生态功能区一致，分别是京津冀城市群北部水源涵养重要区、太行山区水源涵养与土壤保持重要区以及浑善达克沙地防风固沙重要区。上述结果印证了所识别出的生态源地在京津冀城市群生态安全格局中的重要性，其是保障京津冀城市群生态安全最基本区域，也是城市化发展与资源环境开发建设的生态底线，必须谨慎进行城市建设活动。林地与水域是生态源地内最主要的土地利用类型，同时存在部分其他用地类型，说明有部分生态源地遭到不合理开发建设，需要在生态安全格局协调优化过程中加以重视，消除不良影响。

二、京津冀城市群生态源地扩张的最小累积阻力面

通过11个生态安全阻力因子的综合加权计算，得到京津冀城市群区域生态源地扩张最小累积阻力面计算结果，如图5.5所示。沧州市、衡水市、邢台市、廊坊市、张家口市5市生态源地扩张阻力值最高。其中，张家口市生态源地扩张阻力值较高主要是受高程因素影响较大。其他四市地形较为平坦、人类活动较广、距离生态源地较远，导致生态源地扩张阻力值较高。

生态属性方面，植被覆盖度、高程、坡度、距水体距离、土地利用类型、土壤侵蚀强度引起的生态源地扩张阻力结果较为相似，高值区集中在沧州市、衡水市、邢台市、廊坊市、张家口市五市，这些地区地形较为平坦，多为平原地带，植被覆盖度较低，人类活动影响强度高，故生态源地扩张阻力值较高。此外，在高程因子引起的生态源地扩张阻力中，除东南五市阻力值较高外，张家口市北部阻力值也较高，说明张家口市生态源地扩张阻力值高主要是高程导致的。

生态胁迫方面，距农村居民点距离引起的生态源地扩张阻力中，廊坊市南部与沧州市北部为阻力值高值区，说明这一地区农村居民点活动对生态源地扩张影响较大。距城市建设用地距离引起的生态源地扩张阻力中，北京市城区、廊坊市南部和衡水市东部为高值区，说明这些地区城市建设活动强度较高，对生态源地影响较大。距工矿及其他建设用地距离引起的生态阻力中，沧州市北部、廊坊市南部、衡水市东部、唐山市阻力值较高，与工矿企业分布区域保持一致。距公路距离引起的生态源地扩张阻力中，并不存在明显的高值区，沿公路较为分散，廊坊市、沧州市、张家口市分布相对集中。距铁路距离引起的生态源地扩张阻力中，北京市、廊坊市、沧州市、衡水市高值区较为明显，唐山市、石家庄市、邯郸市出现小规模高值点。廊坊市、沧州市、衡水市由于距离北京市较近，铁路更为发达，生态源地扩张阻力值相对更高。

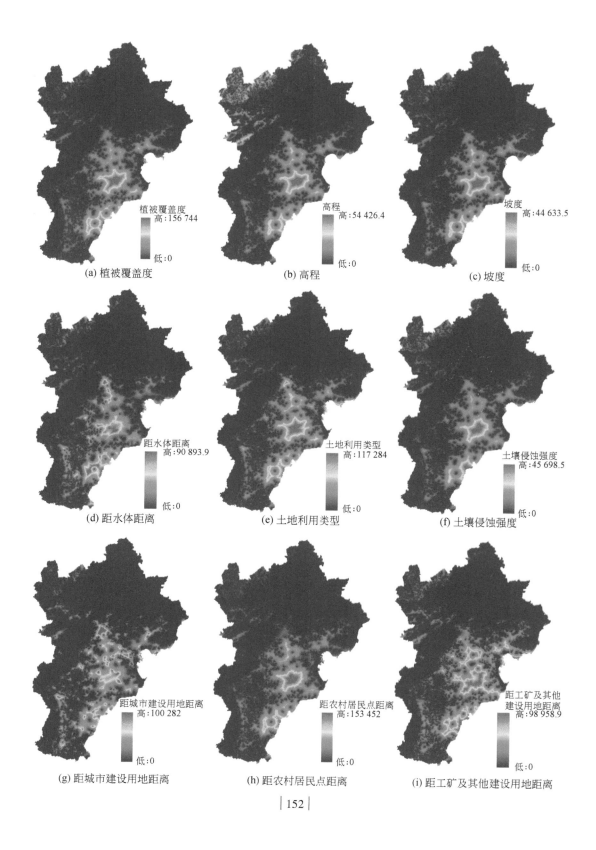

(a) 植被覆盖度 (b) 高程 (c) 坡度

(d) 距水体距离 (e) 土地利用类型 (f) 土壤侵蚀强度

(g) 距城市建设用地距离 (h) 距农村居民点距离 (i) 距工矿及其他建设用地距离

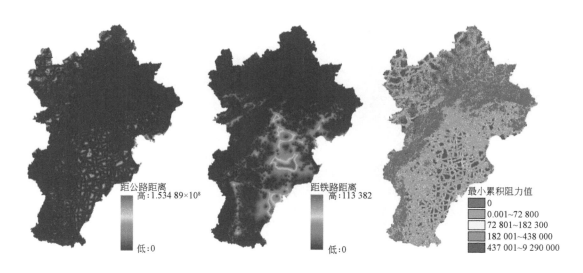

图5.5　京津冀城市群区域生态源地扩张最小累积阻力面计算结果

三、京津冀城市群土地利用生态适宜性评价

根据全国土地利用生态适宜性评价结果，综合坡度、土壤类型、土壤有机质、水资源和土壤侵蚀性5个诊断指标，确定耕地、草地和林地的适宜性等级。计算结果如图5.6所示。综合来看，京津冀城市群西部以宜林宜牧地类为主，东部以宜农耕地类为主，北部以宜林土地类为主，仅张家口市北部小部分地区以宜牧为主。京津冀城市群西部与北部地区山脉较多，紧邻太行山、阴山等山脉，森林覆盖率高，土地利用类型以林地为主。东部多为平原地带，属于华北平原地区，多为宜农耕地类型。

从适宜性分区来看，京津冀城市群土地利用生态适宜性主要分为4个大区：一是以承德市为主的宜林土地类，二是以东南部平原地带为主的宜农耕地类，三是以张家口市北部为主的宜牧土地类，四是以西部山区为主的宜林宜牧土地类。其中，第二类面积最大，该区域以高度适宜性耕地为主，对于物质生产、粮食安全具有重要作用。第一类与第三类面积相近，这是京津冀城市群的重点生态区，是维持京津冀城市群生态安全的核心地区，故更适宜林地与草地，应大力保护该区域的生态环境。第四类包括张家口市尚义县、康保县等地区，这些地区位于高原与平原过渡地带，海拔较高，山区与丘陵为主要地形，植被则以高山森林草甸、草原为主，因此草地的适宜性更高。该区有察汗卓尔国家湿地公园、河北省大青山国家森林公园等国家级生态保护地区，应当进一步借助当地的自然环境优势，推进生态旅游业发展。

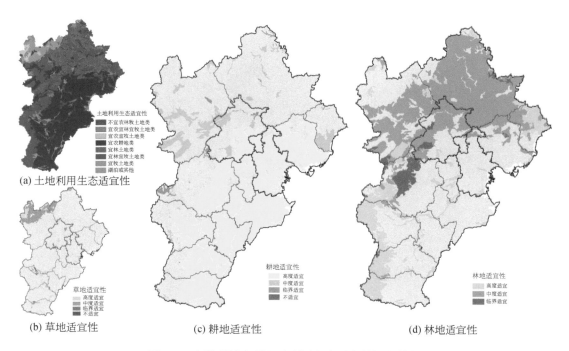

图 5.6　京津冀城市群土地利用生态适宜性评价结果

四、京津冀城市群各类用地的生态安全等级分析

根据京津冀城市群区域最小累积阻力面计算结果，结合 2015 年京津冀城市群区域耕地-林地-草地-建设用地现状，分别计算京津冀城市群区域耕地-林地-草地-建设用地生态安全等级（图 5.7）。

耕地安全等级方面，京津冀城市群南部地区耕地安全优于北部，等级为安全的耕地与宜农耕地类是基本一致的，说明生态不安全耕地主要是其土地利用类型与土地利用生态适宜性不匹配造成的。其中，天津市滨海地区耕地生态安全等级较低。北京市东南部作为宜农耕地类，仍处于不安全状态，说明这些地区耕地建设生态风险较高，不利于构建区域生态安全格局，需要对当前耕地利用情况进行优化调整，慎重考虑未来耕地利用发展方向。

林地安全等级与耕地基本相反，北部安全状况要优于南方，尤其是南部平原地带。结合土地利用生态适宜性评价结果，造成这一结果的原因主要是南部地区林地分布较少，尤其是衡水市，整体处于不安全状态，说明其森林覆盖较少，其他城市基本处于不安全与临界安全交叉分布的状态，这一结果表明南部各市在制定土地利用政策时，可适当减少对林地发展的考虑，因地制宜，更多考虑其他用地类型。京津冀城市群北部尤其是承德市与秦皇岛市北部地区森林覆盖率高，安全等级最高，基本属于安全区，林地发展潜力更大。

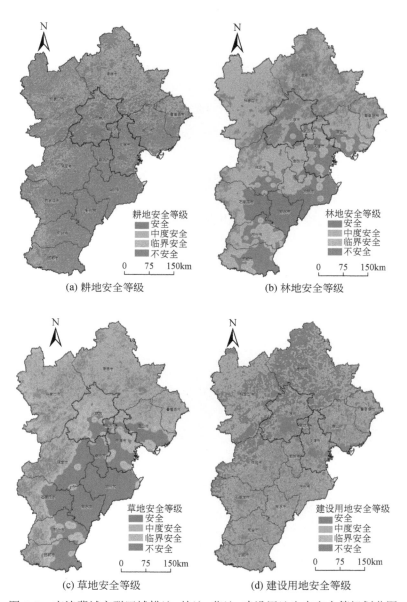

(a) 耕地安全等级   (b) 林地安全等级

(c) 草地安全等级   (d) 建设用地安全等级

图 5.7　京津冀城市群区域耕地–林地–草地–建设用地生态安全等级划分图

草地安全等级与林地相似，但分布更为集中，北部与西部山区地带为安全与中度安全，而东部地区基本属于不安全。结合土地利用生态适宜性评价结果，宜牧土地类地带仍旧出现临界安全状态甚至不安全状态，说明当前草场利用状态不乐观，可能存在草场过度开发情况。其余地区出现的不安全性更多是由土地利用类型与土地利用生态适宜性不匹配导致，应当在制定土地利用政策时更多考虑当地实际。

建设用地安全等级与耕地相似，不安全类别主要分布于张家口市与承德市，一方面两市作为生态源地核心区，对维持区域生态安全格局具有重要作用；另一方面该地区海拔较高，坡度较高，地形起伏较高，不适宜大规模进行城镇建设活动，对于建设用地而言生态风险较高。政府在考虑土地利用相关政策时，应更聚焦于生态保护，对城镇建设活动开展要更为谨慎。

五、京津冀城市群区域生态安全格局调整优化方案

根据京津冀城市群区域耕地−林地−草地−建设用地生态安全等级计算结果，在强约束情景下首先将不安全耕地调整为林地、草地和未利用地，同时将未利用地调整为城市建设用地、农村居民点用地和工矿及其他建设用地，具体优化调整方案如图5.8所示。可以看出，京津冀城市群地区主要调整方向为不安全耕地调整为林地。张家口市、承德市为主要的耕地调整建设地区，并且以耕地调整为林地、草地为主。调整结果与两市的土地利用生态适宜性评价相符合，两市的耕地评价以不安全为主，而林地和草地的安全等级更高，调整为林草地更符合两地生态环境特征。值得注意的是，张家口市与天津市出现耕地调整为未利用地的情况，被调整地在不宜林也不宜草状态下，调整为未利用地，说明这些地点出现了土地严重退化状态，未来需要对这些地方加强关注，运用生态工程措施促进其生态修复。未利用地调整出现在张家口市、邢台市和石家庄市三市，表明三市还存在土地利用开

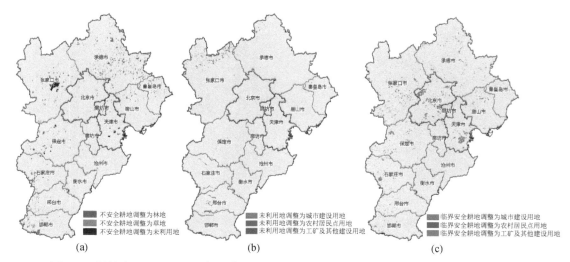

图5.8 强约束（a、b）和一般约束（c）情景下京津冀城市群区域生态安全调整优化重点

发潜力,但张家口市调整方向为以农村居民点用地和其他建设用地为主,应尽量避免城市建设活动,以耕地、林地、草地等土地利用类型为主。同时,调整面积较小,说明在调整过程中应避免大规模开垦活动,不应过度开发,应时刻注意其生态安全状况,及时调整土地利用政策,避免提高生态安全风险的行为出现。而邢台市与石家庄市调整方向以城市建设用地和其他建设用地为主,说明两市未利用地的生态安全等级较高,可以支撑进一步开展城市建设活动。

鉴于耕地转为建设用地是耕地减少的核心方式,在一般约束情景下,可以将临界安全耕地调整为城市建设用地、农村居民点用地和工矿及其他建设用地[图 5.8(c)]。可见,北京市与天津市以临界安全耕地调整为城市建设用地为主,并集中于城市中心区周边,说明伴随两市城市建设,城区周边地区耕地适宜度不断降低,应及时进行优化调整,针对性开展土地利用开发活动。北部其他城市如张家口市、承德市、唐山市以临界安全耕地调整为农村居民点用地为主,土地宜耕性虽较低,但生态安全风险较高,不适合开展城市建设活动。保定市、邢台市出现临界安全耕地调整为工矿及其他建设用地情况,说明两市土地宜耕性、宜林性、宜草性均较低,更适合进一步发展工业等经济活动。

与此同时,对不同情景下京津冀城市群区域生态安全格局协调优化方案不同地类的调整面积进行了统计(表 5.4),发现强约束情景下土地利用的调整面积较小,而一般约束情景下土地利用的调整面积较大。强约束情景下,未利用地调整面积相差不大,最多为工矿及其他建设用地。不安全耕地调整面积以林地最大,面积为 966km²,占总面积的61.3%;其次为未利用地,面积为 554km²,占总面积的 35.2%,调整为草地的面积为56km²,仅占总面积 3.6%。

表 5.4 不同情景下京津冀城市群区域生态安全格局协调优化方案统计

协调优化情景	优化调整方向		面积/km²
强约束	未利用地	城市建设用地	212.31
		农村居民点	104.77
		工矿及其他建设用地	310.32
		小计	627.40
	不安全耕地	林地	966.00
		草地	56.00
		未利用地	554.00
		小计	1576.00

协调优化情景	优化调整方向		面积/km²
一般约束	临界安全耕地	城市建设用地	1357.54
		农村居民点	1429.01
		工矿及其他建设用地	1151.26
	小计		3937.81

一般约束情景下，临界安全耕地调整的三个土地利用类型面积相对均衡。面积大小按顺序依次为农村居民点、城市建设用地、工矿及其他建设用地，说明其差异主要体现在空间分布上。

图5.9对2015年土地利用现状以及强约束情景和一般约束情景下京津冀城市群区域生态安全格局进行了综合对比。发现强约束情景对土地利用类型控制更为严格，土地调控上减少不安全耕地后，林地分布更为集中，耕地转化为未利用地后生态用地也会进一步增加。在空间上，耕地减少和林地增加多出现在坝上高原和燕山与太行山山地地区。建设用地扩张的控制最为严格，建设用地增加幅度较小，城市蔓延得到控制。一般约束情景对建设用地的控制明显不足。在现状延续情景下，城镇持续扩张，城镇增长呈现外延式特征，即增加部分多数位于原有城镇的外围，在空间上，建设用地增加与耕地减少的空间位置高度重合，可见建设用地的增加部分多来自占用耕地，其他类型土地变化量较小。北京市与天津市城市建设用地扩张趋势最为明显。

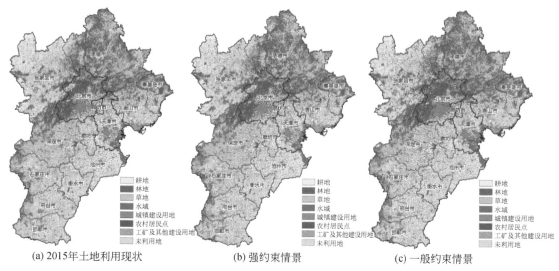

(a) 2015年土地利用现状　　　(b) 强约束情景　　　(c) 一般约束情景

图5.9　不同情景下京津冀城市群区域生态安全格局协调优化方案对比图

六、景观指数评价结果

通过景观指数综合对比确定不同情景下生态系统景观指数的不同表现。在景观尺度上不同方案景观指数对比结果如表5.5所示。在类型尺度上不同方案景观指数对比结果如表5.6所示。

表 5.5　景观尺度上不同方案景观指数比较

景观指数	NP	PD	LPI	ED	AREA_MN	SHAPE_AM
2015 年土地利用现状	53 983	0.249 7	33.427 3	12.064 1	400.479 3	42.617
强约束情景	53 818	0.248 9	33.297 8	11.885 8	401.707 1	44.632
一般约束情景	54 042	0.250 0	32.758 3	11.894 9	400.042 1	42.582
景观指数	FRAC_MN	CONTAG	IJI	COHESION	SHDI	SHEI
2015 年土地利用现状	1.022 9	41.983 5	63.92	99.393 5	1.485 6	0.714 4
强约束情景	1.022 9	40.149 1	64.62	99.430 1	1.546 7	0.719 8
一般约束情景	1.023 4	40.265 5	68.02	99.402 9	1.539 8	0.740 5

注：斑块数量（NP）、斑块密度（PD）、最大斑块指数（LPI）、边缘密度（ED）、平均面积指数（AREA_MN）、面积加权形状指数（SHAPE_AM）、平均面积分形维数（FRAC_MN）、蔓延度（CONTAG）、散布与并列指数（IJI）、连通度指数（COHESION）、香农多样性指数（SHDI）、香农均匀度指数（SHEI）

表 5.6　类型尺度上不同方案景观指数比较

土地利用类型	景观指数	NP	PD	LPI	ED	AREA_MN	SHAPE_AM	FRAC_MN	IJI	COHESION
耕地	2015 年土地利用现状	7 393	0.034 2	33.43	8.70	5 177 239.63	70.87	1.324	79.435	99.784
	强约束情景	7 036	0.032 5	33.30	8.41	5 214 279.56	70.81	1.324	78.601	99.789
	一般约束情景	6 567	0.030 4	32.76	7.78	5 241 413.94	69.07	1.322	77.561	99.793
林地	2015 年土地利用现状	4 747	0.022 0	10.03	4.02	1 158 739.90	32.01	1.270	52.927	99.341
	强约束情景	4 765	0.022 0	13.54	4.07	1 894 743.20	42.48	1.283	53.921	99.535
	一般约束情景	4 769	0.022 1	13.53	4.07	1 890 121.34	42.37	1.283	57.653	99.534
草地	2015 年土地利用现状	7 921	0.036 6	1.73	4.99	75 832.97	11.60	1.203	55.462	96.603
	强约束情景	7 926	0.036 7	2.30	4.99	103 671.07	12.82	1.205	56.702	96.939
	一般约束情景	7 937	0.036 7	2.30	4.99	103 659.33	12.80	1.205	62.559	96.935
水体	2015 年土地利用现状	4 890	0.022 6	0.34	0.96	18 530.60	2.96	1.100	66.271	85.307
	强约束情景	4 890	0.022 6	0.34	0.96	18 530.60	2.96	1.100	67.577	85.307
	一般约束情景	4 890	0.022 6	0.34	0.96	18 532.90	2.96	1.100	74.076	85.308
城市建设用地	2015 年土地利用现状	455	0.002 1	0.74	0.52	45 952.23	3.44	1.121	51.828	94.897
	强约束情景	477	0.002 2	0.74	0.54	45 456.30	3.45	1.122	56.080	94.832
	一般约束情景	720	0.003 3	0.93	0.62	60 193.44	3.88	1.128	76.488	94.479

土地利用类型	景观指数	NP	PD	LPI	ED	AREA_MN	SHAPE_AM	FRAC_MN	IJI	COHESION
农村居民点	2015 年土地利用现状	23 564	0.109 0	0.03	3.95	277.45	1.44	1.045	29.323	53.537
	强约束情景	23 535	0.108 9	0.03	3.97	277.27	1.44	1.045	31.169	53.670
	一般约束情景	23 063	0.106 7	0.05	4.12	468.68	1.51	1.049	41.215	52.216
工矿及其他建设用地	2015 年土地利用现状	4 523	0.020 9	0.21	0.78	8 521.39	2.03	1.070	67.724	76.270
	强约束情景	4 614	0.021 3	0.21	0.83	8 240.80	2.07	1.073	69.288	77.094
	一般约束情景	5 521	0.025 5	0.21	1.04	7 067.80	2.04	1.073	79.511	76.541
未利用地	2015 年土地利用现状	490	0.002 3	0.04	0.20	3 273.67	2.76	1.111	63.913	85.399
	强约束情景	575	0.002 7	0.11	0.20	6 021.10	3.08	1.109	84.417	87.126
	一般约束情景	575	0.002 7	0.11	0.20	6 021.10	3.08	1.109	84.592	87.126

注：斑块数量（NP）、斑块密度（PD）、最大斑块指数（LPI）、边缘密度（ED）、平均面积指数（AREA_MN）、面积加权形状指数（SHAPE_AM）、平均面积分形维数（FRAC_MN）、散布与并列指数（IJI）、连通度指数（COHESION）

景观尺度上，强约束情景下斑块破碎度小，散布与并列指数（IJI）指标值高，连通度增大，说明该情景人类活动对土地利用的影响降低，抵御人类活动导致的生态风险的能力更强。一般约束情景下斑块破碎度略有上升，散布与并列指数（IJI）指标值增幅更大，连通度增大，说明该情景人类活动仍然威胁土地生态安全格局，斑块形状继续不规则化，一般约束情景无法有效调控当前生态安全风险。

从斑块数量（NP）、边缘密度（ED）等指标来看，强约束情景下斑块数量（NP）、斑块密度（PD）、边缘密度（ED）均比 2015 年土地利用现状小，说明景观斑块的破碎化程度减小。一般约束情景下斑块数量（NP）、斑块密度（PD）比 2015 年土地利用现状大，说明一般约束情景下景观斑块破碎化程度有所增加，边缘密度（ED）有所减少，说明景观斑块形状不规则度降低，这一结果表明一般约束情景无法有效阻止人类活动的影响，生态风险有所增加。

从形状类型来看，连通度指数（COHESION）、香农多样性指数（SHDI）均较 2015 年土地利用现状大，但一般约束情景下最大斑块指数（LPI）有所下降，最大斑块占比下降，斑块更呈破碎趋势。

从蔓延度指标来看，蔓延度（CONTAG）较 2015 年土地利用现状小，说明土地系统抵御自然、人为活动的干扰能力在加强。散布与并列指数（IJI）有所增加，一般约束情景下增长更为明显，说明一般约束情景下斑块分布更分散。强约束情景下平均面积指数（AREA_MN）和面积加权形状指数（SHAPE_AM）增长，一般约束情景下均下降，说明一般约束情景下斑块形状更趋于不规则化，而平均面积分形维数（FRAC_MN）增长幅度很小，说明不规则趋势并不明显。

类型尺度上，与强约束情景相比，一般约束情景中城市建设用地的斑块破碎度大，连通度指数（COHESION）指标值小，连通度小。强约束情景中城市建设用地的斑块数量（NP）、边缘密度（ED）小于一般约束情景。耕地在一般约束情景下斑块数量（NP）、斑块密度（PD）、边缘密度（ED）均减小，连通度增大，说明耕地呈破碎趋势，形状不规则化。一般约束情景下人类活动对土地利用的影响更大，生态系统抵御人类活动导致的生态风险的能力更弱，而强约束下人类活动对土地利用的影响更小。

形状类型/蔓延度（CONTAG）反映土地系统受自然、人为活动的干扰程度。强约束情景中耕地、林地、草地斑块平均面积分形维数指数（FRAC_MN）与一般约束情景下类似，而面积加权形状指数（SHAPE_AM）较一般约束情景大，说明强约束情景下耕地、林地、草地的规则性更低。而一般约束情景下城市建设用地的平均面积分形维数（FRAC_MN）要大于强约束情景，说明强约束情景下城市建设用地斑块的规则性较高，表明强约束情景对于城市建设活动的限制更为严格，城市建设用地不再表现为无序蔓延状态。但两种情景尚仍然无法完全遏制当前人类活动对耕地、林地、草地的影响。耕地的散布与并列指数（IJI）比较高，而且强约束情景高于一般约束情景。而一般约束情景下，城市建设用地与工矿及其他建设用地的散布与并列指数（IJI）更高，说明人类活动的影响程度更高。

连通度指数反映土地系统抵御自然、人为活动导致的生态风险的能力。强约束情景中林地、草地、工矿及其他建设用地的连通度指数（COHESION）均高于一般约束情景。说明强约束情景下，土地系统抵御生态风险能力更强。

基于景观格局指数对强约束情景、一般约束情景和2015年土地利用现状进行对比分析，结果显示，两种情景下的生态安全格局相对于2015年土地利用现状均有更明显的生态效应。

强约束情景下的格局更适于在维持土地利用安全性的前提下，降低土地系统中人类活动生态风险，优先满足人类的生态需求。一般约束情景下的生态安全格局则适于在维持土地生态适宜性的前提下，降低土地系统中自然因素生态风险，优先满足人类的生活和生产需求。

在模型构建中，选取多年稳定不变的耕地、林地、草地、城市建设用地作为生态安全格局构建的"源"，未考虑未利用地和水体，是因为相对于其他用地，这两类用地不具有主动扩散的动力。同时，结合研究区土地利用动态变化分析及自然环境特征，强约束情景下不建议减少林地和草地的面积，因此土地利用调整时以耕地和未利用地调整为主。

第四节　京津冀城市群区域生态安全格局优化系统运行流程

京津冀城市群区域生态安全格局优化系统是一个桌面系统，系统目标是实现对京津冀城市群区域多来源、多类型、多学科数据进行整合，开发具有完整区域生态安全格局协调优化过程的分析研究平台，包括生态系统服务重要性评价、生态环境敏感性评价、土地利用生态适宜性评价、生态源地识别、现状生态安全格局评价和格局优化方案优选等功能，系统全面实现京津冀城市群区域生态安全格局协调与优化功能。该系统主要在城市群生态环境数据、社会经济统计数据的基础上，基于 GIS 空间分析平台，综合管理 2000～2015 年京津冀城市群生态环境等要素，并对相关结果进行综合分析，为城市群生态安全格局协调优化提供科学依据。系统包含三个核心子系统，即生态系统服务重要性评价、生态环境敏感性评价和生态安全格局协调优化功能模块。该系统于 2018 年 7 月获得国家计算机软件著作权登记证书，登记号为 2018SR754441，于 2020 年 8 月 30 日通过国家信息中心的软件测试，测试号为 SICSTC/TR-CL20200011。

一、系统构成及登录界面说明

京津冀城市群区域生态安全格局协调优化系统由五个子系统构成，即生态系统服务重要性评价、生态环境敏感性评价、生态安全格局协调优化、用户管理、帮助。

在系统启动时，首先显示登录界面，如图 5.10 所示，提示用户输入登录用户名及登录密码，单击"登录"，系统将启动并运行所选择的相应模块供用户使用。

图 5.10　系统登录主界面

二、系统主界面说明

为了方便用户操作，系统主界面采用 Office 2013 界面模式，主窗口按功能共分为五个功能区：菜单栏区、工具条区、图层控制面板、地图显示区以及状态栏。同时，系统主界面系统整合 ArcGIS 软件功能，可以实现数据浏览、数据计算和出图等基本功能。具体界面如图 5.11 所示。

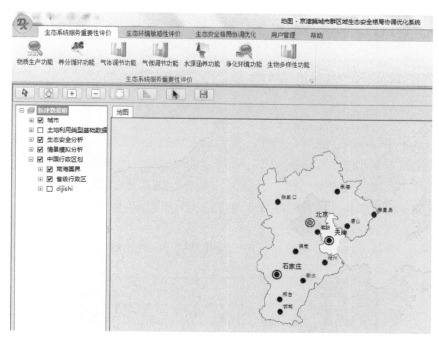

图 5.11 系统主界面

（一）系统菜单栏

菜单栏区包括生态系统服务重要性评价、生态环境敏感性评价、生态安全格局协调优化、用户管理、帮助五个主菜单。每个主菜单下面都有二级、三级菜单。如图 5.12 所示，生态系统服务重要性评价下设置有 7 个二级菜单，分别是物质生产功能、养分循环功能、气体调节功能、气候调节功能、水源涵养功能、净化环境功能、生物多样性功能，通过二级菜单选择，能够对京津冀城市群区域各项生态系统服务价值进行专项分析，全面了解京津冀城市群区域生态系统服务价值的空间分布情况。

图 5.12 系统菜单栏

（二）系统工具条

系统工具条在系统主界面的左侧中部，工具条主要包括选择、漫游、放大、缩小、全景、空间测量、空间查询和导出图片等功能模块（图5.13）。可以实现对地图的浏览、缩放、空间查询等主要功能。

图 5.13　系统工具条

选择：鼠标左键单击"选择"按钮，鼠标状态切换为箭头图标，进入初始状态。

漫游：鼠标左键单击"漫游"按钮，系统自动根据鼠标的移动显示地图。

放大、缩小：控制地图放大缩小的工具，鼠标左键单击"放大"或"缩小"按钮，按住鼠标左键进行拉框操作，就能够对地图进行放大或缩小的操作。

全景：对地图的全图范围进行显示。

空间测量：鼠标左键单击"空间测量"按钮，弹出空间测量面板，如图5.14所示。

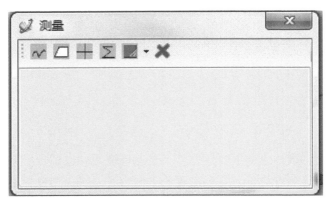

图 5.14　空间测量面板

鼠标左键单击测量面板上的"测量长度"按钮开始测量，每单击一次将形成一线段，双击结束测量，长度信息在测量面板状态栏显示。

鼠标左键单击测量面板上的"测量面积"按钮开始测量，每单击一次将形成多边形一个边，双击结束测量，面积信息在测量面板状态栏显示。

鼠标左键单击测量面板上的"测量要素"按钮，在地图窗口上单击空间要素，进行测量，测量信息在测量面板状态栏显示。

鼠标左键单击测量面板上的"总和"按钮，每测量一次面积或者长度，将自动记录总和，总和信息在测量面板状态栏显示。

鼠标左键单击测量面板上的"选择单位"按钮，选择测量单位，单位信息在测量面板状态栏显示。

鼠标左键单击测量面板上的"清空"按钮，测量面板状态栏的信息就会清空。

导出：鼠标左键单击"导出"按钮，将地图窗口中的地图导出为图片格式。

（三）图层控制面板

图层控制面板主要是管理各图层是否显示、地图显示颜色、符号要素的列表。如图 5.15 所示，在图层控制面板中可以选择显示或隐藏某些分析结果图层，更利于观察分析相应的分析和模拟结果。

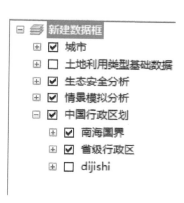

图 5.15　图层控制面板

（四）地图显示区

地图显示区为本系统的核心区域，主要是显示用户加载的地图数据。地图显示区主要是显示当前操作的地图图层信息。该窗口为活动窗口时，滚动鼠标滚轮，可实现当前地图的无极缩放，前滚是缩小，后滚是放大，方便进行地图观察和分析。

三、生态系统服务重要性评价模块

单击生态系统服务重要性评价菜单，系统会显示功能菜单的二级菜单，分别是物质生产功能、养分循环功能、气体调节功能、气候调节功能、水源涵养功能、净化环境功能、生物多样性功能。单击菜单按钮可以查看生态系统服务评价的各类数据，如图 5.16 所示。系统也可以根据参数设置对各类生态系统服务功能的价值量进行定量计算，实现生态系统服务价值的空间化。

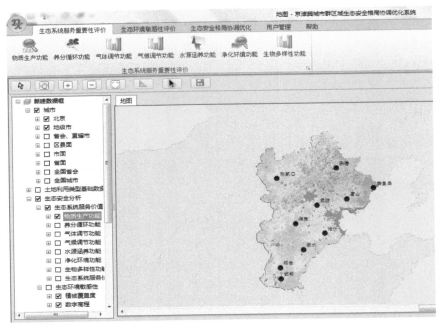

图 5.16　生态系统服务重要性评价界面

四、生态环境敏感性评价模块

单击生态环境敏感性评价菜单，系统会显示功能菜单的二级菜单，分为两栏，左边为生态环境敏感性因子分级权重，单击可查看各级因子权重设置。右边为生态环境敏感性评价的 6 项评价内容，分别是植被覆盖度、高度、坡度、土地利用类型、土壤侵蚀强度、地貌和湿润指数。通过该评价模块可以设置和调整参数，实现对不同尺度生态环境敏感性的计算、评价和可视化。

（一）　生态环境敏感性因子分级权重

生态环境敏感性因子分级权重功能用于管理分级权重。分级权重和阈值的设置来源于大量的已有文献。单击菜单下的按钮，系统会自动跳出管理界面，如图 5.17 所示。当用户关闭基础数据管理窗体后，若想再次显示该窗口，再次单击菜单下的按钮即可。

基础数据管理界面按功能共分为四个功能区：工具条区、数据显示区、数据控制区以及数据状态栏。

（1）工具条区主要包括添加、编辑、删除、保持、导入、导出、打印、刷新、合并等功能。

添加：鼠标左键单击"添加"按钮，系统弹出新增数据界面，如图 5.18 所示。输入新的指标数据，单击"新增"即可。单击"取消"按钮则关闭该界面。

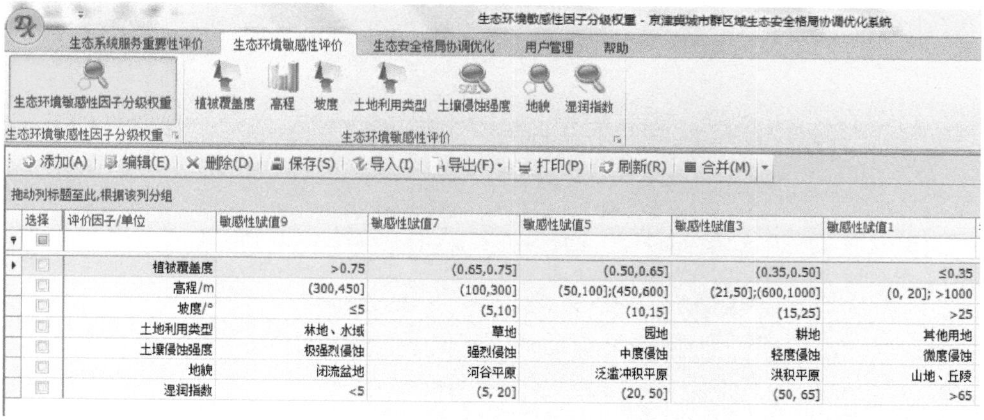

图 5.17　生态环境敏感性因子分级权重管理界面

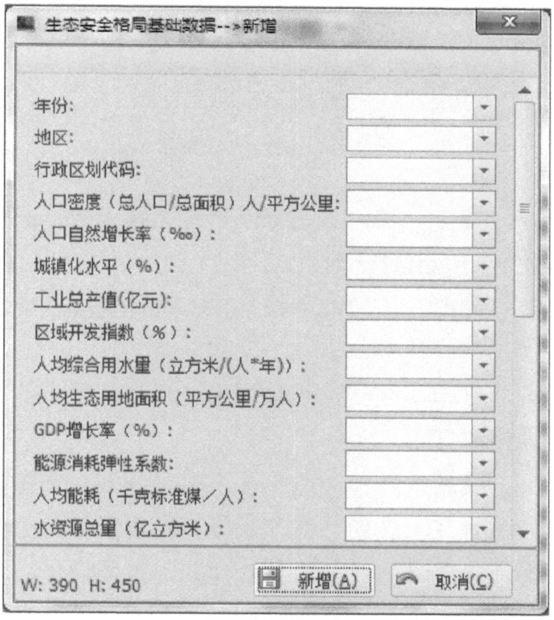

图 5.18　新增数据界面

编辑：鼠标左键单击"编辑"按钮，系统弹出编辑数据界面。更新数据，单击"保存"即可。单击"取消"按钮则关闭该界面，如图 5.19。

删除：鼠标左键单击"删除"按钮，系统弹出确认删除的对话框。单击"是"按钮，确认删除；单击"否"按钮，则关闭该界面。

保存：鼠标左键单击"保存"按钮，系统弹出确认执行保存结果的消息对话框。

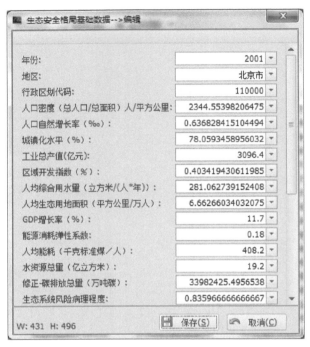

图5.19　编辑数据界面

导入：鼠标左键单击"导入"按钮，系统弹出选择导入数据的消息对话框，用户选择相应的导入模板，在对话框中单击打开即可。

导出：鼠标左键单击"导出"按钮的下拉菜单，选择相应的导出格式，将数据表格中的数据导出为对应的格式。

打印：鼠标左键单击"打印"按钮，系统弹出选择打印数据的界面，用户可以根据相应的需求在界面内进行调整和打印。

刷新：鼠标左键单击"刷新"按钮，数据表格将重新加载和刷新。

合并：鼠标左键单击"合并"按钮，数据表格将有重复值的单元格进行合并，方便用户直观的分析。当不需要合并视图，再次单击"合并"按钮即可。

（2）数据显示区是将数据以表格形式进行展示，用户可以在表格对数据进行修改、排序、筛选等功能。

（3）数据控制区可以控制数据的分组筛选情况，用户可以把某一列的标题拖动到数据控制区，数据显示区的数据可自动按照该列进行分组展示。

（4）数据状态栏是显示数据的记录条数，用户可以对数据集进行一定的操作，包括上一条记录、下一条记录、第一条记录、最后一条记录、上一页、下一页等功能。

（二）生态环境敏感性评价

生态环境敏感性评价功能用于评价不同空间尺度的生态环境敏感性。根据京津冀城市群生态环境实际特征，选取植被覆盖度、高程、坡度、土地利用类型、土壤侵蚀强度、地貌和湿润指数 7 项指标作为评价因子，评价研究区的生态环境敏感性。按照级别将研究区生态环境敏感性划分为不敏感、较敏感、中度敏感、高度敏感、极度敏感 5 个等级，最终获得生态环境敏感性评价结果。根据相应的阈值和权重设置，导入数据，单击菜单下按钮，系统会自动跳出敏感性评价因子及结果（图 5.20）。

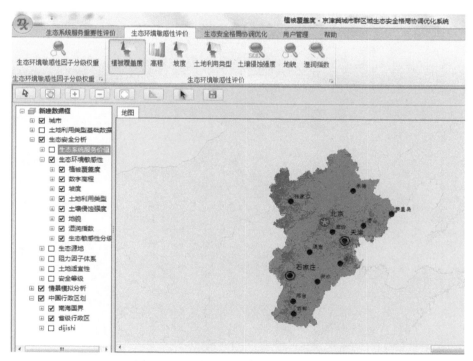

图 5.20　生态环境敏感性评价管理界面

五、生态安全格局协调优化模块

在定量识别重要生态安全格局组分和生态源地的基础上，需要对其进行优化重组，进而提出京津冀城市群生态安全格局的具体协调优化方案。该模块重点是实现生态安全格局协调优化。单击生态安全格局协调优化菜单，系统会显示生态安全阻力因子指标体系、生态约束优化规则、模拟分析、结果分析等功能。

（一）生态安全阻力因子

生态安全阻力因子功能用于管理生态安全阻力因子指标体系、计算各种生态安全阻力面和最小累积阻力面。单击菜单下的按钮，系统会自动跳出管理界面，如图 5.21 所示。当用户关闭基础数据管理窗体后，若想再次显示该窗口，可再次单击菜单下的按钮即可。通过 11 个生态安全阻力因子的综合加权计算，可以得到京津冀城市群区域生态源地扩张最小累积阻力面计算结果。

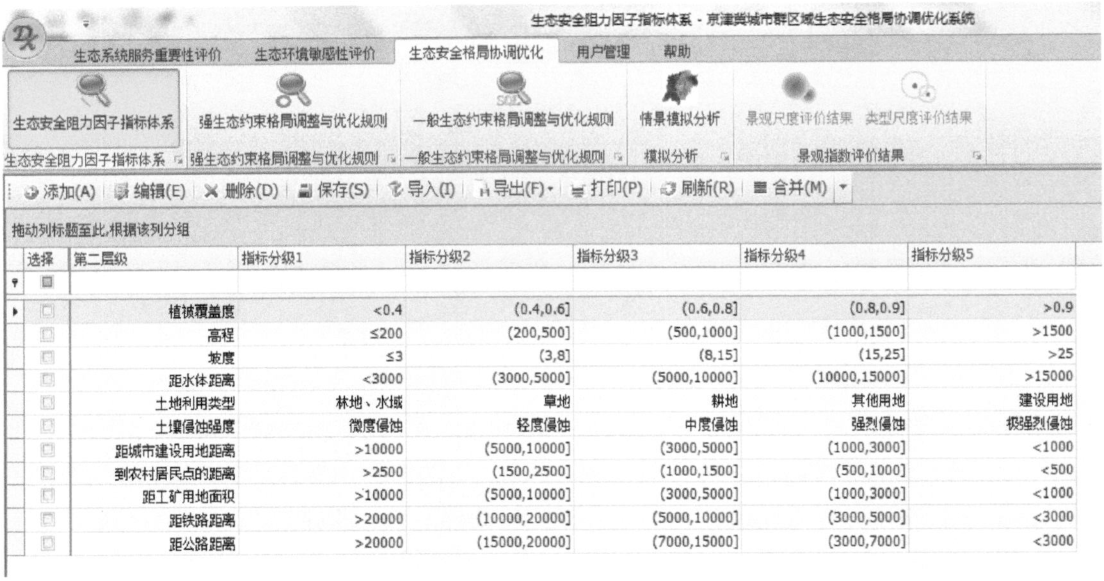

选择	第二层级	指标分级1	指标分级2	指标分级3	指标分级4	指标分级5
	植被覆盖度	<0.4	(0.4,0.6]	(0.6,0.8]	(0.8,0.9]	>0.9
	高程	≤200	(200,500]	(500,1000]	(1000,1500]	>1500
	坡度	≤3	(3,8]	(8,15]	(15,25]	>25
	距水体距离	<3000	(3000,5000]	(5000,10000]	(10000,15000]	>15000
	土地利用类型	林地、水域	草地	耕地	其他用地	建设用地
	土壤侵蚀强度	微度侵蚀	轻度侵蚀	中度侵蚀	强烈侵蚀	极强烈侵蚀
	距城市建设用地距离	>10000	(5000,10000]	(3000,5000]	(1000,3000]	<1000
	到农村居民点的距离	>2500	(1500,2500]	(1000,1500]	(500,1000]	<500
	距工矿用地面积	>10000	(5000,10000]	(3000,5000]	(1000,3000]	<1000
	距铁路距离	>20000	(10000,20000]	(5000,10000]	(3000,5000]	<3000
	距公路距离	>20000	(15000,20000]	(7000,15000]	(3000,7000]	<3000

图 5.21　生态安全阻力因子指标体系管理界面

（二）生态约束格局调整与优化规则

在生态安全阻力因子计算基础上，根据全国土地利用生态适宜性评价结果，综合坡度、土壤类型、土壤有机质、水资源和土壤侵蚀性 5 个诊断指标，综合确定耕地、草地和林地的适宜性等级。以土地利用生态安全适宜性评价结果为基础确定生态约束格局调整与优化的规则。生态约束格局调整与优化规则模块用于管理生态约束格局调整与优化规则，分为强约束和一般约束两种类型。单击分析菜单下按钮，系统会自动跳出对应分析界面，如图 5.22 所示。

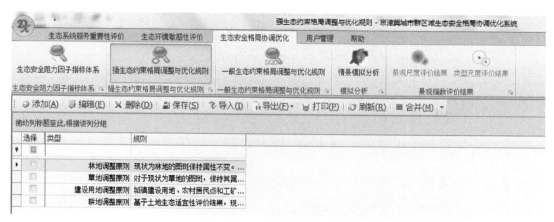

图 5.22　强生态约束格局调整与优化规则界面

（三）协调优化

协调优化功能用于协调优化模拟分析和计算。参照上述的协调优化参数设置，系统可以实现针对不同情景采用不同的参数进行协调优化计算，并展示不同的模拟结果，模拟结果可用于实际的决策对比分析。单击菜单下按钮，系统会自动跳出分析对话框界面，单击"开始模拟"，系统进行自动模拟（图 5.23 ~ 图 5.25）。最终，输出强约束情景模拟结果和一般约束情景模拟结果。

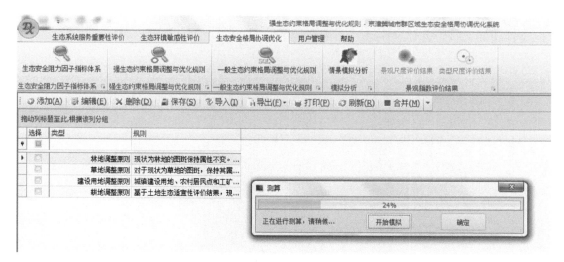

图 5.23　协调优化界面

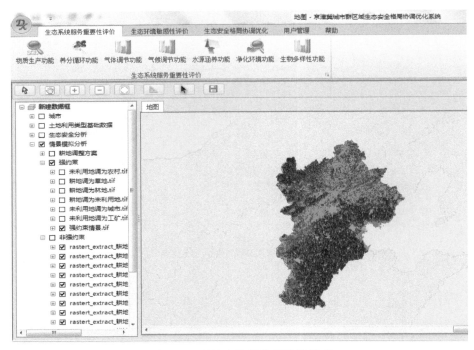

图 5.24 强约束情景模拟结果界面

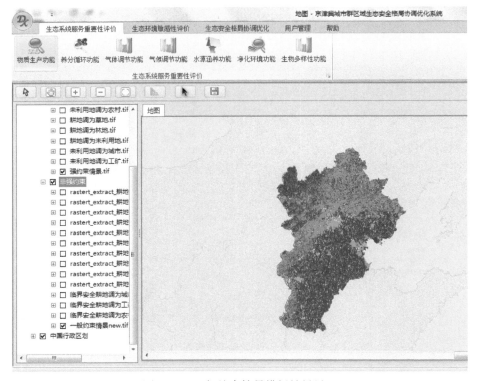

图 5.25 一般约束情景模拟结果界面

（四）景观指数评价结果

景观指数评价结果功能用于对 2015 年土地利用现状、强约束情景和一般约束情景下的模拟结果进行综合对比，通过景观指数的对比来确定优化方案。该模块功能可以实现景观格局指数软件 Fragstats 4.2 的基本功能。其中，类型尺度可计算的景观格局指数包括：斑块数量（NP）、斑块密度（PD）、最大斑块指数（LPI）、边缘密度（ED）、平均面积指数（AREA_MN）、面积加权形状指数（SHAPE_AM）、平均面积分形维数（FRAC_MN）、散布与并列指数（IJI）、连通度指数（COHESION）。景观尺度可计算的景观格局指数包括：斑块数量（NP）、斑块密度（PD）、最大斑块指数（LPI）、边缘密度（ED）、平均面积指数（AREA_MN）、面积加权形状指数（SHAPE_AM）、平均面积加权分形维数（FRAC_MN）、蔓延度（CONTAG）、散布与并列指数（IJI）、连通度指数（COHESION）、香农多样性指数（SHDI）、香农均匀度指数（SHEI）。单击菜单下按钮，系统会进行结果分析，并自动保存管理，如图 5.26 所示。

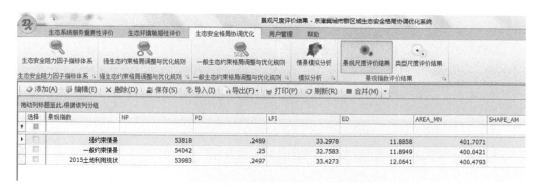

图 5.26　景观指数评价结果界面

六、用户管理

单击用户管理菜单，系统会显示功能菜单的二级菜单。基础功能菜单主要包括修改密码、用户变更两个二级菜单。

（一）修改密码

修改密码用于修改用户当前使用的密码。单击修改密码按钮，系统会自动跳出修改密码界面。当用户关闭修改密码窗体后，若想再次显示该窗口，再次单击修改密码按钮即可。用户依次输入原始密码和新密码，单击"确定"即可修改。单击"取消"，关闭该窗体。

（二）用户变更

用户变更用于管理当前使用系统的用户。单击添加用户按钮，系统会自动跳出添加用户界面。当用户关闭添加用户窗体后，若想再次显示该窗口，再次单击添加用户按钮即可。用户依次输入新用户名和新密码，单击"确定"即可修改。单击"取消"，关闭该窗体。

单击删除用户按钮，系统会自动跳出删除用户界面。当用户关闭删除用户窗体后，若想再次显示该窗口，再次单击删除用户按钮即可。用户勾选需要删除的用户，单击"确定"即可删除。单击"取消"，关闭该窗体。

单击帮助菜单，系统会显示功能菜单的二级菜单。基础功能菜单为用户帮助文档的二级菜单，单击用户帮助文档按钮，系统自动弹出用户帮助文档，便于用户参考。

主要参考文献

把增强，王连芳 . 2015. 京津冀城市群生态环境建设：现状、问题与应对 . 石家庄铁道大学学报（社会科学版），9（4）：1-5.

陈利顶，孙然好，刘海莲 . 2013. 城市景观格局演变的生态环境效应研究进展 . 生态学报，33（4）：1042-1050.

陈昕，彭建，刘焱序，等 . 2017. 基于"重要性—敏感性—连通性"框架的云浮市生态安全格局构建 . 地理研究 . 36（3）：471-484.

鄂竟平 . 2004. 搞好海河流域水土保持工作维护京津及周边地区生态安全 . 中国水土保持，（12）：4-5.

付野，艾东，王数，等 . 2019. 基于反规划和最小累积阻力模型的土地生态适宜性评价——以昆明市为例 . 中国农业大学学报，24（12）：136-144.

韩世豪，梅艳国，叶持跃，等 . 2019. 基于最小累积阻力模型的福建省南平市延平区生态安全格局构建 . 水土保持通报，39（2）：192-198，205.

贾良清，欧阳志云，赵同谦，等 . 2005. 安徽省生态功能区划研究 . 生态学报，25（2）：254-260.

李健飞，李林，郭泺，等 . 2016. 基于最小累积阻力模型的珠海市生态适宜性评价 . 应用生态学报，27（1）：225-232.

李磊，张贵祥 . 2015. 京津冀城市群内城市发展质量 . 经济地理，35（5）：61-64.

刘道飞，宋崴，王冬明，等 . 2019. 基于最小累积阻力模型的长吉生态安全格局构建 . 地理空间信息，17（11）：87-91.

刘孝富，舒俭民，张林波 . 2010. 最小累积阻力模型在城市土地生态适宜性评价中的应用——以厦门为例 . 生态学报，30（2）：421-428.

马克明，傅伯杰，黎晓亚，等 . 2004. 区域生态安全格局：概念与理论基础 . 生态学报，（4）：761-768.

蒙吉军，燕群，向芸芸 . 2014. 鄂尔多斯土地利用生态安全格局优化及方案评价 . 中国沙漠，34（2）：590-596.

欧定华，夏建国，张莉，等 . 2015. 区域生态安全格局规划研究进展及规划技术流程探讨 . 生态环境学报, 24 (1): 163-173.

欧阳志云 . 2000. 中国生态环境敏感性及区域差异规律研究 . 生态学报, 20 (1): 9-12.

潘峰, 田长彦, 邵峰, 等 . 2011. 新疆克拉玛依市生态敏感性研究 . 地理学报, 66 (11): 1497-1507.

彭建, 赵会娟, 刘焱序, 等 . 2017. 区域生态安全格局构建研究进展与展望 . 地理研究, 36 (3): 407-419.

王琦, 付梦娣, 魏来, 等 . 2016. 基于源-汇理论和最小累积阻力模型的城市生态安全格局构建——以安徽省宁国市为例 . 环境科学学报, 36 (12): 4546-4554.

王晓玉, 冯喆, 吴克宁, 等 . 2019. 基于生态安全格局的山水林田湖草生态保护与修复 . 生态学报, 39 (23): 8725-8732.

王治江, 李培军, 万忠成, 等 . 2007. 辽宁省生态系统服务重要性评价 . 生态学杂志, 26 (10): 1606-1610.

夏青, 马志尊 . 2014. 京津冀城市群水土保持生态建设探讨 . 中国水利, 14: 41-42.

肖寒, 欧阳志云, 赵景柱, 等 . 2000. 森林生态系统服务功能及其生态经济价值评估初探: 以海南岛尖峰岭热带森林为例 . 应用生态学报, 11 (4): 481-484.

谢余初, 巩杰, 张玲玲 . 2015. 基于 PSR 模型的白龙江流域景观生态安全时空变化 . 地理科学, 35 (6): 790-797.

杨天荣, 匡文慧, 刘卫东, 等 . 2017. 基于生态安全格局的关中城市群生态空间结构优化布局 . 地理研究, 36 (3): 441-452.

俞孔坚, 乔青, 李迪华, 等 . 2009. 基于景观安全格局分析的生态用地研究——以北京市东三乡为例 . 应用生态学报, 20 (8): 1932-1939.

俞孔坚, 王思思, 李迪华, 等 . 2009. 北京市生态安全格局及城市增长预景 . 生态学报, 29 (3): 1189-1204.

张津, 朱文博, 吴舒尧, 等 . 2018. 基于 CLUE-S 模型的京津冀城市群土地利用变化时空模拟 . 北京大学学报 (自然科学版), 54 (1): 115-124.

赵天明, 刘学录, 于航 . 2019. 鄂尔多斯市土地生态安全评价及协调度研究 . 国土与自然资源研究, (5): 39-44.

Costanza R, d'Arge R, de Groot R, et al. 1997. The value of the world's ecosystem services and natural capital. Nature, 387: 253-260.

第六章 | 城市群区域生态安全协同保障决策支持系统研发

城市群作为国家参与全球竞争与国际分工的全新地域单元，将决定 21 世纪世界政治经济的新格局。然而，随着城镇化进程的持续推进，城市病愈发严重，越来越多的人口涌入大城市，给城市交通、资源生态、公共服务等带来巨大压力，呈现出不可持续的高密度集聚、高速度扩张、高强度污染和高风险的资源环境保障威胁（方创琳，2014）。尤其在生态安全方面，城镇建设用地扩展侵占了耕地、林地、草地、水域等生态用地，造成生境破碎，生物多样性减少，生态系统服务功能降低；在水资源安全方面，城镇人口高度聚集引起了水污染、水资源短缺、地下水超采等问题，地面不透水材料使得洪涝灾害频发。在城市群尺度，缺乏整体层面的生态安全管理的联防联控措施。污染的外部性、以邻为壑的行政割据观念，制约了京津冀城市群的发展，需要从城市群尺度测度生态安全保障程度并提出相应对策。为此，本章构建了京津冀城市群区域生态安全协同保障决策支持系统（EDSS），并设置不同情景对京津冀城市群区域生态安全协同保障进行情景模拟，在此基础上研发了京津冀城市群区域生态安全协同保障决策支持系统，并对该系统的功能和实际操作使用进行了详细介绍。

第一节 EDSS 的构建思路与功能模块

京津冀城市群区域生态安全协同保障决策支持系统主要采用系统动力学模型为主模型，关联其他模型进行模拟。系统动力学是一门分析研究复杂反馈系统动态行为的系统科学方法（方创琳和鲍超，2004）。它是系统科学的一个分支，也是一门沟通自然科学和社会科学领域的横向学科，实质上就是分析研究复杂反馈大系统的计算仿真方法。系统动力学基于信息反馈及系统稳定性的概念，从系统科学角度看，它将社会经济系统看成一个高阶次、多重反馈回路（其中总是存在少量变动的主导回路）、高度非线性的复杂系统（Forrester，1958，1969）。通过前期对具体的某一复杂系统机理的研究，可以建立复杂系统的动力学模型，并通过计算机仿真去观察系统在外力作用（系统输入的熵流）下的变化，其目的主要是研究复杂系统的变化趋势（鲍超和方创琳，2009；曹祺文等，2019）。从本质上，系统动力学模型一般等价于一组非线性偏微分方程组（Nabavi et al.，2017；Du et al.，2017）。目前，系统动力学模型已广泛用于社会经济、城市发展、企业管理、资源环境等系统的预测和政策研究（Wei et al., 2016；Sun and Shang, 2017；Bao and He, 2019）。本章以系统动力学为主模型，构建了京津冀城市群区域生态安全协同保障决策支持系统（EDSS）。

一、EDSS 构建的总体思路

采用系统动力学模型进行 EDSS 建模有三个重要组件：因果反馈图、流图和微分方程式。因果反馈图描述变量之间的因果关系，是系统动力学的重要工具；流图帮助研究者用符号表达模型的复杂概念，描述了系统结构的基本框架；微分方程式描述系统动力学模型中各要素之间的定量关系，每一个连接状态变量和速率的方程式即是一个微分方程式（Nabavi et al., 2017；Du et al., 2018）。系统动力学建模的流程主要包括：系统定性分析、模型概念化，以及模型数学表达、仿真、评价与政策分析。

（一）明确建立 EDSS 模型的目的

EDSS 是一个涉及自然系统与社会经济系统的复杂大系统，系统与外部环境之间，乃至系统内部都存在着相互作用和相互制约关系，因此往往是牵一发而动全身。在做出决策之前，最好能进行模拟实验，以便提前了解政策实施可能带来的后果，及时对不理想的策略进行调整，以避免决策失误而造成的灾难性后果。通过现实中的实践进行检验，成本较高，风险较大，因此将生态各要素作为一个有机关联的系统，进行系统动态仿真分析，为政策制定提供科学依据，尤为必要。

（二）确定 EDSS 的框架结构

以京津冀城市群为案例地区，以生态空间、生态系统服务价值、生态风险病理程度、生态用水为主控因素，建构生态用水保障程度、生态空间受损度、生态系统服务价值、植被覆盖度、生态风险病理程度、湿地覆盖度、人口、经济等系统功能模块，建构城市群生态安全保障综合模拟的概念框架。

（三）确定 EDSS 边界及初始状态

针对研究问题的需要，根据系统的结构和系统边界划分的原则，由远而近地先对总体系统，然后再对系统组成一一进行系统边界的确定。其原则是，将直接参与或对系统有较大影响的因素划分在边界之内，而将间接参与或虽然直接参与但影响相对较小的因素划分在边界之外。确定系统的初始状态，实际上是测度、计算和采集自然状况，开发利用现状和社会经济发展水平三个系列指标的数据。数据采集必须科学、合理、准确，以保证可靠性。

（四）建立和分析 EDSS 模型

该过程包括：①构建一个新模型或者改进一个现有的模型；②用结构分析工具（树型图）检查模型结构；③模型仿真，通过调节模型参数取值，看模型对参数取值变动如何反应；④使用数据分析工具（图形和图表）更详细地检查模型的行为特征；⑤执行控制的模拟实验并精简模型；⑥使用模拟合成模式下的输出结果、分析工具输出，自定义图形和图表向客户/观众展示模型和它的行为表现（图 6.1）。

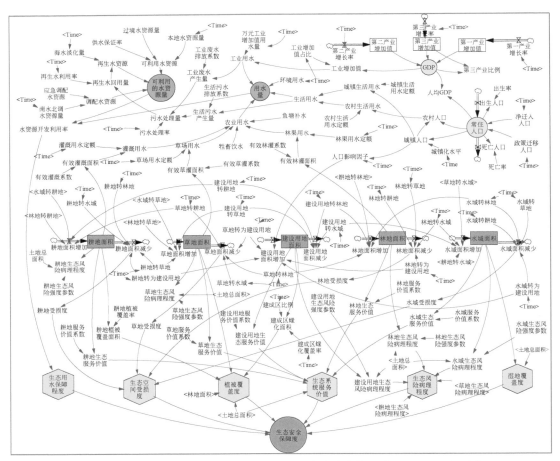

图 6.1　京津冀城市群区域生态安全协同保障决策支持系统（EDSS）流程图

二、EDSS 的功能模块

根据京津冀城市群的生态状况，将 EDSS 划分为生态空间保障子模块、生态系统服务子模块、生态风险病理程度子模块、生态用水保障子模块、人口子模块、经济子模块，通过各类变量和方程进行对接，运用 Vensim 5.11 软件，构建综合模型进行模拟。模拟基期为 2000 年，模拟终期为 2030 年，并将经济总量等换算为 2000 年不变价进行模拟。

（一）生态空间保障子模块

生态空间保障子模块包括三部分：生态空间受损度、植被覆盖度、湿地覆盖度，生态空间与耕地面积、草地面积、建设用地面积、林地面积、水域面积等息息相关。将各类型土地利用面积作为状态变量，以 2000 年的各类型土地面积作为基准年面积，变化量根据土地利用转化求出，流程图如图 6.2 和图 6.3 所示。

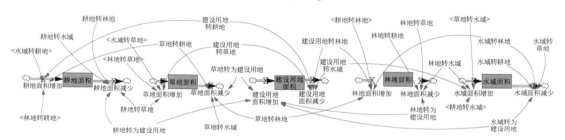

图 6.2 京津冀城市群土地利用类型转换流程图

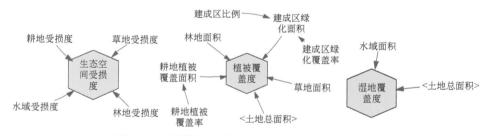

图 6.3 京津冀城市群生态空间保障子模块流程图

主要模拟方程为

$$\text{STKJSSD} = \frac{1}{4} \sum_{i=1}^{4} \text{SSD}_i \tag{6.1}$$

$$\text{SSD}_i = \frac{\text{MJJS}_i}{\text{JZNMJ}_i} \tag{6.2}$$

$$\text{ZBFGD} = \frac{(S_L + S_C + S_{GDFG} + S_{JCQLH})}{S} \tag{6.3}$$

$$\text{SDFGD} = \frac{S_S}{S} \tag{6.4}$$

式中，STKJSSD 为生态空间受损度；SSD_i 为第 i 种土地的受损度；MJJS_i 为第 i 种土地的面积减少量；JZNMJ_i 为第 i 种土地的基准年面积；ZBFGD 为植被覆盖度；S_L 为林地面积；S_C 为草地面积；S_{GDFG} 为耕地植被覆盖面积；S_{JCQLH} 为建成区绿化面积；S 为区域总面积；S_S 为水域面积；SDFGD 为湿地覆盖度。

（二）生态系统服务子模块

生态系统服务价值包括耕地生态服务价值、草地生态服务价值、林地生态服务价值、水域生态服务价值、建设用地生态服务价值，与各土地利用类型的面积和生态系统服务价值系数相关，流程图如图 6.4。

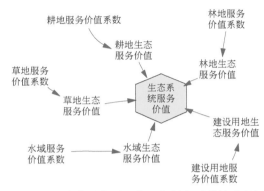

图 6.4 京津冀城市群生态系统服务子模块流程图

主要模拟方程为

$$\mathrm{ESV}_k = A_k \times \sum_{k=1}^{K} \mathrm{VC}_k \tag{6.5}$$

$$\mathrm{ESV} = \sum_{k=1}^{K} \mathrm{ESV}_k \tag{6.6}$$

$$\overline{\mathrm{ESV}} = \frac{\mathrm{ESV}}{S} \tag{6.7}$$

式中，ESV_k 为第 k 种土地利用类型的生态服务价值，元；A_k 为第 k 种土地利用类型的面积，hm^2；VC_k 为第 k 种土地利用类型的生态系统服务价值系数，元/（$\mathrm{hm}^2 \cdot \mathrm{a}$）；ESV 为区域生态系统服务总价值，元；$\overline{\mathrm{ESV}}$为区域单位面积的生态系统服务总价值；$S$ 为区域总面积。

（三）生态风险病理程度子模块

为表征土地生态系统变化与区域生态风险间的关联，拟采取各类土地生态系统所占的面积比例来构建土地利用变化的生态风险指数，用来描述研究区内每一个评估单元的综合生态风险的相对大小。利用这种指数采样法，可把研究区的生态风险变量空间化，并以研究区的土地利用面积结构来转化得出，流程图如图 6.5 所示。

主要模拟方程为

$$I_{\mathrm{ERI}} = \sum_{i=1}^{n} \frac{S_i W_i}{S} \tag{6.8}$$

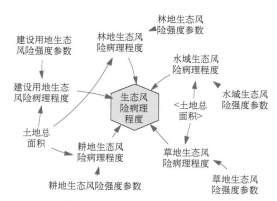

图 6.5 京津冀城市群生态风险病理程度子模块流程图

式中，I_{ERI} 为研究区土地利用生态风险指数；i 为评估单元内土地利用类型；S_i 为评估单元内第 i 种土地利用类型的面积；n 为评估单元内土地利用类型的数量；S 为评估单元内土地利用类型的总面积；W_i 为第 i 种土地利用类型所反映的生态风险病理强度。

（四）生态用水保障子模块

水资源主要可以划分为可供水、用水两部分。可供水量来源于三个方面：可利用水资源、再生水资源与调配水资源（图 6.6）。再生水资源与污水处理量和再生水利用率相关，污水处理量则将供水量和用水量联系起来。用水量主要包括工业用水、农业用水、环境用水、生活用水。供水量与用水量的差值为供需缺口。水资源开发利用率通过用水量与可利用的水资源量的比例计算，生态用水保障程度（G_w）用水资源开发利用率计算得出。

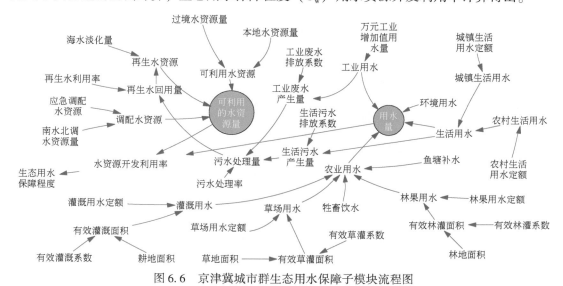

图 6.6 京津冀城市群生态用水保障子模块流程图

主要模拟方程为

$$R_w = \frac{W_{con}}{W_{pro}} \tag{6.9}$$

$$W_{con} = W_i + W_a + W_d + W_e \tag{6.10}$$

$$W_{pro} = W_u + W_{rec} + W_{trans} \tag{6.11}$$

式中，R_w 为水资源开发利用率；W_{con} 为用水量；W_{pro} 为可利用的水资源量；W_i 为工业用水；W_a 为农业用水；W_d 为生活用水；W_e 为环境用水；W_u 为可利用水资源；W_{rec} 为再生水资源；W_{trans} 为调配水资源。

用水模块：

$$W_i = W_{perval} \times V_{ind} \tag{6.12}$$

$$W_a = W_{for} + W_{irr} + W_{gra} + W_{fis} + W_{liv} \tag{6.13}$$

$$W_{irr} = S_{irr} \times \theta_{irr} = S_G \times \omega_{irr} \times \theta_{irr} \tag{6.14}$$

$$W_d = W_{rur} + W_{urb} = p_r \times \mu_{rur} + p_u \times \mu_{urb} \tag{6.15}$$

式中，W_{perval} 为万元工业增加值用水量；V_{ind} 为工业增加值；W_{for} 为林果用水；W_{irr} 为灌溉用水；W_{gra} 为草场用水；W_{fis} 为鱼塘用水；W_{liv} 为牲畜用水；S_{irr} 为有效灌溉面积；θ_{irr} 为灌溉用水定额；S_G 为耕地面积；ω_{irr} 为有效灌溉系数；林果用水、草场用水与灌溉用水的计算方法相同；W_{rur} 为农村生活用水；W_{urb} 为城镇生活用水；p_r 为农村人口；p_u 为城镇人口；μ_{rur} 和 μ_{urb} 分别为农村和城镇生活用水定额。

供水模块：

$$W_u = W_{loc} + W_{thr}$$

$$W_{rec} = W_{sea} + R_{rec} \times W_{sew}$$

$$W_{sew} = W_{sew}^i + W_{sew}^d = W_i \times \gamma_i + W_d \times \gamma_d$$

式中，W_{loc} 为本地水资源量；W_{thr} 为过境水资源量；W_{sea} 为海水淡化量；R_{rec} 为再生水利用率；W_{sew} 为污水处理量；W_{sew}^i 为工业废水产生量；W_{sew}^d 为生活污水产生量；γ_i 为工业废水排放系数；γ_d 为生活污水排放系数。

（五）人口子模块

人口子系统在自然发展情况下，主要受自然增长和机械增长影响。常住人口为状态变量，包括出生人口、死亡人口、净迁入人口、政策迁移人口四部分，自然增长由出生率和死亡率控制，机械增长主要由净迁入人口和政策迁移人口控制（图6.7）。出生率、死亡率取2005年或2006年以来的平均值，北京、天津两市的净迁入人口按照2014年数据分别取30万人、40万人，其他城市取平稳后的平均值，迁移人口依据《京津冀协同发展规划纲要》进行取值，北京市将陆续疏解约100万人口，天津、河北会分别吸收一部分人口。

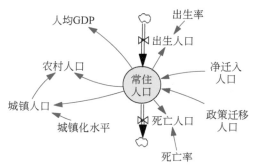

图 6.7　京津冀城市群人口子模块流程图

主要模拟方程为

$$P = p_b + p_d + p_i + p_m \tag{6.16}$$

$$p_u = P \times l_u \tag{6.17}$$

$$p_r = P - p_u \tag{6.18}$$

式中，P 为常住人口；p_b 为出生人口；p_d 为死亡人口；p_i 为净迁入人口；p_m 为政策迁移人口；p_r 为农村人口；l_u 为城镇化水平。

（六）经济子模块

经济子系统中，GDP 为状态变量，包括第一产业增加值、第二产业增加值、第三产业增加值，各产业增加值随产业增长率变化，工业增加值占比也随 GDP 总量的增长而提高。经济子系统的模拟不仅仅是对 GDP 的模拟，产业结构尤其是工农业规模的比例对资源环境利用具有重要的影响（图 6.8）。

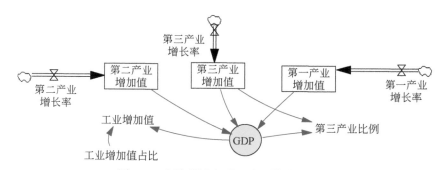

图 6.8　京津冀城市群经济子模块流程图

主要模拟方程为

$$GDP = \sum_{i=1}^{3} V_i \tag{6.19}$$

$$\Delta V_i = V_i \times \rho_i \tag{6.20}$$

$$V_{ind} = GDP \times \rho_{ind} \qquad (6.21)$$

式中，GDP 为国内生产总值；V_i 为产业增加值；ΔV_i 为产业增加值增长量；ρ_i 为产业增长率；ρ_{ind} 为工业增加值占比。

三、EDSS 的参数设计

京津冀城市群区域生态安全协同保障决策支持系统中的生态安全保障度由 13 个地级以上城市的生态安全保障度决定，地级以上城市的生态安全保障度主要受生态空间受损度、生态用水保障程度、生态系统服务价值、植被覆盖度、生态风险病理程度、湿地覆盖度的影响，环环相扣，牵一发而动全身。通过分析 2000 ~ 2015 年尤其是近五年 13 个地级以上城市的土地利用情况、供水情况、用水情况、人口与社会经济发展情况等的变化，确定系统主要参数，并通过阈值分级和多目标模糊隶属度函数标准化法进行综合指数的集成，计算出 13 个地级以上城市生态安全保障度，最后根据 13 个地级以上城市汇总出京津冀城市群相应指标数据，计算出京津冀城市群的生态安全协同保障度（图6.9）。

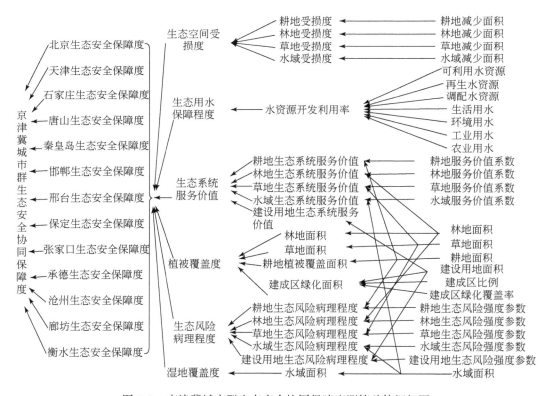

图 6.9　京津冀城市群生态安全协同保障度测算总体框架图

（一）生态空间保障子模块参数

在 ENVI 中根据遥感影像得到土地利用转移矩阵，土地利用转移矩阵将土地利用变化的类型转移面积按矩阵的形式列出，作为用地结构与变化方向分析的基础，可细致反映各地类之间的相互转化关系。横字段表示前一时间段（initial state）的土地利用类别，纵字段表示后一时间段（final state）的土地利用类别。横字段和纵字段交叉处表示变化值，代表面积变化量（图 6.10）。

用地变化		T_2				P	减少
		A_1	A_2		A_n		
	A_1	P_{11}	P_{12}	…	P_{1n}	P_{1+}	$P_{1+}-P_{11}$
	A_2	P_{21}	P_{22}	…	P_{2n}	P_{2+}	$P_{2+}-P_{22}$
T_1	…	…	…	…	…	…	…
	A_n	P_{n1}	P_{n2}	…	P_{nn}	P_{n+}	$P_{n+}-P_{nn}$
	P_{+j}	P_{+1}	P_{+2}		P_{+n}		
	新增	$P_{+1}-P_{11}$	$P_{+2}-P_{22}$	…	$P_{+n}-P_{nn}$		

图 6.10 土地利用转移矩阵示意图

耕地面积增加包括建设用地转耕地、林地转耕地、水域转耕地、草地转耕地，耕地面积减少包括耕地转建设用地、耕地转林地、耕地转水域、耕地转草地，耕地面积变化量为耕地面积增加和耕地面积减少的差值。同理，草地、建设用地、林地、水域同样计算其面积变化量。在建设用地计算中，需要添加人口影响因子，考虑城镇人口的变化率（表 6.1）。

表 6.1 京津冀城市群土地利用参数

城市	耕地 /km²	林地 /km²	草地 /km²	水域 /km²	建设用地/km²	建成区比例/%			建成区绿化覆盖率/%			
	2000 年	2000 年	2000 年	2000 年	2000 年	2015 年	2020 年	2030 年	2000 年	2015 年	2020 年	2030 年
北京	4 910	7 431	1 297	511	2 246	38.9	36.3	39.4	36.5	48.4	56.2	62.9
天津	7 002	462	221	1 875	1 816	29.1	22.5	27.2	25.0	35.0	35.0	35.0
石家庄	8 129	1 772	2 422	380	1 336	11.5	12.0	12.0	32.3	44.5	46.0	48.0
唐山	7 846	1 323	1 081	491	2 013	8.3	17.0	18.3	38.5	41.2	42.0	43.0
秦皇岛	2 996	2 180	1 705	319	459	12.1	12.0	12.0	40.1	47.2	50.0	50.0
邯郸	8 597	244	1 694	201	1 283	5.9	6.0	6.0	34.6	46.6	48.0	49.0
邢台	9 082	730	1 341	155	1 120	4.7	4.9	5.0	34.4	41.2	42.0	43.0
保定	10 661	3 811	5 099	623	1 982	4.5	4.8	5.1	20.9	41.5	4.2	4.5
张家口	17 700	6 934	9 776	594	833	5.3	5.3	5.3	17.7	43.7	49.0	53.0

城市	耕地 /km²	林地 /km²	草地 /km²	水域 /km²	建设用地/km²	建成区比例/%			建成区绿化覆盖率/%			
	2000 年	2000 年	2000 年	2000 年	2000 年	2015 年	2020 年	2030 年	2000 年	2015 年	2020 年	2030 年
承德	7 989	19 598	10 546	497	287	14.4	16.0	18.0	29.0	41.5	43.0	44.5
沧州	11 340	25	2	292	2 232	3.6	4.0	5.0	25.8	37.1	38.0	39.0
廊坊	5 272	71	22	129	908	4.9	5.2	5.5	17.7	45.3	45.0	47.0
衡水	7 602	1	6	140	1 073	3.3	3.3	3.4	22.2	42.5	43.5	44.5

（二）生态系统服务子模块参数

生态系统服务价值是一个效用价值，生态系统服务对人类具有效用且具有稀缺性。生态系统服务的价值用消费者剩余与生产者剩余之和表达，消费者剩余和生产者剩余常常被经济学家用来作为生态环境价值的表达指标。个人偏好与支付意愿是进行生态系统服务功能价值评估的基础。从理论上看，生态系统服务价值既可用支付意愿测定，也可用接受补偿意愿测定，并且两者应该相等。根据偏好的显示性理论来计算其支付意愿，进而来衡量消费者的效用，从而可以进一步衡量该物品的边际效用，得出其价格水平。

由于不同地域的生态系统服务价值有所差异，本章的生态系统服务价值系数采取刘金雅（2018）对京津冀城市群生态系统服务价值的估算，耕地、林地、草地、水域、未利用地的生态系统服务价值系数 VC_k 分别为 7064.41 元/（hm²·a）、32 690.52 元/（hm²·a）、21 299.16 元/（hm²·a）、195 842.80 元/（hm²·a）、1642.48 元/（hm²·a）（表6.2）。

表6.2 京津冀城市群生态系统服务价值系数 ［单位：元/（hm²·a）］

生态系统服务		林地	草地	水域	耕地	建设用地	未利用地
供给服务	食物生产	406.2	406.2	1 306.91	1 518.85	0	35.32
	原料生产	936.03	600.47	494.51	688.78	0	35.32
	水资源供给	476.85	335.56	12 627.62	−52.98	0	17.66
调节服务	气体调节	3 090.68	2 136.98	1 766.1	1 200.95	0	158.95
	气候调节	9 254.36	5 633.86	4 503.56	635.8	0	353.22
	净化环境	2 755.12	1 854.41	9 113.08	176.61	0	264.92
	水文调节	6 799.49	4 132.67	153 014.9	565.15	0	300.24
支持服务	土壤保持	3 761.79	2 596.17	2 136.98	1 783.76	0	194.27
	维持养分循环	282.58	194.27	158.95	211.93	0	17.66
	生物多样性	3 426.23	2 366.57	6 375.62	229.59	0	176.61
文化服务	美学景观	1 501.19	1 042	4 344.61	105.97	0	88.31
合计		32 690.52	21 299.16	195 842.80	7 064.41	0	1 642.48

（三）生态风险强度子模块参数

生态风险强度参数设定基本原则：土地利用类型的脆弱度越大，抵抗力越小，生态风险强度越大。水体相对耕地、草地来说，对外界干扰的敏感性更显著，脆弱度较大和抵抗能力稍差，因此水体的生态风险强度值略高于耕地和草地。通过文献调研分析，最终将各土地利用类型的风险强度参数值依次设定为：耕地为 0.32，林地为 0.12，草地为 0.16，水域为 0.53，建设用地为 0.85。

（四）生态用水保障子模块参数

生态用水涉及供水、用水、水污染等参数。供水参数主要包括本地水资源量、过境水资源量、南水北调水资源量（表 6.3）；水污染参数主要包括再生水利用率和污水集中处理率（表 6.4）；农业用水参数主要包括有效林灌系数、有效草灌系数、有效灌溉系数，各类用水定额包括灌溉用水定额、林果用水定额、草场用水定额（表 6.5）。生活用水主要包括城镇生活用水定额、农村生活用水定额、生活污水排放系数；工业用水主要包括工业废水排放系数、万元工业增加值用水量；最后用水量中还包含环境用水（表 6.6）。

表 6.3　京津冀城市群供水参数

城市	本地水资源量/亿 m³			过境水资源量/亿 m³	南水北调水资源量/亿 m³		
	2015 年	2020 年	2030 年		2015 年	2020 年	2030 年
北京	20.30	20.00	20.00	5.64	4.00	10.00	12.00
天津	12.82	14.00	15.00	9.49	0.00	8.60	18.00
石家庄	12.90	12.00	11.00	3.10	7.80	7.80	9.45
唐山	16.23	16.00	15.80	16.51	0.00	0.00	0.00
秦皇岛	9.71	10.00	11.00	1.11	0.00	0.00	0.00
邯郸	18.36	17.78	16.62	3.06	2.63	3.50	3.83
邢台	17.04	16.01	13.96	1.73	2.63	3.50	3.63
保定	27.49	25.16	20.52	0.00	4.11	5.48	5.81
张家口	25.42	26.00	26.00	0.00	0.00	0.00	0.00
承德	15.40	16.00	16.50	0.00	0.00	0.00	0.00
沧州	12.70	12.00	10.60	5.06	3.60	4.80	8.33
廊坊	9.60	9.21	8.44	4.54	1.95	2.60	2.93
衡水	8.77	9.00	11.00	2.05	2.33	3.10	6.60

表 6.4 京津冀城市群水污染参数

城市	再生水利用率/%						污水集中处理率/%					
	2000 年	2005 年	2010 年	2015 年	2020 年	2030 年	2000 年	2005 年	2010 年	2015 年	2020 年	2030 年
北京	0	3	3	34	46	76	39	58	81	88	95	98
天津	0	3	3	34	46	76	30	62	80	91	95	100
石家庄	10	14	17	22	30	40	58	71	84	96	100	100
唐山	0	4	7	11	15	25	30	55	79	100	100	100
秦皇岛	0	2	4	6	8	12	30	54	78	98	100	100
邯郸	0	2	4	6	8	12	40	46	92	98	100	100
邢台	0	2	4	6	10	20	30	45	84	88	90	100
保定	0	2	4	6	10	20	30	71	90	94	95	100
张家口	0	3	6	8	10	20	20	50	88	93	100	100
承德	0	3	6	8	10	20	30	44	87	98	100	100
沧州	0	4	7	10	12	18	15	60	85	90	95	100
廊坊	0	5	11	16	20	30	30	69	86	88	90	100
衡水	0	1	1	3	5	15	20	70	87	92	95	100

表 6.5 京津冀城市群农业用水参数

城市	耗水类型	林果用水定额 /(10m³/km²)			灌溉用水定额 /(m³/亩)			草场用水定额 /(10m³/km²)			有效林灌系数	有效灌溉系数	有效草灌系数
		2015 年	2020 年	2030 年	2015 年	2020 年	2030 年	2015 年	2020 年	2030 年			
北京	高		147	126		210	189		189	179	0.30	0.72	1
	中	148	140	120	213	200	180	188	180	170			
	低		133	114		190	171		171	162			
天津	高		158	147		158	158		126	116	0.55	0.83	1
	中	158	150	140	156	150	150	145	120	110			
	低		143	133		143	143		114	105			
石家庄	高		221	200		271	263		105	95	0.10	0.70	1
	中	215	210	190	264	258	250	108	100	90			
	低		200	181		245	238		95	86			
唐山	高		137	126		189	179		105	100	0.10	0.84	1
	中	138	130	120	182	180	170	108	100	95			
	低		124	114		171	162		95	90			
秦皇岛	高		189	179		227	174		116	105	0.06	0.65	1
	中	197	180	170	231	216	166	118	110	100			
	低		171	162		205	158		105	95			

续表

城市	耗水类型	林果用水定额 /(10m³/km²)			灌溉用水定额 /(m³/亩)			草场用水定额 /(10m³/km²)			有效林灌系数	有效灌溉系数	有效草灌系数
		2015年	2020年	2030年	2015年	2020年	2030年	2015年	2020年	2030年			
邯郸	高		116	105		162	158		105	105	0.20	0.80	1
	中	118	110	100	159	154	150	100	100	100			
	低		105	95		146	143		95	95			
邢台	高		200	179		116	84		116	105	0.10	0.77	1
	中	198	190	170	136	110	80	118	110	100			
	低		181	162		105	76		105	95			
保定	高		137	126		187	158		121	110	0.10	0.85	1
	中	138	130	120	196	178	150	119	115	105			
	低		124	114		169	143		109	100			
张家口	高		79	68		105	100		116	105	0.08	0.35	1
	中	79	75	65	105	100	95	118	110	100			
	低		71	62		95	90		105	95			
承德	高		79	68		138	126		105	95	0.02	0.54	1
	中	79	75	65	145	131	120	108	100	90			
	低		71	62		124	114		95	86			
沧州	高		210	210		116	107		70	70	0.80	0.75	1
	中	200	200	200	119	110	102	67	67	67			
	低		190	190		105	97		64	64			
廊坊	高		141	141		158	142		246	246	0.80	0.75	1
	中	134	134	134	159	150	135	234	234	234			
	低		127	127		143	128		222	222			
衡水	高		129	129		147	126		129	129	0.80	0.80	1
	中	123	123	123	149	140	120	123	123	123			
	低		117	117		133	114		117	117			

表6.6 京津冀城市群其他用水参数

城市	耗水类型	鱼塘用水/亿m³	牲畜用水/亿m³	城镇生活用水定额/[L/(人·d)]	农村生活用水定额/[L/(人·d)]	生活污水排放系数	工业废水排放系数	万元工业增加值用水量/(m³/万元)			环境用水/亿m³		
								2015年	2020年	2030年	2015年	2020年	2030年
北京	高			260	135				7.06	4.32			
	中	0.30	0.10	248	129	0.65	0.17	11.00	6.72	4.11	7.92	10.53	15.74
	低			235	122				6.38	3.90			

城市	耗水类型	鱼塘用水/亿 m³	牲畜用水/亿 m³	城镇生活用水定额/[L/(人·d)]	农村生活用水定额/[L/(人·d)]	生活污水排放系数	工业废水排放系数	万元工业增加值用水量/(m³/万元)			环境用水/亿 m³		
								2015年	2020年	2030年	2015年	2020年	2030年
天津	高			131	97				4.42	2.32			
	中	0.35	0.03	125	92	0.65	0.17	6.46	4.21	2.21	1.58	2.00	3.00
	低			119	87				4.00	2.10			
石家庄	高			169	70				8.83	5.68			
	中	0.05	0.27	161	67	0.65	0.17	11.74	8.41	5.41	1.78	2.20	3.20
	低			153	64				7.99	5.14			
唐山	高			161	96				12.06	5.76			
	中	0.44	0.30	153	91	0.65	0.17	14.99	11.49	5.49	0.48	0.55	0.75
	低			145	86				10.92	5.22			
秦皇岛	高			210	77				22.92	12.42			
	中	0.05	0.20	200	73	0.65	0.17	26.83	21.83	11.83	0.27	0.35	0.55
	低			190	69				20.74	11.24			
邯郸	高			118	56				13.86	8.61			
	中	0.00	0.23	112	53	0.65	0.17	15.70	13.20	8.20	0.43	0.60	1.00
	低			106	50				12.54	7.79			
邢台	高			67	72				16.58	6.08			
	中	0.00	0.00	64	69	0.65	0.17	20.79	15.79	5.79	0.97	1.00	1.50
	低			61	66				15.00	5.50			
保定	高			105	57				9.81	4.24			
	中	0.00	0.22	100	54	0.65	0.17	13.92	9.34	4.04	0.19	0.20	0.40
	低			95	51				8.87	3.84			
张家口	高			111	47				16.51	6.01			
	中	0.01	0.50	106	45	0.65	0.17	20.72	15.72	5.72	0.12	0.20	0.40
	低			101	43				14.93	5.43			
承德	高			185	61				17.13	6.63			
	中	0.00	0.50	176	58	0.65	0.17	26.31	16.31	6.31	0.08	0.10	0.15
	低			167	55				15.49	5.99			
沧州	高			114	61				9.74	4.49			
	中	0.45	0.00	109	58	0.65	0.17	11.78	9.28	4.28	0.31	0.35	0.45
	低			104	55				8.82	4.07			

续表

城市	耗水类型	鱼塘用水/亿 m³	牲畜用水/亿 m³	城镇生活用水定额/[L/(人·d)]	农村生活用水定额/[L/(人·d)]	生活污水排放系数	工业废水排放系数	万元工业增加值用水量/(m³/万元)			环境用水/亿 m³		
								2015年	2020年	2030年	2015年	2020年	2030年
廊坊	高	0.24	0.00	161	92	0.65	0.17	8.15	5.00		0.29	0.37	0.50
	中			153	88			12.76	7.76	4.76			
	低			145	84				7.37	4.52			
衡水	高	1.00	0.00	76	57	0.65	0.17	54.60	50.40		0.16	0.20	0.30
	中			72	54			55.00	52.00	48.00			
	低			68	51				49.40	45.60			

依据耗水模式设置高耗水、中耗水、低耗水三种模式,将灌溉用水定额、林果用水定额、草场用水定额、城镇生活用水定额、农村生活用水定额、万元工业增加值用水量设置为三种情景。中耗水模式是按照2000~2015年的趋势进行取值,高耗水模式上浮5%,低耗水模式下调5%。

(五)经济子模块参数

此部分需要确定的参数有三次产业基准年增加值、三次产业增加值增长率,以及工业增加值占比。同样设置高发展、中发展、低发展三种情景模式,对三次产业增加值增长率、工业增加值占比进行调整。中发展模式是按照2000~2015年的趋势进行取值,高发展模式上浮5%,低发展模式下调5%。三次产业基准年增加值见表6.7,三次产业增长率见表6.8。

表6.7 京津冀城市群产业参数

城市	第一产业基准年增加值/亿元	第二产业基准年增加值/亿元	第三产业基准年增加值/亿元
北京	89.24	944.41	1445.12
天津	73.77	819.68	745.91
石家庄	146.45	466.45	390.21
唐山	172.94	462.10	280.00
秦皇岛	39.10	103.88	142.41
邯郸	95.18	258.27	188.90
邢台	78.39	193.33	98.67
保定	143.96	313.19	245.78
张家口	34.93	92.47	100.49

城市	第一产业基准年增加值/亿元	第二产业基准年增加值/亿元	第三产业基准年增加值/亿元
承德	26.64	70.70	63.82
沧州	81.20	231.13	149.01
廊坊	63.44	190.31	114.70
衡水	51.65	147.95	77.62

（六）人口子模块参数

此部分需要确定的参数包括出生率、死亡率、净迁入人口、政策迁移人口、城镇化水平、人口影响因子。出生率、死亡率取 2005 年以来的平均值，北京、天津两市净迁入人口按照 2015 年数据分别取 30 万人、40 万人，其他城市取平稳后的平均值。针对首都人口拥挤、交通拥堵、住房价格高等问题，国家在京津冀协同发展规划方面制定了一系列文件。依据《京津冀协同发展规划纲要》，北京市将陆续疏解约 100 万人口，2020 年人口总量控制在 2300 万人以内，以后长期稳定控制在 2300 万人左右。依据《北京市 2010 年人口普查资料》外来人口来源地数据，来自河北的常住外来人口占比达到 22%，人口疏解政策对京津冀城市群的人口流动具有重要的影响：一是河北的人口部分回流，外来务工人员回家工作；二是首都疏解造成天津、廊坊等城市外来人口增加。

设置高发展、中发展、低发展三种情景模式，对城镇化水平进行调整。中发展模式是按照 2000 ~ 2015 年的趋势进行取值，高发展模式上浮 5%，低发展模式下调 5%。人口子模块参数见表 6.9。

（七）生态安全协同保障的集成设计

将生态用水保障程度、生态空间受损度、生态系统服务价值、植被覆盖度、生态风险病理程度、湿地覆盖度集成为生态安全保障度综合指数，进行分级并设置阈值，利用多目标模糊隶属度函数将不同量纲标准化至 0 ~ 1。最后根据各具体指标的熵化权重和标准化值，利用加权法分别计算准则层、目标层的综合指数。

1. 指标体系

遵循科学性与可比性、综合性与主导性、系统性与层次性、动态性与稳定性、针对性与可行性等相结合的原则，重点考虑生态安全的现状、价值及保障程度，从生态用水保障程度、生态空间受损度、生态系统服务价值、植被覆盖度、生态风险病理程度、湿地覆盖度六个方面选取 20 个指标构成生态安全保障度的综合评价指标体系（表 6.10）。

表 6.8　京津冀城市群产业发展调控参数

城市	情景类型	第一产业增长率/%						第二产业增长率/%						第三产业增长率/%						工业增加值占比/%			
		2000年	2005年	2010年	2015年	2020年	2030年	2000年	2005年	2010年	2015年	2020年	2030年	2000年	2005年	2010年	2015年	2020年	2030年	2000年	2015年	2020年	2030年
北京	高发展					3.0	2.1					4.7	3.7					8.6	8.2			14.6	10.5
	中发展	3.7	-1.0	2.8	2.5	2.9	2.0	11.0	11.7	19.0	5.0	4.5	3.5	16.0	16.0	16.0	8.5	8.2	7.8	34.1	16.1	13.9	10.0
	低发展					2.8	1.9					4.3	3.3					7.8	7.4			13.2	9.5
天津	高发展					2.2	1.9					9.7	8.9					10.3	9.9			36.6	23.8
	中发展	3.7	4.1	3.4	2.5	2.1	1.8	11.0	27.0	21.0	9.0	9.2	8.5	18.0	18.0	18.0	10.0	9.8	9.4	47.9	42.2	34.9	22.7
	低发展					2.0	1.7					8.7	8.1					9.3	8.9			33.2	21.6
石家庄	高发展					2.1	1.7					6.0	5.3					10.0	8.9			39.5	28.8
	中发展	5.0	5.1	2.7	2.3	2.0	1.6	12.5	12.5	12.5	6.0	5.7	5.0	13.4	13.4	13.4	10.0	9.5	8.5	24.5	40.2	37.6	27.5
	低发展					1.9	1.5					5.4	4.8					9.0	8.1			35.7	26.1
唐山	高发展					2.1	0.5					6.0	5.6					7.6	7.1			42.6	32.9
	中发展	6.8	6.3	4.7	2.8	2.0	0.5	11.0	28.0	4.0	6.0	5.7	5.3	15.4	15.4	15.4	7.5	7.2	6.8	46.9	50.8	40.6	31.3
	低发展					1.9	0.5					5.4	5.0					6.8	6.5			38.6	29.7
秦皇岛	高发展					1.5	0.6					4.9	4.4					7.0	5.6			27.6	18.8
	中发展	0.0	6.9	5.7	2.8	1.4	0.6	5.0	17.7	9.3	5.0	4.7	4.2	10.0	10.0	10.0	7.0	6.7	5.3	30.0	29.2	26.3	17.9
	低发展					1.3	0.6					4.5	4.0					6.4	5.0			25.0	17.0
邯郸	高发展					1.0	0.3					4.9	4.4					11.0	10.0			33.4	18.6
	中发展	5.0	7.3	5.9	2.4	1.0	0.3	13.6	13.6	13.6	5.0	4.7	4.2	13.7	13.7	13.7	11.0	10.5	9.5	43.1	41.5	31.8	17.7
	低发展					1.0	0.3					4.5	4.0					10.0	9.0			30.2	16.8
邢台	高发展					2.3	1.3					4.7	4.2					10.0	8.9			39.1	23.6
	中发展	3.1	5.6	4.7	3.2	2.2	1.2	10.0	10.0	10.0	5.0	4.5	4.0	13.0	13.0	13.0	10.0	9.5	8.5	46.7	40.3	37.2	22.5
	低发展					2.1	1.1					4.3	3.8					9.0	8.1			35.3	21.4

续表

城市	情景类型	第一产业增长率/%						第二产业增长率/%						第三产业增长率/%						工业增加值占比/%			
		2000年	2005年	2010年	2015年	2020年	2030年	2000年	2005年	2010年	2015年	2020年	2030年	2000年	2005年	2010年	2015年	2020年	2030年	2000年	2015年	2020年	2030年
保定	高发展	5.0				2.5	1.8					4.9	4.4					11.6	1.1			63.0	51.0
	中发展		4.4	4.3	3.2	2.4	1.7	6.0	9.8	10.0	5.0	4.7	4.2	10.0	10.0	10.0	11.5	11.0	1.0	38.2	41.0	60.0	48.6
	低发展					2.3	1.6					4.5	4.0					10.5	1.0			57.0	46.2
张家口	高发展					0.7	0.3					4.4	4.0					9.1	8.7			27.8	17.6
	中发展	14.8	8.7	15.0	3.3	0.7	0.3	13.0	13.0	13.0	4.5	4.2	3.8	12.0	12.0	12.0	9.0	8.7	8.3	40.0	29.7	26.5	16.8
	低发展					0.7	0.2					4.0	3.6					8.3	7.9			25.2	16.0
承德	高发展					0.7	0.2					4.9	4.4					9.5	8.4			42.4	31.6
	中发展	0.0	13.2	11.4	2.9	0.7	0.2	17.0	17.0	17.0	5.0	4.7	4.2	14.9	14.9	14.9	9.5	9.0	8.0	36.7	40.2	40.4	30.1
	低发展					0.7	0.2					4.5	4.0					8.6	7.6			38.4	28.6
沧州	高发展					0.6	0.2					7.6	7.1					10.0	8.9			44.7	31.2
	中发展	7.0	6.1	6.4	1.9	0.6	0.2	15.0	15.0	15.0	7.5	7.2	6.8	16.0	16.0	16.0	10.0	9.5	8.5	44.3	44.5	42.6	29.7
	低发展					0.6	0.2					6.8	6.5					9.0	8.1			40.5	28.2
廊坊	高发展					0.2	0.1					5.5	5.0					14.2	13.1			38.2	23.6
	中发展	8.8	2.9	2.2	0.7	0.2	0.1	12.9	12.9	12.9	5.5	5.2	4.8	16.0	16.0	16.0	14.0	13.5	12.5	21.3	37.5	36.4	22.5
	低发展					0.2	0.1					4.9	4.6					12.8	11.9			34.6	21.4
衡水	高发展					0.8	0.4					5.5	5.0					10.0	8.9			37.0	25.7
	中发展	7.0	5.0	6.8	2.3	0.8	0.4	9.2	9.2	9.2	5.5	5.2	4.8	12.6	12.6	12.6	10.0	9.5	8.5	52.1	37.7	35.2	24.5
	低发展					0.8	0.4					4.9	4.6					9.0	8.1			33.4	23.3

表6.9 京津冀城市群人口增长调控参数

城市	情景类型	出生率/‰	死亡率/‰	净迁入人口/万人					政策迁移人口/万人					城镇化水平/%				人口影响因子		
				2000年	2016年	2018年	2020年	2030年	2000年	2016年	2018年	2020年	2030年	2000年	2015年	2020年	2030年	2000年	2020年	2030年
北京	高发展															92.40	97.65			
	中发展	5.45	3.62	16.6	28.5	29.3	30.0	30.0	0	-30	-30	-30	0	78.6	86.6	88.00	93.00	1.0	1.0	0.8
	低发展															83.60	88.35			
天津	高发展															91.10	98.58			
	中发展	7.89	5.96	1.3	41.2	40.6	40.0	40.0	0	5	7	8	0	72.5	83.2	86.76	93.89	1.0	0.8	0.6
	低发展															82.42	89.20			
石家庄	高发展															69.74	87.18			
	中发展	13.85	6.32	1.0	4.8	5.6	6.4	6.4	0	2	3	7	0	33.2	58.1	66.42	83.03	1.0	0.8	0.6
	低发展															63.10	78.88			
唐山	高发展															70.76	88.23			
	中发展	11.08	6.68	1.4	1.4	1.4	1.4	1.4	0	0	0	5	0	34.1	59.1	67.39	84.03	1.0	0.8	0.6
	低发展															64.02	79.83			
秦皇岛	高发展															64.80	80.13			
	中发展	11.52	6.18	1.6	1.6	1.6	1.6	1.6	0	0	0	0	0	32.5	54.4	61.71	76.31	1.0	0.8	0.6
	低发展															58.62	72.49			
邯郸	高发展															64.74	84.57			
	中发展	14.15	6.27	-2.0	-4.5	-4.5	-4.5	-4.5	0	0	0	0	0	23.9	52.2	61.66	80.54	1.0	0.9	0.6
	低发展															58.58	76.51			
邢台	高发展															61.15	81.49			
	中发展	14.3	6.59	-2.7	-4.6	-4.6	-4.6	-4.6	0	0	0	0	0	19.5	48.6	58.24	77.61	1.0	0.8	0.6
	低发展															55.33	73.73			

续表

城市	情景类型	出生率/‰	死亡率/‰	净迁入人口/万人 2000年	2016年	2018年	2020年	2030年	政策迁移人口/万人 2000年	2016年	2018年	2020年	2030年	城镇化水平/% 2000年	2015年	2020年	2030年	人口影响因子 2000年	2020年	2030年
保定	高发展															57.19	73.77			
	中发展	13.8	6.49	2.2	2.2	2.2	2.2	2.2	0	0.5	1	1.2	0	22.9	46.6	54.47	70.26	1.0	0.8	0.6
	低发展															51.75	66.75			
张家口	高发展															63.32	79.80			
	中发展	12.32	7.04	-1.1	-1.1	-1.1	-1.1	-1.1	0	0.5	1	1.2	0	28.9	52.5	60.30	76.00	1.0	0.9	0.7
	低发展															57.29	72.20			
承德	高发展															55.68	69.71			
	中发展	13.77	6.82	-0.6	-0.6	-0.6	-0.6	-0.6	0	0	0	0	0	26.3	46.3	53.03	66.39	1.0	0.9	0.6
	低发展															50.38	63.07			
沧州	高发展															61.24	80.00			
	中发展	13.93	6.44	1.0	1.0	1.0	1.0	1.0	0	0.5	1	1.2	0	22.6	49.4	58.32	76.19	1.0	0.8	0.6
	低发展															55.40	72.38			
廊坊	高发展															68.85	89.04			
	中发展	11.58	6.02	3.0	3.0	3.0	3.0	3.0	0	3	4	5	0	27.1	56.0	65.57	84.80	1.0	0.8	0.5
	低发展															62.29	80.56			
衡水	高发展															58.73	78.00			
	中发展	12.98	6.7	-1.5	-1.5	-1.5	-1.5	-1.5	0	0	0	0	0	19.2	46.7	55.93	74.29	1.0	0.8	0.6
	低发展															53.13	70.58			

表 6.10　生态安全保障度的综合评价指标体系

一级指标	二级指标	三级指标
生态安全保障度	生态用水保障程度	水资源开发利用率
	生态空间受损度	耕地受损度
		林地受损度
		草地受损度
		水域受损度
	生态系统服务价值	耕地生态系统服务价值
		林地生态系统服务价值
		草地生态系统服务价值
		水域生态系统服务价值
		建设用地生态系统服务价值
	植被覆盖度	林地面积
		草地面积
		耕地植被覆盖面积
		建成区绿化面积
	生态风险病理程度	耕地生态风险病理程度
		林地生态风险病理程度
		草地生态风险病理程度
		水域生态风险病理程度
		建设用地生态风险病理程度
	湿地覆盖度	水域面积

其中，生态空间受损度越低、生态系统服务价值越高、植被覆盖度越高、生态风险病理程度越低、湿地覆盖度越高，生态安全保障度越高。本章以京津冀城市群 13 个地级以上城市为研究单元，并将主要研究时段定为 2000～2015 年，预测时段为 2016～2030 年。所需的社会经济数据主要来源于历年《北京统计年鉴》《天津统计年鉴》《河北经济年鉴》，而且为使经济数据在时间序列上具有可比性，地区 GDP 及分产业增加值均以 2000 年为基准换算为可比价格；所需的水资源和用水数据主要来源于历年《北京市水资源公报》《天津市水资源公报》《河北省水资源公报》。

2. 评价标准与阈值判断

为了能够对生态安全保障的子模块及集成模块进行合理分级，以 0.2 为极差将各类综合指数分为极不安全、不安全、临界安全、较安全、非常安全 5 级。为了使评价结果在时间、空间尺度上均具有可比性并且更具有现实指导意义，通过参考国内外相关文献、国内外发达国家和地区的发展经验、全国平均水平，同时根据样本数据分布特点及经验值，最终确定了各具体指标对应生态安全保障综合指数的分级标准及阈值（表 6.11）。

表 6.11 生态安全指标的分级标准及阈值

指标排序	具体指标	安全类型				
		极不安全	不安全	临界安全	较安全	非常安全
1	生态安全综合指数	0 ~ 0.2	0.2 ~ 0.4	0.4 ~ 0.6	0.6 ~ 0.8	0.8 ~ 1.0
2	生态用水保障程度	0 ~ 0.2	0.2 ~ 0.4	0.4 ~ 0.6	0.6 ~ 0.8	0.8 ~ 1.0
3	水资源开发利用率	1.2 ~ 1.5	0.9 ~ 1.2	0.6 ~ 0.9	0.3 ~ 0.6	0 ~ 0.3
4	生态空间受损度	0.150 ~ 0.200	0.100 ~ 0.150	0.075 ~ 0.100	0.050 ~ 0.075	0 ~ 0.050
5	植被覆盖度	0 ~ 0.20	0.20 ~ 0.45	0.45 ~ 0.60	0.60 ~ 0.70	0.70 ~ 1.00
6	生态系统服务价值 /[元/(hm² · a)]	0 ~ 10 000	10 000 ~ 15 000	15 000 ~ 20 000	20 000 ~ 25 000	25 000 ~ 30 000
7	生态风险病理程度	0.15 ~ 0.20	0.100 ~ 0.150	0.075 ~ 0.100	0.050 ~ 0.075	0 ~ 0.050
8	湿地覆盖度	0 ~ 0.005	0.005 ~ 0.010	0.010 ~ 0.020	0.020 ~ 0.040	0.040 ~ 0.060

3. 多目标模糊隶属度函数标准化法

为了解决各具体指标量纲不同而难以加权综合的问题，需要对各具体指标的属性值进行标准化。常用的标准化方法有离差标准化、标准差标准化、比例标准化，且各有优劣。在应用上述方法时，由于只考虑到样本数据，标准化后的数值仅在样本数据所在的时空范围内具有相对可比性；而且当样本数据中某项指标的差异较大时，标准化结果可能与定性认识相差较远。例如，若对京津冀城市群历年分地级行政单元水资源开发利用率进行离差标准化，则标准化值为 0 和 1 仅能说明京津冀城市群该时段范围内的水资源开发利用率相对最低和最高，而不能说明其实际水资源开发利用率究竟是高是低。而且，当某一行政单元的水资源开发利用率相对很大时，其他行政单元的标准化值都会接近 0，而实际上其他行政单元的水资源开发利用率也存在明显差异。为此，本书构建了多目标模糊隶属度函数标准化法（鲍超和邹建军，2018）。

设指标集为 $W = \{w_1, w_2, \cdots, w_j\}$，评语集为 $H = \{h_1, h_2, h_3, h_4, h_5\}$，结合表 6.11 中生态安全指数分级标准，令 h_1 为极不安全，h_2 为不安全，h_3 为临界安全，h_4 为较安全，h_5 为非常安全，评语 h_1、h_2、h_3、h_4、h_5 所对应的生态安全综合指数区间分别为 $[k_1, k_2)$、$[k_2, k_3)$、$[k_3, k_4)$、$[k_4, k_5)$、$[k_5, k_6]$。显然，$k_1 = 0$，$k_2 = 0.2$，$k_3 = 0.4$，$k_4 = 0.6$，$k_5 = 0.8$，$k_6 = 1$。对于任意指标 j，假设生态安全综合指数阈值 k_1、k_2、k_3、k_4、k_5、k_6 对应指标的标准值分别为 u_1、u_2、u_3、u_4、u_5、u_6。

对于正向指标，其隶属度公式为

$$s_{\lambda ij} = \begin{cases} k_1 & x_{\lambda ij} < u_1 \\ \dfrac{k_{n+1} - k_n}{u_{n+1} - u_n} \times (x_{\lambda ij} - u_n) + k_n & u_n \leq x_{\lambda ij} \leq u_{n+1} \quad (1 \leq n \leq 5) \\ k_6 & x_{\lambda ij} > u_6 \end{cases} \tag{6.22}$$

对于逆向指标, 其隶属度公式为

$$s_{\lambda ij} = \begin{cases} k_1 & x_{\lambda ij} > u_1 \\ \dfrac{k_{n+1} - k_n}{u_n - u_{n+1}} \times (u_n - x_{\lambda ij}) + k_n & u_{n+1} \leqslant x_{\lambda ij} \leqslant u_n \quad (1 \leqslant n \leqslant 5) \\ k_6 & x_{\lambda ij} < u_6 \end{cases} \tag{6.23}$$

式中, $s_{\lambda ij}$ 为第 λ 年 i 研究区域第 j 项指标的标准化值或隶属度; $x_{\lambda ij}$ 为第 λ 年 i 研究区域第 j 项指标的实际值。

4. 综合指数集成

根据各具体指标的熵化权重和标准化值, 利用加权法可分别计算准则层、目标层的综合指数。限于篇幅, 仅列出目标层的计算公式。

$$F_{\lambda i} = \sum_{k=1}^{m} \sum_{j=1}^{n} (s_k^l \times s_j^k \times s_{\lambda ij}) \tag{6.24}$$

式中, $F_{\lambda i}$ 为第 λ 年 i 研究区域的生态安全综合指数; s_j^k 为指标相对于准则层的熵化权重; s_k^l 为准则层对目标层的熵化权重; m、n 分别为准则层、目标层相应的评价指标个数。

第二节 EDSS 的模拟结果分析

采用京津冀城市群区域生态安全协同保障决策的系统动力学模型, 对模拟结果中的人口总量、经济总量、土地面积进行结构检验。检验通过之后, 对模拟结果进行初步分析, 最后通过模拟不同的耗水方式和发展方式, 分为六种模拟情景, 探索各地级以上城市适合的发展情景。结果显示:

（1）2000~2030 年, 生态安全保障度的排名在不断变化, 京津冀城市群北部及沿海地区的生态安全保障程度较高, 南部生态安全保障程度较低。

（2）天津、沧州的生态安全保障度逐年上升, 其他地级以上城市呈波动变化但总体下降的趋势。

（3）按照生态安全保障程度可以将 13 个地级以上城市及京津冀城市群概括为高、较高、中等、较低、低、波动六大类。

（4）2000~2030 年, 生态空间受损度不断增加, 除承德、张家口之外, 以草地受损为主的包括秦皇岛、北京、唐山、保定、邯郸、邢台, 以耕地受损为主的包括北京、天津、唐山、廊坊, 以水域受损为主的包括天津、唐山、北京、京津冀城市群。

（5）2000~2030 年, 京津冀各地级以上城市的生态用水保障程度呈现明显上升趋势, 生态用水保障程度最低的为石家庄。

（6）从各地级以上城市单位面积的生态系统服务价值来看, 分为高、较高、较低、低水平型城市四种类型。

（7）2000～2030 年，各地级以上城市的生态风险病理程度整体呈现升高的趋势。

（8）邢台、保定、沧州、廊坊宜采取高发展低耗水模式，北京、天津、石家庄、唐山、秦皇岛、邯郸、张家口、承德、衡水、京津冀城市群宜采取中发展低耗水模式。

一、模拟结果的检验

结构检验是通过真实数据和极端域值比较进行的，即将参数输入模型进行仿真运行，模拟出的结果与实际值进行比较，从而确定模型行为模拟是否具有可靠性和准确性。若模型明显地产生真实系统中不能观察到的、未被期望产生的行为，则可得出两种结论：一是模型不正确，必须修改；二是模型识别出在同样条件下真实系统可能发生的另一种行为模式，需要进一步修正分析。若模型未产生异常行为，则说明模型符合现实状态，可进一步深入分析。本书从生态安全保障的各方面选取 2000～2015 年 13 个地级以上城市的人口、GDP、水资源总量、用水量、耕地面积、草地面积、建设用地面积、林地面积、水域面积，将其模拟值和实际值进行相对误差检验。

（一）人口模拟结果的检验

人口模拟的有效性很高，多数城市的平均误差率在 5% 以内，偶尔有超过 5%，但也在 10% 以内。例如，秦皇岛 2004～2007 年误差率超过 5%，在 2005 年最高误差率达到 8.04%；邯郸市 2010 年误差率超过 5%，达 5.05%；京津冀城市群 2015 年误差率为 5.23%。除此之外，其他城市 2000～2015 年历年人口误差率均在 5% 以内。实际值与模拟值的趋势线基本吻合，说明京津冀城市群 13 个地级以上城市的人口模拟值能够代替城市人口未来的发展方向，可以在基准情景下以该趋势预测 2015～2030 年的人口变化（图 6.11）。

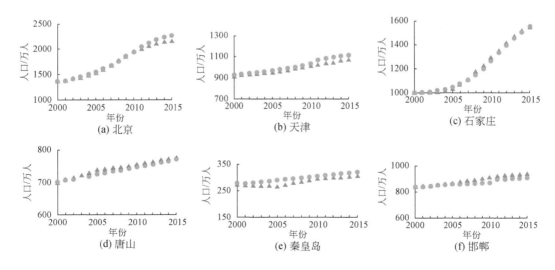

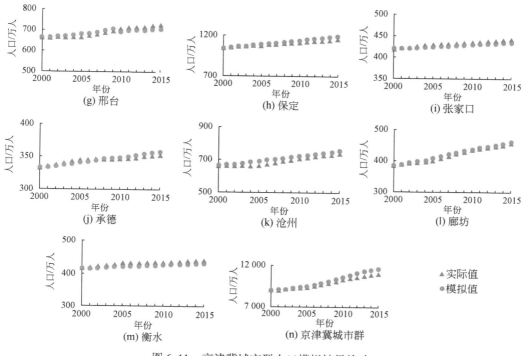

图 6.11　京津冀城市群人口模拟结果检验

（二）经济模拟结果的检验

经济模拟的有效性很高，多数城市的平均误差率在 10% 以内，偶尔有城市在某一年误差值超过 10%，主要是邯郸、邢台、保定等城市。邯郸 2006～2012 年的误差率较高，邢台 2007～2013 年的误差率较高，保定 2010～2015 年的误差率较高。张家口、承德、沧州的模拟值也偶有几年偏离实际值曲线。其他城市的模拟值和实际值曲线几乎重合。说明京津冀城市群 13 个地级以上城市的经济模拟值能够代替城市经济未来的发展方向，可以在基准情景下以该趋势预测 2015～2030 年的经济变化（图 6.12）。

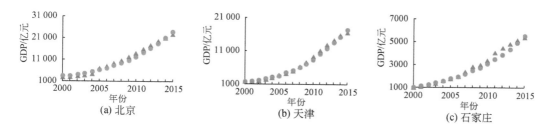

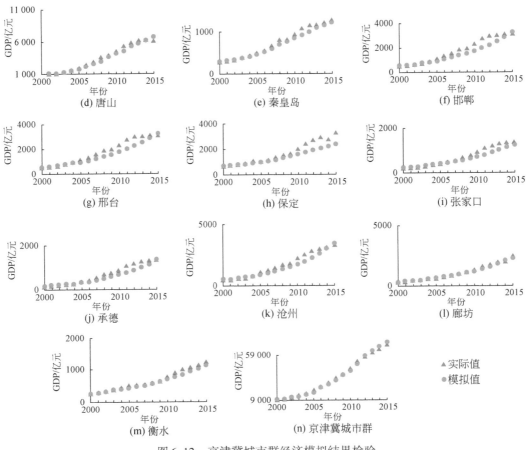

图 6.12　京津冀城市群经济模拟结果检验

（三）耕地模拟结果的检验

耕地模拟的有效性较高，多数城市的耕地面积平均误差率在 10% 以内，偶尔有城市在某一年误差值超过 10%，从图 6.13 来看，主要是唐山、秦皇岛、保定、廊坊、京津冀城市群等城市。唐山 2012~2015 年误差率较高，2015 年为 7.46%，未超过 10%；秦皇岛 2012~2015 年误差率超过 10%，2015 年为 12.55%；保定未超过 10%，2015 年为 6.67%；廊坊 2008~2015 年误差率略微超过 10%；京津冀城市群误差率未超过 10%，2015 年为 5.01%。综上，仅秦皇岛市和廊坊市的耕地面积误差率超过 10%，其他城市误差率均在 10% 以内，说明京津冀城市群 13 个地级以上城市的耕地模拟值能够代替城市土地未来的发展方向，可以在基准情景下以该趋势预测 2015~2030 年的耕地面积变化（图 6.13）。

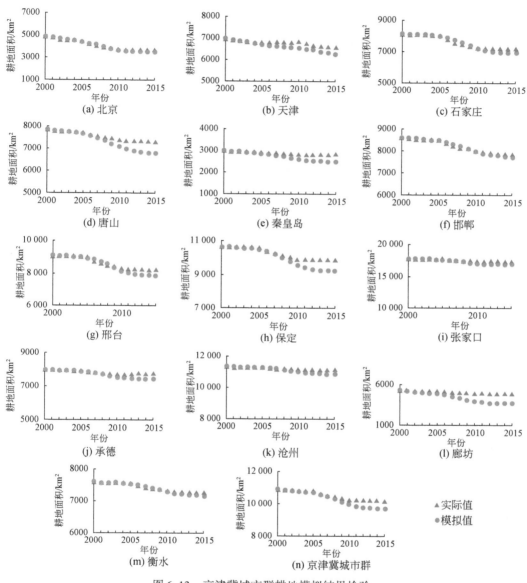

图 6.13　京津冀城市群耕地模拟结果检验

（四）水资源利用模拟结果的检验

水资源利用模拟的有效性也高，多数城市模拟值和实际值曲线重合度较高，误差率较低，平均误差率在 10% 以内，偶尔有城市在某一年误差值超过 10%，主要是石家庄、保定、沧州等城市。石家庄在 2004 年的误差率较高，达到 10% 以上，但其他年份在 10% 以下；保定在 2000 年的误差率超过 10%，但其他年份低于 10%；沧州的误差率在

2008 年超过了 10%，但其他年份低于 10%。京津冀城市群的误差率整体在 10% 以下，说明京津冀城市群及 13 个地级以上城市的水资源利用模拟值能够代替城市水资源利用未来的发展方向，可以在基准情景下以该趋势预测 2015～2030 年的水资源利用变化（图 6.14）。

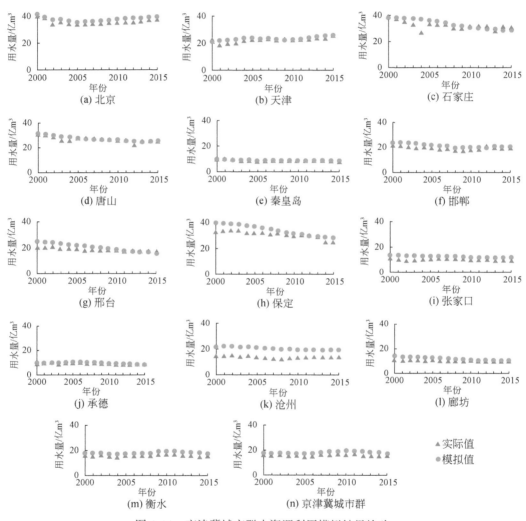

图 6.14　京津冀城市群水资源利用模拟结果检验

二、模拟结果及初步分析

通过模型检验之后，对 13 个地级以上城市及京津冀城市群的生态安全保障度进行分析，研究其变化趋势及其空间分布，探索其规律性，并比较地级以上城市之间相对的生态安全保障度。然后对生态空间进行分析，研究生态空间受损度、植被覆盖度、湿地覆盖度，分析不同土地利用类型的空间受损情况。在生态用水保障分析中，主要研究以水资源开发利用率为代表的生态用水保障程度，观察发现各地级以上城市的用水状态及潜在威胁。在生态系统服务价值分析中，一方面从各地级以上城市单位面积的生态系统服务价值进行归类比较，另一方面则从各地级以上城市不同土地利用类型的生态系统服务价值来分析对比。生态风险病理程度分析主要是从整体病理程度和分地类的病理程度进行分析。

（一）生态安全保障分析

从排名变化来看，2000 年，承德的生态安全保障度最高，达 73.16%，秦皇岛次之，然后依次为北京、天津、京津冀城市群、唐山、保定、张家口、石家庄、邯郸、邢台、廊坊、沧州、衡水（表 6.12）。2015 年，秦皇岛的生态安全保障度最高，达 74.37%，承德次之，然后依次为天津、张家口、京津冀、北京、沧州、唐山、保定、石家庄、邯郸、邢台、廊坊、衡水。到 2020 年，秦皇岛的生态安全保障度依然最高，达 73.92%，然后依次为天津、承德、沧州、京津冀城市群、张家口、北京、唐山、保定、石家庄、邯郸、邢台、廊坊、衡水。到 2030 年，沧州的生态安全保障度最高，达 72.87%，秦皇岛次之，然后依次为天津、承德、京津冀城市群、张家口、保定、唐山、北京、邯郸、石家庄、邢台、衡水、廊坊。

表 6.12　2000~2030 年京津冀各地级以上城市生态安全保障度

城市	生态安全保障度/%						
	2000 年	2005 年	2010 年	2015 年	2020 年	2025 年	2030 年
北京	66.95	68.45	62.97	64.45	64.51	61.36	57.07
天津	65.94	67.27	68.55	69.12	70.86	71.33	71.93
石家庄	61.22	60.01	55.32	58.43	56.04	53.47	50.93
唐山	64.00	62.05	56.98	60.50	60.89	60.32	59.83
秦皇岛	71.81	78.77	77.66	74.37	73.92	73.36	72.44
邯郸	53.79	57.04	50.37	51.90	52.97	52.86	52.73
邢台	52.65	51.52	46.77	51.02	51.57	50.14	48.39
保定	63.05	60.63	56.91	58.85	60.06	60.32	60.16
张家口	61.60	63.64	60.76	68.09	64.99	63.72	61.99
承德	73.16	67.83	68.50	71.98	69.70	68.61	67.47
沧州	49.26	47.83	56.99	63.60	66.51	70.76	72.87

城市	生态安全保障度/%						
	2000 年	2005 年	2010 年	2015 年	2020 年	2025 年	2030 年
廊坊	49.77	48.26	46.45	48.92	48.14	44.89	41.22
衡水	49.12	48.34	43.56	43.99	43.34	43.87	41.31
京津冀城市群	65.59	65.67	63.44	64.97	65.23	64.90	64.31

从地理位置上看，京津冀城市群北部及沿海地区的生态安全保障度较高，北京、天津、秦皇岛、张家口、承德、沧州以及京津冀城市群整体绝大多数年份的保障度在 60% 以上；南部生态安全保障度较低，石家庄、唐山、邯郸、保定、邢台、廊坊、衡水绝大多数年份的保障度在 60% 及以下（图 6.15）。

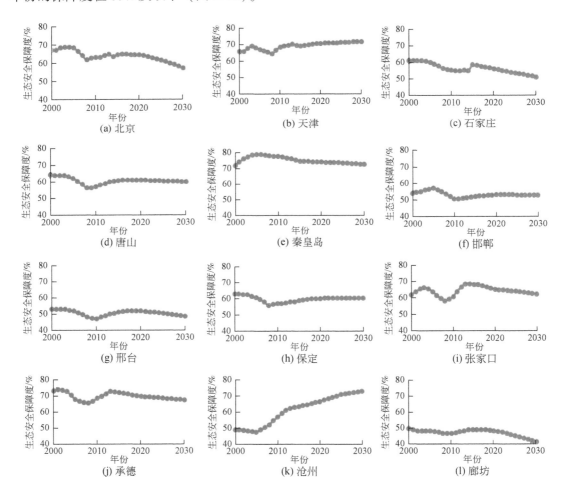

(a) 北京　　(b) 天津　　(c) 石家庄
(d) 唐山　　(e) 秦皇岛　　(f) 邯郸
(g) 邢台　　(h) 保定　　(i) 张家口
(j) 承德　　(k) 沧州　　(l) 廊坊

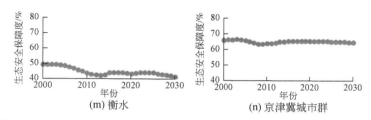

图 6.15 2000～2030 年基准情景下京津冀城市群生态安全保障度变化图

从变化趋势上看，生态安全保障度逐年上升的有天津、沧州；京津冀城市群整体变化不大，在 65% 上下波动；其他地级以上城市呈波动变化，2010 年波动较大，总体呈下降趋势。

总体来说，可以将 13 个地级以上城市及京津冀城市群概括为六大类：秦皇岛和承德的生态安全保障度始终处于高水平；天津、张家口、京津冀城市群处于较高水平；唐山、保定处于中等水平；石家庄、邯郸处于较低水平；邢台、廊坊、衡水的生态安全保障度始终处于低水平；沧州和北京属于波动较大类，沧州持续上升，北京下降幅度较大。

（二）生态空间保障分析

2000～2030 年，生态空间受损度不断增加，不同地级以上城市不同土地利用类型的受损程度不同。到 2030 年，受损程度最高的地级以上城市为承德（8.03%）、张家口（7.78%），主要表现为草地受损。除承德、张家口之外，以草地受损为主的包括秦皇岛、北京、唐山、保定、邯郸、邢台，以耕地受损为主的包括北京、天津、唐山、廊坊，以水域受损为主的包括天津、唐山、北京、京津冀城市群（表 6.13）。

从湿地覆盖度上来看，天津市的湿地覆盖度最高，在 2015 年为 13.91%，到 2030 年为 13.78%；其次为沧州，在 2015 年为 4.51%，到 2030 年为 7.12%。

从植被覆盖度上来看，到 2030 年，承德和张家口的植被覆盖度最高，高于 70%；其次为秦皇岛、北京、保定、京津冀城市群，高于 60%。

（三）生态用水保障分析

2000～2030 年，京津冀各地级以上城市的生态用水保障程度呈现明显上升趋势（表 6.14），京津冀城市群，2000 年的生态用水保障程度为 0.12，2015 年为 0.33，到 2030 年预测达到 0.47，说明生态用水趋势良好。到 2030 年，生态用水保障程度较高（＞0.6）的地级以上城市依次为沧州、张家口、承德、廊坊、邢台、天津、秦皇岛。到 2030 年，生态用水保障程度最低的为石家庄，仅为 0.26。

表6.13 2000～2030年京津冀各地级以上城市生态空间保障分析

（单位:%）

城市	生态空间受损度					耕地受损度	草地受损度	林地受损度	水域受损度	湿地覆盖度					植被覆盖度				
	2000年	2010年	2015年	2020年	2030年	2015年	2015年	2015年	2015年	2000年	2010年	2015年	2020年	2030年	2000年	2010年	2015年	2020年	2030年
北京	2.96	5.57	2.52	4.28	4.72	2.80	3.89	0.73	2.65	3.12	1.86	1.71	1.55	0.65	74.82	70.47	70.14	69.62	67.29
天津	2.77	5.61	2.13	4.18	4.66	2.38	0.62	0.13	5.38	16.36	12.79	13.91	14.69	13.78	47.56	44.17	42.71	40.06	36.18
石家庄	0.72	2.71	0.65	1.77	2.12	1.04	0.66	0.06	0.83	2.71	1.99	1.74	1.56	0.80	68.71	64.80	63.77	62.83	58.91
唐山	2.57	5.86	3.14	4.41	5.02	2.25	3.40	0.37	6.54	3.73	2.82	3.33	3.77	3.69	58.34	53.87	52.00	51.32	46.99
秦皇岛	1.19	3.23	2.36	2.45	2.87	1.04	5.58	0.30	2.53	4.11	3.97	3.64	3.45	2.89	76.19	72.10	70.63	69.31	65.37
邯郸	0.45	1.43	0.61	1.00	1.18	1.06	1.07	0.01	0.30	1.67	1.44	1.34	1.27	1.00	64.05	60.79	59.31	58.03	54.47
邢台	0.45	2.27	0.65	1.45	1.78	0.91	1.17	0.03	0.51	1.25	0.74	0.57	0.44	0.00	65.49	60.97	59.56	58.35	53.93
保定	2.15	4.35	1.51	3.22	3.58	1.69	2.39	0.31	1.64	2.81	2.03	1.94	1.83	1.33	72.22	67.73	66.47	65.12	60.77
张家口	4.42	9.12	4.55	6.94	7.78	3.62	10.32	1.87	2.38	1.62	1.27	1.21	1.15	0.87	77.71	75.58	74.89	74.31	72.25
承德	5.64	9.01	5.64	7.44	8.03	3.08	13.61	2.17	3.73	1.26	1.02	0.94	0.88	0.64	90.10	89.01	88.60	88.28	87.17
沧州	0.81	2.00	0.55	1.39	1.59	0.91	0.00	0.01	1.29	2.09	3.68	4.51	5.10	7.12	54.18	52.71	52.04	51.51	49.80
廊坊	1.21	1.62	0.81	1.70	1.77	1.81	0.10	0.07	1.27	2.02	1.33	1.53	1.32	0.23	56.52	42.71	40.21	37.44	26.70
衡水	0.12	1.19	0.25	0.71	0.90	0.59	0.01	0.00	0.41	1.59	0.80	0.55	0.36	0.00	57.59	55.41	54.53	53.79	51.43
京津冀城市群	1.56	3.43	1.52	2.55	2.88	1.04	1.58	1.01	2.46	2.89	2.25	2.28	2.29	1.94	71.25	68.08	67.11	66.11	62.58

表 6.14 2000~2030 年京津冀各地级以上城市生态用水保障分析

城市	2000 年	2005 年	2010 年	2015 年	2020 年	2030 年
北京	0.00	0.27	0.27	0.28	0.42	0.43
天津	0.00	0.21	0.40	0.30	0.52	0.63
石家庄	0.00	0.00	0.00	0.22	0.20	0.26
唐山	0.42	0.45	0.46	0.49	0.51	0.58
秦皇岛	0.10	0.52	0.62	0.46	0.50	0.62
邯郸	0.02	0.25	0.04	0.17	0.30	0.45
邢台	0.00	0.00	0.07	0.39	0.54	0.68
保定	0.00	0.00	0.00	0.07	0.28	0.57
张家口	0.13	0.52	0.56	0.68	0.70	0.72
承德	0.54	0.43	0.62	0.60	0.65	0.70
沧州	0.00	0.00	0.27	0.47	0.59	0.74
廊坊	0.00	0.19	0.34	0.46	0.55	0.68
衡水	0.00	0.00	0.00	0.12	0.20	0.47
京津冀城市群	0.12	0.22	0.28	0.33	0.40	0.47

（四）生态系统服务价值分析

从京津冀城市群各地级以上城市单位面积的生态系统服务价值来看（表 6.15），在 2030 年，天津、承德、秦皇岛单位面积生态系统服务价值处于高水平（>20 000 元/km²），沧州、北京、京津冀城市群、张家口、唐山、保定、石家庄处于较高水平（<20 000 元/km²），邯郸、邢台处于较低水平（<10 000 元/km²），衡水、廊坊处于低水平（<5000 元/km²）。

从京津冀城市群各地级以上城市不同土地利用类型的生态系统服务价值来看，并以地级以上城市自身内部不同类型用地作为对比，可知北京、保定、张家口、承德、秦皇岛、石家庄的林地生态服务价值较高，天津、沧州、唐山的水域生态服务价值较高，衡水、廊坊、邢台、邯郸的耕地生态服务价值较高。对于京津冀城市群整体而言，承德、张家口、北京的林地，天津、沧州的水域，对整体的生态系统服务价值贡献较大。

表 6.15 2000~2030 年京津冀各地级以上城市生态系统服务价值分析

（单位：元/km²）

城市	单位面积生态系统服务价值					
	2000 年	2005 年	2010 年	2015 年	2020 年	2030 年
北京	24 720.5	23 831.6	21 284.5	20 783.0	20 279.5	17 722.7
天津	38 097.3	35 467.5	30 284.8	32 154.5	33 386.6	30 818.1
石家庄	17 190.9	17 152.0	15 339.6	14 701.7	14 226.3	12 305.2

城市	单位面积生态系统服务价值					
	2000 年	2005 年	2010 年	2015 年	2020 年	2030 年
唐山	16 549.9	16 102.9	14 162.4	14 992.0	15 669.0	14 998.1
秦皇岛	24 636.1	25 097.4	23 963.0	23 432.2	23 121.3	21 933.8
邯郸	11 991.6	11 997.2	11 169.2	10 848.1	10 610.7	9 710.4
邢台	11 826.2	11 784.5	10 388.7	9 941.7	9 610.3	8 171.4
保定	19 398.6	18 682.8	17 134.1	16 798.4	16 431.5	14 793.6
张家口	18 425.9	18 197.9	17 548.1	17 249.3	16 977.5	16 154.5
承德	25 880.6	25 797.6	25 148.4	24 896.7	24 693.3	23 961.3
沧州	9 860.5	9 418.6	12 797.7	14 338.9	15 413.8	19 175.5
廊坊	10 206.0	8 568.4	7 248.0	7 346.1	6 549.3	2 995.6
衡水	9 209.7	9 097.0	7 414.7	6 831.8	6 383.9	4 590.6
京津冀城市群	19 526.8	19 088.7	17 794.5	17 702.0	17 584.8	16 451.5

（五）生态风险病理程度分析

2000～2030 年，各地级以上城市的生态风险病理程度整体呈现升高的趋势，沧州和京津冀城市群略有不同，2020～2030 年呈略微下降趋势（表 6.16）。生态风险主要集中在建设用地和耕地之间，北京、天津、石家庄、唐山、秦皇岛、保定、廊坊的建设用地生态风险更为突出，邯郸、邢台、张家口、承德、沧州、衡水的耕地生态风险更为突出。京津冀城市群的建设用地和耕地生态风险相近。

表 6.16 2000～2030 年京津冀各地级以上城市生态风险病理程度分析 （单位：%）

城市	2000 年	2005 年	2010 年	2015 年	2020 年	2030 年
北京	4.93	5.22	5.85	6.02	6.18	6.68
天津	7.08	7.41	7.85	8.08	8.24	8.25
石家庄	5.39	5.45	5.99	6.19	6.29	6.43
唐山	6.09	6.28	6.78	6.99	7.14	7.28
秦皇岛	4.41	4.56	4.98	5.17	5.30	5.44
邯郸	5.89	5.99	6.36	6.57	6.73	6.95
邢台	5.69	5.77	6.33	6.54	6.69	6.95
保定	5.03	5.13	5.68	5.85	5.94	6.10
张家口	4.12	4.17	4.41	4.50	4.56	4.68
承德	3.01	3.03	3.17	3.24	3.28	3.36
沧州	6.76	6.78	6.88	6.93	6.93	6.66

续表

城市	2000 年	2005 年	2010 年	2015 年	2020 年	2030 年
廊坊	6.61	7.29	8.55	8.89	9.11	9.19
衡水	6.46	6.51	6.81	6.95	7.03	7.06
京津冀城市群	4.98	5.09	5.48	5.63	5.43	4.74

三、不同模拟情景及综合分析

通过模拟不同的耗水方式和发展方式,分为六种模拟情景,进行预测并分析,分析对比六种模拟情景下的生态安全保障度、生态用水保障程度、生态空间受损度、生态系统服务价值、生态风险病理程度、植被覆盖度、湿地覆盖度,探索其规律性。在既保障经济效益又尽量提高生态安全保障度的前提下,探索各地级以上城市适合的发展情景。

(一)不同发展情景的模拟结果

根据耗水和发展情况,设定高发展高耗水、高发展低耗水、中发展高耗水、中发展低耗水、低发展高耗水、低发展低耗水六种模拟情景,预测 2020 年、2025 年、2030 年 13 个地级以上城市及京津冀城市群的状态指标(图 6.16 和表 6.17)。将各地级以上城市六种情景下的生态安全保障度绘制成柱状图,直观地看到:无论在哪种情景下,北京、天津、秦皇岛、张家口、承德、沧州的生态安全保障度都较高,京津冀城市群的生态安全保障度也较高,邯郸、邢台、廊坊、衡水始终处于低水平,石家庄、唐山、保定处于中等水平。综合来说,京津冀城市群生态安全保障度较高,衡水、廊坊应作为重点提高对象。从发展趋势来看,2020~2030 年,绝大多数城市的生态安全保障度保持平稳状态,少数城市波动较大。北京、石家庄、廊坊、衡水的下降趋势显著,需要引起关注;而沧州生态安全保障度显著上升,其变化原因也有待观察。从发展模式来看,普遍表现为发展模式越低、耗水越少,生态安全保障度越高,这也与现实情况相吻合。发展模式越低,资源消耗越少,建设用地越少,生态空间越多,耗水越少,生态用水保障程度越高。

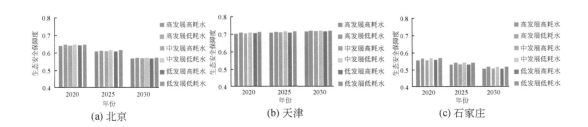

(a) 北京　　　　　　　　(b) 天津　　　　　　　　(c) 石家庄

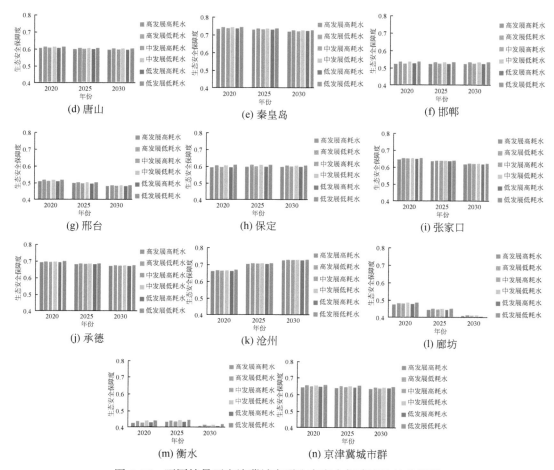

图 6.16　不同情景下京津冀城市群生态安全保障度比较分析图

在六种模拟情景下，2020 年、2025 年、2030 年 13 个地级以上城市及京津冀城市群的生态安全保障度、生态用水保障程度、生态空间受损度、生态系统服务价值、生态风险病理程度、植被覆盖度、湿地覆盖度、GDP 的结果如表 6.17 所示。从表 6.17 中可以看出，改变发展模式会较大影响到 GDP、生态安全保障度、生态用水保障程度、生态风险病理程度、植被覆盖度；改变耗水模式则会较大影响到生态安全保障度、生态用水保障程度；而生态空间受损度和生态系统服务价值则受发展模式与耗水模式变化的影响较小，主要与土地利用类型本身变化相关。

（二）不同发展情景的综合选择

在实际分析中，并非生态安全保障度越高越好。一味强调生态效益，忽视经济发展是不可取的；而实行高度节水的生产生活方式，会给生产效率以及生活水平提出一定的挑战。

表6.17 2020~2030年京津冀各地级以上城市不同情景模拟分析结果

城市	模式	GDP/元			生态安全保障度			生态用水保障程度			生态空间变频度			生态系统服务价值 [万元/(hm²·a)]			生态风险病理程度			植被覆盖度			湿地覆盖度		
		2020年	2025年	2030年	2020年	2025年	2030年	2020年	2025年	2030年	2020年	2025年	2030年	2020年	2025年	2030年	2020年	2025年	2030年	2020年	2025年	2030年	2020年	2025年	2030年
北京	模式1	35 261	51 354	74 276	0.641 0	0.610 3	0.568 0	0.396 7	0.403 1	0.412 7	0.042 7	0.045 4	0.047 0	20 280	19 037	17 723	0.061 7	0.064 1	0.065 1	0.696 9	0.683 9	0.671 6	0.015 4	0.011 5	0.006 5
	模式2	35 261	51 354	74 276	0.647 0	0.615 5	0.572 4	0.432 8	0.434 8	0.438 6	0.042 8	0.045 8	0.047 2	20 280	19 037	17 723	0.061 7	0.064 1	0.065 1	0.696 9	0.683 9	0.671 6	0.015 4	0.011 5	0.006 5
	模式3	35 017	50 114	71 234	0.642 1	0.611 1	0.568 6	0.404 6	0.410 5	0.419 7	0.042 7	0.045 4	0.047 0	20 280	19 037	17 723	0.061 8	0.064 7	0.066 1	0.696 8	0.684 2	0.672 9	0.015 4	0.011 5	0.006 5
	模式4	35 017	50 114	71 234	0.648 1	0.616 2	0.572 9	0.439 7	0.441 0	0.445 3	0.042 8	0.045 8	0.047 2	20 280	19 037	17 723	0.061 8	0.064 7	0.066 1	0.696 8	0.684 2	0.672 9	0.015 4	0.011 5	0.006 5
	模式5	34 775	48 907	68 322	0.643 2	0.611 9	0.569 0	0.411 2	0.417 8	0.426 4	0.042 7	0.045 5	0.047 0	20 280	19 037	17 723	0.061 9	0.065 2	0.067 1	0.696 4	0.685 7	0.674 7	0.015 4	0.011 5	0.006 5
	模式6	34 775	48 907	68 322	0.649 1	0.616 9	0.573 0	0.446 6	0.447 8	0.451 8	0.042 8	0.045 8	0.047 2	20 280	19 037	17 723	0.061 9	0.065 2	0.067 1	0.696 4	0.685 7	0.674 7	0.015 4	0.011 5	0.006 5
天津	模式1	27 459	43 916	69 396	0.704 0	0.710 0	0.717 0	0.491 0	0.552 5	0.612 6	0.041 8	0.044 8	0.046 6	33 387	32 017	30 818	0.082 6	0.082 6	0.081 8	0.400 8	0.381 4	0.361 2	0.146 9	0.141 9	0.137 8
	模式2	27 459	43 916	69 396	0.711 1	0.715 7	0.721 1	0.531 7	0.586 5	0.640 5	0.041 8	0.044 8	0.046 6	33 387	32 017	30 818	0.082 6	0.082 6	0.081 8	0.400 8	0.381 4	0.361 2	0.146 9	0.141 9	0.137 8
	模式3	27 223	42 615	65 941	0.705 8	0.710 4	0.716 0	0.497 3	0.558 7	0.618 2	0.041 8	0.044 8	0.046 6	33 387	32 017	30 818	0.082 4	0.083 1	0.082 1	0.400 5	0.381 6	0.361 8	0.146 9	0.141 9	0.137 8
	模式4	27 223	42 615	65 941	0.711 8	0.716 0	0.721 5	0.537 0	0.592 2	0.645 6	0.041 8	0.044 8	0.046 6	33 387	32 017	30 818	0.082 4	0.083 1	0.082 1	0.400 5	0.381 6	0.361 8	0.146 9	0.141 9	0.137 8
	模式5	26 988	41 349	62 658	0.705 9	0.710 7	0.716 6	0.502 9	0.564 9	0.623 7	0.041 8	0.044 8	0.046 6	33 387	32 017	30 818	0.082 6	0.083 7	0.083 1	0.400 7	0.382 1	0.362 4	0.146 9	0.141 9	0.137 8
	模式6	26 988	41 349	62 658	0.712 5	0.716 3	0.721 2	0.542 4	0.597 9	0.651 9	0.041 8	0.044 8	0.046 6	33 387	32 017	30 818	0.082 6	0.083 7	0.083 1	0.400 7	0.382 1	0.362 4	0.146 9	0.141 9	0.137 8
石家庄	模式1	8 080	11 769	16 950	0.553 6	0.527 3	0.503 3	0.158 3	0.155 2	0.216 3	0.017 7	0.019 4	0.021 1	14 226	13 340	12 305	0.062 6	0.063 1	0.063 6	0.628 3	0.609 8	0.588 9	0.015 6	0.012 1	0.008 0
	模式2	8 080	11 769	16 950	0.565 2	0.538 4	0.513 4	0.227 9	0.222 2	0.276 2	0.017 7	0.019 4	0.021 1	14 226	13 340	12 305	0.062 6	0.063 1	0.063 6	0.628 3	0.609 8	0.588 9	0.015 6	0.012 1	0.008 0
	模式3	8 024	11 480	16 244	0.554 8	0.528 6	0.504 8	0.165 3	0.163 9	0.225 3	0.017 8	0.019 4	0.021 1	14 226	13 340	12 305	0.062 7	0.064 0	0.064 3	0.628 3	0.610 0	0.589 1	0.015 6	0.012 1	0.008 0
	模式4	8 024	11 480	16 244	0.566 2	0.539 4	0.514 2	0.234 3	0.230 3	0.284 2	0.017 8	0.019 4	0.021 1	14 226	13 340	12 305	0.062 7	0.064 0	0.064 3	0.628 3	0.610 0	0.589 1	0.015 6	0.012 1	0.008 0
	模式5	7 969	11 204	15 582	0.555 7	0.540 1	0.514 9	0.172 5	0.238 2	0.293 3	0.017 9	0.019 4	0.021 1	14 226	13 340	12 305	0.062 9	0.064 6	0.064 9	0.628 3	0.610 2	0.589 3	0.015 6	0.012 1	0.008 0
	模式6	7 969	11 204	15 582	0.567 1	0.540 4	0.514 5	0.240 7	0.238 7	0.293 3	0.017 9	0.019 4	0.021 1	14 226	13 340	12 305	0.062 9	0.064 6	0.064 9	0.628 3	0.610 2	0.589 3	0.015 6	0.012 1	0.008 0
唐山	模式1	9 173	12 478	16 845	0.604 8	0.598 7	0.594 7	0.483 6	0.512 6	0.551 8	0.044 1	0.047 1	0.050 1	15 669	15 332	14 998	0.071 2	0.072 1	0.072 7	0.513 0	0.492 3	0.469 5	0.037 7	0.037 3	0.036 9
	模式2	9 173	12 478	16 845	0.612 5	0.605 8	0.601 0	0.529 9	0.555 7	0.590 8	0.044 1	0.047 1	0.050 1	15 669	15 332	14 998	0.071 2	0.072 1	0.072 7	0.513 0	0.492 3	0.469 5	0.037 7	0.037 3	0.036 9
	模式3	9 120	12 228	16 274	0.605 4	0.598 8	0.594 0	0.489 7	0.519 4	0.558 5	0.044 1	0.047 1	0.050 1	15 669	15 332	14 998	0.071 4	0.072 5	0.073 0	0.513 0	0.492 5	0.469 9	0.037 7	0.037 3	0.036 9
	模式4	9 120	12 228	16 274	0.612 6	0.606 0	0.601 4	0.535 5	0.562 0	0.596 5	0.044 1	0.047 1	0.050 1	15 669	15 332	14 998	0.071 4	0.072 5	0.073 0	0.513 0	0.492 5	0.469 9	0.037 7	0.037 3	0.036 9
	模式5	9 068	11 987	15 731	0.606 0	0.599 4	0.595 0	0.495 8	0.568 0	0.602 3	0.044 1	0.047 1	0.050 1	15 669	15 332	14 998	0.071 5	0.073 0	0.073 9	0.513 0	0.492 7	0.470 3	0.037 7	0.037 3	0.036 9
	模式6	9 068	11 987	15 731	0.613 5	0.606 4	0.601 4	0.541 0	0.568 0	0.602 3	0.044 1	0.047 1	0.050 1	15 669	15 332	14 998	0.071 5	0.073 0	0.073 9	0.513 0	0.492 7	0.470 3	0.037 7	0.037 3	0.036 9

续表

城市	模式	GDP/元			生态安全保障度			生态用水保障程度			生态系统服务价值/[元/(hm²·a)]			生态协同受损度			生态风险病理程度			植被覆盖度			湿地覆盖度		
		2020年	2025年	2030年	2020年	2025年	2030年	2020年	2025年	2030年	2020年	2025年	2030年	2020年	2025年	2030年	2020年	2025年	2030年	2020年	2025年	2030年	2020年	2025年	2030年
秦皇岛	模式1	1 590	2 096	2 704	0.734 4	0.729 5	0.721 5	0.471 5	0.538 9	0.600 9	23 121	22 611	21 934	0.024 4	0.026 6	0.028 6	0.052 9	0.053 7	0.053 9	0.693 9	0.674 0	0.653 0	0.034 5	0.032 2	0.028 9
	模式2	1 590	2 096	2 704	0.742 3	0.736 1	0.726 1	0.518 7	0.578 5	0.633 5	23 121	22 611	21 934	0.024 2	0.026 5	0.028 7	0.052 9	0.053 7	0.053 9	0.693 9	0.674 0	0.653 0	0.034 5	0.032 2	0.028 9
	模式3	1 581	2 058	2 622	0.735 3	0.730 2	0.721 8	0.477 5	0.545 3	0.606 0	23 121	22 611	21 934	0.024 5	0.026 6	0.028 6	0.053 0	0.054 0	0.054 0	0.693 4	0.674 1	0.653 1	0.034 5	0.032 2	0.028 9
	模式4	1 581	2 058	2 622	0.743 1	0.736 7	0.727 1	0.524 1	0.584 3	0.638 0	23 121	22 611	21 934	0.024 1	0.026 5	0.028 7	0.053 0	0.054 0	0.054 0	0.693 4	0.674 1	0.653 1	0.034 5	0.032 2	0.028 9
	模式5	1 573	2 021	2 545	0.736 2	0.730 9	0.722 9	0.483 5	0.551 5	0.612 6	23 121	22 611	21 934	0.024 6	0.026 5	0.028 7	0.053 1	0.054 3	0.054 9	0.693 9	0.674 2	0.654 2	0.034 5	0.032 2	0.028 9
	模式6	1 573	2 021	2 545	0.743 7	0.737 3	0.727 3	0.529 6	0.590 0	0.644 3	23 121	22 611	21 934	0.024 3	0.026 5	0.028 7	0.053 1	0.054 3	0.054 9	0.693 9	0.674 2	0.654 2	0.034 5	0.032 2	0.028 9
邯郸	模式1	4 655	6 726	9 749	0.523 4	0.522 4	0.522 5	0.262 2	0.335 5	0.414 7	10 611	10 197	9 710	0.010 0	0.010 0	0.011 8	0.067 2	0.068 2	0.069 4	0.580 0	0.563 3	0.544 4	0.012 6	0.011 5	0.010 0
	模式2	4 655	6 726	9 749	0.534 6	0.532 5	0.531 0	0.331 7	0.396 3	0.466 8	10 611	10 197	9 710	0.010 0	0.010 0	0.011 8	0.067 2	0.068 2	0.069 4	0.580 0	0.563 3	0.544 4	0.012 6	0.011 5	0.010 0
	模式3	4 624	6 563	9 334	0.523 9	0.523 2	0.522 5	0.268 4	0.342 3	0.421 2	10 611	10 197	9 710	0.010 0	0.010 0	0.011 8	0.067 3	0.068 3	0.069 6	0.580 0	0.563 3	0.544 4	0.012 6	0.011 5	0.010 0
	模式4	4 624	6 563	9 334	0.535 4	0.533 2	0.531 5	0.337 3	0.402 5	0.472 7	10 611	10 197	9 710	0.010 0	0.010 0	0.011 8	0.067 3	0.068 3	0.069 6	0.580 0	0.563 3	0.544 4	0.012 6	0.011 5	0.010 0
	模式5	4 593	6 407	8 946	0.524 9	0.523 9	0.523 0	0.274 6	0.348 8	0.427 4	10 611	10 197	9 710	0.010 0	0.010 0	0.011 8	0.067 4	0.068 9	0.070 9	0.580 0	0.563 5	0.544 5	0.012 6	0.011 5	0.010 0
	模式6	4 593	6 407	8 946	0.536 2	0.533 8	0.531 8	0.342 9	0.408 5	0.478 5	10 611	10 197	9 710	0.010 0	0.010 0	0.011 8	0.067 4	0.068 9	0.070 9	0.580 0	0.563 5	0.544 5	0.012 6	0.011 5	0.010 0
邢台	模式1	2 193	3 062	4 264	0.511 7	0.499 8	0.482 4	0.242 5	0.413 6	0.547 0	9 610	8 946	8 171	0.014 5	0.016 2	0.017 8	0.066 8	0.068 5	0.069 2	0.583 0	0.562 5	0.539 7	0.004 2	0.002 0	0.000 9
	模式2	2 193	3 062	4 264	0.518 7	0.505 3	0.486 0	0.313 6	0.467 5	0.588 0	9 610	8 946	8 171	0.014 5	0.016 2	0.017 8	0.066 8	0.068 5	0.069 2	0.583 0	0.562 5	0.539 7	0.004 2	0.002 0	0.000 9
	模式3	2 179	2 994	4 100	0.512 0	0.498 3	0.481 0	0.247 1	0.413 5	0.549 3	9 610	8 946	8 171	0.014 5	0.016 2	0.017 8	0.066 9	0.068 9	0.069 5	0.583 0	0.562 5	0.539 7	0.004 2	0.002 0	0.000 9
	模式4	2 179	2 994	4 100	0.519 0	0.503 9	0.486 0	0.317 3	0.467 9	0.590 4	9 610	8 946	8 171	0.014 5	0.016 2	0.017 8	0.066 9	0.068 9	0.069 5	0.583 0	0.562 5	0.539 7	0.004 2	0.002 0	0.000 9
	模式5	2 166	2 929	3 947	0.512 2	0.498 2	0.481 2	0.251 7	0.418 0	0.552 8	9 610	8 946	8 171	0.014 5	0.016 2	0.017 8	0.067 0	0.068 9	0.070 8	0.583 0	0.562 8	0.539 8	0.004 2	0.002 0	0.000 9
	模式6	2 166	2 929	3 947	0.519 2	0.503 8	0.485 8	0.322 1	0.472 1	0.593 5	9 610	8 946	8 171	0.014 5	0.016 2	0.017 8	0.067 0	0.068 9	0.070 8	0.583 0	0.562 8	0.539 8	0.004 2	0.002 0	0.000 9
保定	模式1	3 496	4 920	6 038	0.594 0	0.599 4	0.598 5	0.242 5	0.413 6	0.547 0	16 432	15 624	14 794	0.032 2	0.034 0	0.035 8	0.059 3	0.060 3	0.060 2	0.651 0	0.630 7	0.607 0	0.018 3	0.015 7	0.013 3
	模式2	3 496	4 920	6 038	0.605 9	0.608 5	0.605 6	0.313 6	0.467 5	0.588 0	16 432	15 624	14 794	0.032 2	0.034 0	0.035 8	0.059 3	0.060 3	0.060 2	0.651 0	0.630 7	0.607 0	0.018 3	0.015 7	0.013 3
	模式3	3 472	4 806	5 842	0.594 7	0.599 0	0.598 5	0.247 1	0.413 5	0.549 3	16 432	15 624	14 794	0.032 2	0.034 0	0.035 8	0.059 4	0.060 4	0.061 0	0.651 0	0.630 7	0.607 0	0.018 3	0.015 7	0.013 3
	模式4	3 472	4 806	5 842	0.606 5	0.608 1	0.605 0	0.317 3	0.467 9	0.590 4	16 432	15 624	14 794	0.032 2	0.034 0	0.035 8	0.059 4	0.060 4	0.061 0	0.651 0	0.630 7	0.607 0	0.018 3	0.015 7	0.013 3
	模式5	3 448	4 696	5 653	0.595 3	0.599 4	0.598 3	0.251 7	0.418 0	0.552 8	16 432	15 624	14 794	0.032 2	0.034 0	0.035 8	0.059 5	0.060 5	0.061 8	0.651 0	0.630 7	0.607 0	0.018 3	0.015 7	0.013 3
	模式6	3 448	4 696	5 653	0.607 1	0.608 3	0.605 2	0.322 1	0.472 1	0.593 5	16 432	15 624	14 794	0.032 2	0.034 0	0.035 8	0.059 5	0.060 5	0.061 8	0.651 0	0.630 7	0.607 0	0.018 3	0.015 7	0.013 3

续表

城市	模式	GDP/元			生态安全保障度			生态用水保障程度			生态空间受胁度			生态系统服务价值 /[元/(hm²·a)]			生态风险病理程度			植被覆盖度			湿地覆盖度		
		2020年	2025年	2030年	2020年	2025年	2030年	2020年	2025年	2030年	2020年	2025年	2030年	2020年	2025年	2030年	2020年	2025年	2030年	2020年	2025年	2030年	2020年	2025年	2030年
张家口	模式1	1 759	2 393	3 292	0.647 3	0.634 7	0.617 6	0.684 3	0.693 4	0.704 7	0.069 4	0.073 4	0.077 6	16 978	16 581	16 155	0.045 6	0.046 2	0.046 5	0.743 0	0.733 3	0.722 3	0.011 4	0.010 1	0.008 7
	模式2	1 759	2 393	3 292	0.652 0	0.639 2	0.622 0	0.712 3	0.720 8	0.731 3	0.069 4	0.073 4	0.077 6	16 978	16 581	16 155	0.045 6	0.046 2	0.046 5	0.743 0	0.733 3	0.722 3	0.011 4	0.010 1	0.008 7
	模式3	1 752	2 350	3 174	0.647 6	0.634 9	0.617 9	0.686 1	0.695 3	0.706 7	0.069 4	0.073 4	0.077 6	16 978	16 581	16 155	0.045 6	0.046 3	0.046 5	0.743 0	0.733 3	0.722 3	0.011 4	0.010 1	0.008 7
	模式4	1 752	2 350	3 174	0.652 2	0.639 4	0.622 1	0.714 0	0.722 5	0.732 5	0.069 4	0.073 4	0.077 6	16 978	16 581	16 155	0.045 6	0.046 3	0.046 5	0.743 0	0.733 3	0.722 3	0.011 4	0.010 1	0.008 7
	模式5	1 743	2 302	3 061	0.647 8	0.635 1	0.617 6	0.688 0	0.697 2	0.707 2	0.069 4	0.073 4	0.077 6	16 978	16 581	16 155	0.045 7	0.046 5	0.047 0	0.743 0	0.733 3	0.722 3	0.011 4	0.010 1	0.008 7
	模式6	1 743	2 302	3 061	0.652 6	0.639 6	0.622 0	0.715 8	0.724 2	0.734 2	0.069 4	0.073 4	0.077 6	16 978	16 581	16 155	0.045 7	0.046 5	0.047 0	0.743 0	0.733 3	0.722 3	0.011 4	0.010 1	0.008 7
承德	模式1	1 856	2 561	3 514	0.693 3	0.682 7	0.671 0	0.624 8	0.648 5	0.677 0	0.074 0	0.077 4	0.080 3	24 693	24 350	23 961	0.032 8	0.033 2	0.033 3	0.882 8	0.877 6	0.871 7	0.008 8	0.007 7	0.006 4
	模式2	1 856	2 561	3 514	0.699 1	0.687 9	0.676 2	0.659 4	0.679 9	0.705 5	0.074 0	0.077 4	0.080 3	24 693	24 350	23 961	0.032 8	0.033 2	0.033 3	0.882 8	0.877 6	0.871 7	0.008 8	0.007 7	0.006 4
	模式3	1 845	2 506	3 386	0.694 8	0.688 6	0.677 0	0.629 4	0.653 7	0.681 1	0.074 0	0.077 4	0.080 3	24 693	24 350	23 961	0.032 8	0.033 2	0.033 3	0.882 8	0.877 6	0.871 7	0.008 8	0.007 7	0.006 4
	模式4	1 845	2 506	3 386	0.699 8	0.688 6	0.677 0	0.663 7	0.684 2	0.709 1	0.074 0	0.077 4	0.080 3	24 693	24 350	23 961	0.032 8	0.033 2	0.033 3	0.882 8	0.877 6	0.871 7	0.008 8	0.007 7	0.006 4
	模式5	1 835	2 454	3 264	0.694 9	0.684 2	0.673 1	0.634 2	0.657 9	0.685 9	0.074 0	0.077 4	0.080 3	24 693	24 350	23 961	0.032 8	0.033 2	0.033 3	0.882 8	0.877 6	0.871 7	0.008 8	0.007 7	0.006 4
	模式6	1 835	2 454	3 264	0.700 5	0.689 3	0.677 6	0.667 6	0.688 5	0.713 1	0.074 0	0.077 4	0.080 3	24 693	24 350	23 961	0.032 9	0.033 3	0.033 3	0.882 8	0.877 6	0.871 7	0.008 8	0.007 7	0.006 4
沧州	模式1	5 129	7 627	11 228	0.661 1	0.705 1	0.726 1	0.563 4	0.674 8	0.722 8	0.013 9	0.014 9	0.015 0	15 414	17 110	19 176	0.069 0	0.068 1	0.066 3	0.515 1	0.507 2	0.497 2	0.051 0	0.060 0	0.071 2
	模式2	5 129	7 627	11 228	0.667 6	0.709 6	0.730 3	0.602 6	0.699 9	0.747 0	0.013 9	0.014 9	0.015 0	15 414	17 110	19 176	0.069 0	0.068 1	0.066 3	0.515 1	0.507 2	0.497 2	0.051 0	0.060 0	0.071 2
	模式3	5 091	7 432	10 743	0.661 6	0.705 6	0.726 1	0.567 0	0.677 0	0.725 8	0.013 9	0.014 9	0.015 0	15 414	17 110	19 176	0.069 4	0.068 4	0.066 6	0.515 1	0.507 2	0.497 2	0.051 0	0.060 0	0.071 2
	模式4	5 091	7 432	10 743	0.667 6	0.709 6	0.730 3	0.603 3	0.701 3	0.748 6	0.013 9	0.014 9	0.015 0	15 414	17 110	19 176	0.069 4	0.068 4	0.066 6	0.515 1	0.507 2	0.497 2	0.051 0	0.060 0	0.071 2
	模式5	5 054	7 244	10 283	0.662 1	0.705 4	0.726 1	0.570 6	0.680 9	0.728 3	0.013 9	0.014 9	0.015 0	15 414	17 110	19 176	0.069 4	0.068 7	0.067 1	0.515 1	0.507 2	0.497 2	0.051 0	0.060 0	0.071 2
	模式6	5 054	7 244	10 283	0.668 5	0.709 6	0.730 6	0.609 1	0.706 1	0.752 4	0.013 9	0.014 9	0.015 0	15 414	17 110	19 176	0.069 4	0.068 7	0.067 1	0.515 1	0.507 2	0.497 2	0.051 0	0.060 0	0.071 2
廊坊	模式1	3 696	6 051	10 092	0.477 4	0.445 4	0.410 6	0.524 9	0.589 3	0.653 8	0.017 3	0.017 3	0.017 7	6 549	4 718	2 996	0.090 8	0.091 9	0.090 9	0.374 4	0.321 3	0.266 7	0.013 0	0.007 4	0.002 3
	模式2	3 696	6 051	10 092	0.484 4	0.451 3	0.415 6	0.566 7	0.625 5	0.683 2	0.017 3	0.017 3	0.017 7	6 549	4 718	2 996	0.090 8	0.091 9	0.090 9	0.374 4	0.321 4	0.266 7	0.013 0	0.007 4	0.002 3
	模式3	3 664	5 857	9 518	0.477 8	0.445 4	0.409 4	0.529 5	0.595 1	0.660 5	0.017 3	0.017 3	0.017 7	6 549	4 718	2 996	0.091 2	0.092 8	0.091 9	0.374 4	0.321 5	0.267 0	0.013 0	0.007 4	0.002 3
	模式4	3 664	5 857	9 518	0.484 7	0.451 4	0.414 1	0.570 8	0.630 5	0.689 7	0.017 3	0.017 3	0.017 7	6 549	4 718	2 996	0.091 2	0.092 8	0.091 9	0.374 4	0.321 5	0.267 0	0.013 0	0.007 4	0.002 3
	模式5	3 633	5 671	8 984	0.478 2	0.445 0	0.408 1	0.534 0	0.600 8	0.666 6	0.017 3	0.017 3	0.017 7	6 549	4 718	2 996	0.091 4	0.093 7	0.093 4	0.374 5	0.321 6	0.267 3	0.013 0	0.007 4	0.002 3
	模式6	3 633	5 671	8 984	0.485 0	0.450 7	0.413 0	0.574 8	0.635 6	0.695 4	0.017 3	0.017 3	0.017 7	6 549	4 718	2 996	0.091 4	0.093 7	0.093 4	0.374 5	0.321 6	0.267 3	0.013 0	0.007 4	0.002 3

续表

城市	模式	GDP/元			生态安全保障度			生态用水保障程度			生态空间受损度			生态系统服务价值/[元/(hm²·a)]			生态风险病理程度			植被覆盖度			湿地覆盖度		
		2020年	2025年	2030年	2020年	2025年	2030年	2020年	2025年	2030年	2020年	2025年	2030年	2020年	2025年	2030年	2020年	2025年	2030年	2020年	2025年	2030年	2020年	2025年	2030年
衡水	模式1	1 592	2 254	3 183	0.425 9	0.432 9	0.407 8	0.156 8	0.381 0	0.435 2	0.007 1	0.008 1	0.009 1	6 384	5 551	4 591	0.070 2	0.070 5	0.070 5	0.537 1	0.526 9	0.514 8	0.003 3	0.003 6	0.002 4
	模式2	1 592	2 254	3 183	0.438 5	0.442 0	0.416 0	0.231 4	0.435 7	0.484 7	0.007 1	0.008 1	0.009 1	6 384	5 551	4 591	0.070 2	0.070 5	0.070 5	0.537 1	0.526 9	0.514 8	0.003 3	0.003 6	0.002 4
	模式3	1 582	2 202	3 057	0.427 2	0.434 1	0.409 1	0.164 0	0.390 6	0.447 1	0.007 1	0.008 1	0.009 1	6 384	5 551	4 591	0.070 3	0.070 8	0.070 8	0.537 6	0.526 9	0.514 8	0.003 3	0.003 6	0.002 4
	模式4	1 582	2 202	3 057	0.439 6	0.443 0	0.417 2	0.239 2	0.444 2	0.495 5	0.007 1	0.008 1	0.009 1	6 384	5 551	4 591	0.070 3	0.070 8	0.070 8	0.537 6	0.526 9	0.514 8	0.003 3	0.003 6	0.002 4
	模式5	1 572	2 153	2 939	0.428 5	0.435 1	0.410 3	0.172 2	0.399 3	0.458 3	0.007 1	0.008 1	0.009 1	6 384	5 551	4 591	0.070 4	0.071 1	0.071 1	0.537 1	0.526 9	0.514 8	0.003 3	0.003 6	0.002 4
	模式6	1 572	2 153	2 939	0.440 8	0.444 0	0.418 1	0.246 1	0.452 5	0.505 6	0.007 1	0.008 1	0.009 1	6 384	5 551	4 591	0.070 4	0.071 1	0.071 1	0.537 1	0.526 9	0.514 8	0.003 3	0.003 6	0.002 4
京津冀城市群	模式1	104 045	152 968	231 419	0.646 3	0.643 3	0.637 7	0.360 7	0.395 2	0.434 0	0.025 5	0.027 5	0.028 8	17 585	17 031	16 452	0.054 3	0.051 0	0.047 0	0.661 4	0.644 1	0.625 2	0.022 7	0.021 9	0.019 4
	模式2	104 045	152 968	231 419	0.655 8	0.651 8	0.645 2	0.417 0	0.445 9	0.478 4	0.025 5	0.027 5	0.028 8	17 585	17 031	16 452	0.054 3	0.051 0	0.047 0	0.661 4	0.644 1	0.625 2	0.022 8	0.021 9	0.019 4
	模式3	103 350	149 125	220 928	0.647 6	0.644 9	0.639 4	0.367 4	0.404 4	0.444 3	0.025 5	0.027 5	0.028 8	17 585	17 031	16 452	0.054 3	0.051 0	0.047 0	0.661 4	0.644 1	0.625 2	0.022 8	0.021 9	0.019 4
	模式4	103 350	149 125	220 928	0.656 9	0.653 1	0.646 7	0.423 9	0.454 3	0.488 0	0.025 5	0.027 5	0.028 8	17 585	17 031	16 452	0.054 3	0.051 0	0.047 0	0.661 4	0.644 1	0.625 2	0.022 8	0.021 9	0.019 4
	模式5	102 660	145 380	210 931	0.648 8	0.646 3	0.641 5	0.375 4	0.413 3	0.453 4	0.025 5	0.027 5	0.028 8	17 585	17 031	16 452	0.054 3	0.051 0	0.047 0	0.661 4	0.644 1	0.625 2	0.022 8	0.021 9	0.019 4
	模式6	102 660	145 380	210 931	0.658 1	0.654 5	0.648 2	0.430 8	0.462 4	0.496 8	0.025 5	0.027 5	0.028 8	17 585	17 031	16 452	0.054 3	0.051 0	0.047 0	0.661 4	0.644 1	0.625 2	0.022 8	0.021 9	0.019 4

因此，不同发展情景方案的综合选择，需要考虑效益、技术、生活水平等多方面，达到均衡、高效、集约发展。

从耗水模式上看，京津冀城市群各地级以上城市在低耗水状态下的生态安全保障度均大于高耗水状态下的保障度，且变化幅度较大。生态用水保障程度也随之变化，耗水越低，生态用水保障程度越高。因此，在生产技术可行、居民生活水平不会明显下降的前提下，应采取低耗水模式，节水方式以适度为原则。

从发展模式来看，对京津冀城市群大多数地级以上城市来说，随着发展速度降低，生态安全保障度升高，也就是在低发展状态下生态安全保障度最高。但是邢台、保定、沧州、廊坊略有不同，2020 年低发展状态下的生态安全保障度依旧较高，2025 年、2030 年时却表现为高发展状态下的生态安全保障度较高。

总体来说，在提高生态安全保障度的同时，既要兼顾经济发展又要保障居民生活水平，因此北京、天津、石家庄、唐山、秦皇岛、邯郸、张家口、承德、衡水、京津冀城市群采取中发展低耗水模式为宜，邢台、保定、沧州、廊坊采取高发展低耗水模式为宜。

第三节　EDSS 的运行流程

京津冀城市群区域生态安全协同保障决策支持系统（EDSS）是在构建城市群统计数据库的基础上，基于 GIS 空间分析平台，综合管理、预测、调控 2000～2030 年京津冀城市群区域发展和生态安全等要素。根据京津冀城市群生态安全协同保障决策支持系统模拟模型，将该系统的核心模块划分为生态空间保障子模块、生态系统服务子模块、生态风险病理程度子模块、生态用水保障子模块、人口子模块、经济子模块，通过将各类变量和模拟方程进行对接。模拟基期为 2000 年，模拟终期为 2030 年。该系统通过京津冀 13 个地级以上城市不同参数的设置，不仅可实现区域协调联动，还能可视化输出生态安全保障程度的结果。根据情景模拟结果的综合分析，可以为京津冀城市群健康发展提供科学决策依据。该系统由四个子系统构成，即区域协调联动与生态安全保障基础数据子系统、区域协调联动与生态安全保障决策分析子系统、综合调控子系统、用户管理子系统和帮助子系统，该系统于 2020 年 6 月获得国家计算机软件著作权登记证书，证书号为 2020SR0907136，2020 年 8 月 30 日通过国家信息中心的软件测试，测试号为 SICSTC/TR-CL20200013。

一、EDSS 系统概述

（一）系统登录界面说明

在系统启动时，首先显示登录界面，如图 6.17 所示，提示用户输入登录用户名和登录密码，单击"登录"，系统将启动并运行所选择的相应模块供用户使用。

京津冀城市群区域生态安全协同保障决策支持系统

Version 1.0
中国科学院地理科学与资源研究所

登录用户　admin　　请输入您的用户名

登录密码　＊＊＊＊＊　　请输入您的密码

取消　　登录

图 6.17　EDSS 系统登录主界面

（二）系统主界面说明

为了方便用户操作，系统主界面采用 Office 2013 界面模式，主窗口按功能共分为五个功能区：菜单栏区、工具条区、图层控制面板、地图显示区以及状态栏，具体界面如图 6.18 所示。

（三）系统菜单栏

菜单栏区包括区域协调联动与生态安全保障基础数据、区域协调联动与生态安全保障决策分析、综合调控、用户管理、帮助五个主菜单。每个主菜单下面都有二级、三级菜单。图 6.19 为菜单栏的具体功能菜单。

二、EDSS 基础数据功能管理

单击区域协调联动与生态安全保障基础数据菜单，系统会显示功能菜单的二级菜单。基础数据功能菜单主要包括生态空间保障、生态系统服务、生态风险病理程度、生态用水保障、人口、经济六个子系统二级菜单，如图 6.20 所示。

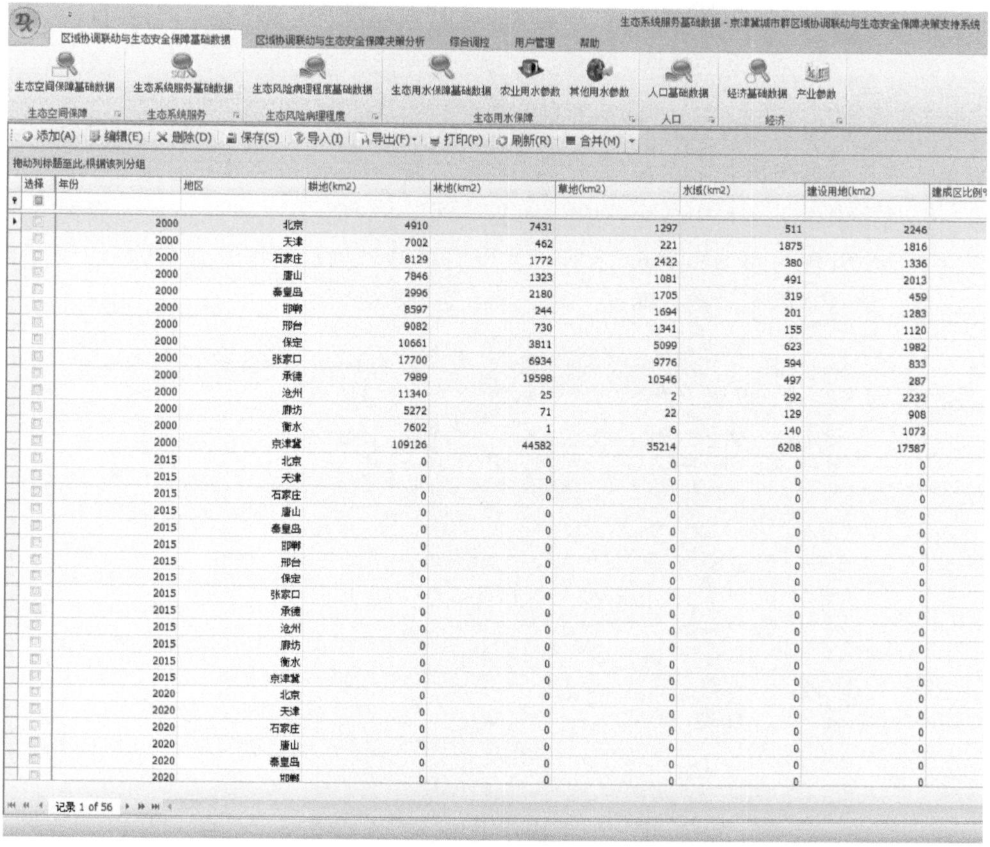

选择	年份	地区	耕地(km2)	林地(km2)	草地(km2)	水域(km2)	建设用地(km2)	建成区比例%
	2000	北京	4910	7431	1297	511	2246	
	2000	天津	7002	462	221	1875	1816	
	2000	石家庄	8129	1772	2422	380	1336	
	2000	唐山	7846	1323	1081	491	2013	
	2000	秦皇岛	2996	2180	1705	319	459	
	2000	邯郸	8597	244	1694	201	1283	
	2000	邢台	9082	730	1341	155	1120	
	2000	保定	10661	3811	5099	623	1982	
	2000	张家口	17700	6934	9776	594	833	
	2000	承德	7989	19598	10546	497	287	
	2000	沧州	11340	25	2	292	2232	
	2000	廊坊	5272	71	22	129	908	
	2000	衡水	7602	1	6	140	1073	
	2000	京津冀	109126	44582	35214	6208	17587	
	2015	北京	0	0	0	0	0	
	2015	天津	0	0	0	0	0	
	2015	石家庄	0	0	0	0	0	
	2015	唐山	0	0	0	0	0	
	2015	秦皇岛	0	0	0	0	0	
	2015	邯郸	0	0	0	0	0	
	2015	邢台	0	0	0	0	0	
	2015	保定	0	0	0	0	0	
	2015	张家口	0	0	0	0	0	
	2015	承德	0	0	0	0	0	
	2015	沧州	0	0	0	0	0	
	2015	廊坊	0	0	0	0	0	
	2015	衡水	0	0	0	0	0	
	2015	京津冀	0	0	0	0	0	
	2020	北京	0	0	0	0	0	
	2020	天津	0	0	0	0	0	
	2020	石家庄	0	0	0	0	0	
	2020	唐山	0	0	0	0	0	
	2020	秦皇岛	0	0	0	0	0	
	2020	邯郸	0	0	0	0	0	

记录 1 of 56

图 6.18　EDSS 系统主界面

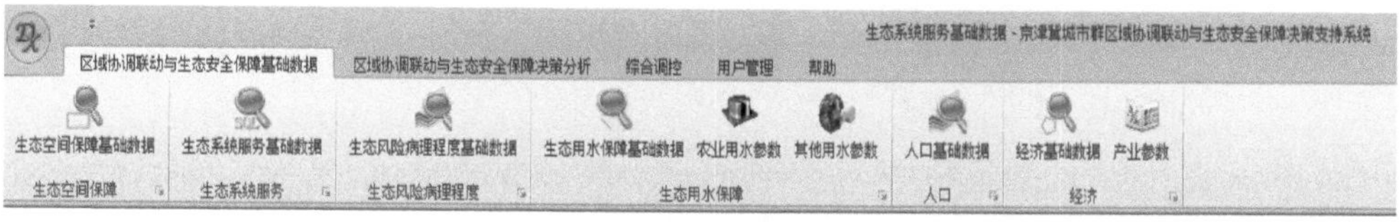

图 6.19　EDSS 系统菜单栏

图 6.20　EDSS 基础数据菜单

（一）生态空间保障基础数据管理

生态空间保障功能用于管理生态空间保障基础数据。主要涉及计算生态空间受损度、植被覆盖度、湿地覆盖度等指标，如耕地面积、草地面积、建设用地面积、林地面积、水域面积等。将各类型土地利用面积作为状态变量，以 2000 年的各类型土地面积作为基准年面积，变化量根据土地利用转化求出。单击菜单下的"生态空间保障基础数据"按钮，系统会自动跳出管理界面，如图 6.21 所示。当用户关闭基础数据管理窗体后，若想再次显示该窗口，单击菜单下的按钮即可。

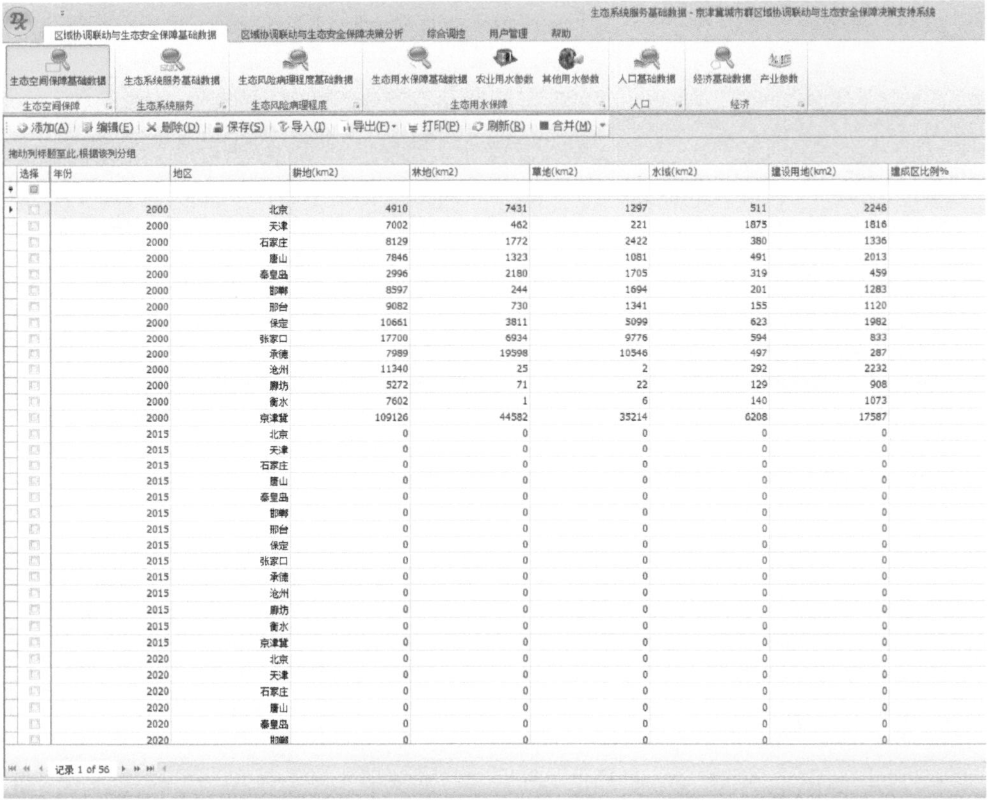

选择	年份	地区	耕地(km2)	林地(km2)	草地(km2)	水域(km2)	建设用地(km2)	建成区比例%
	2000	北京	4910	7431	1297	511	2246	
	2000	天津	7002	462	221	1875	1816	
	2000	石家庄	8129	1772	2422	380	1336	
	2000	唐山	7846	1323	1081	491	2013	
	2000	秦皇岛	2996	2180	1705	319	459	
	2000	邯郸	8597	244	1694	201	1283	
	2000	邢台	9082	730	1341	155	1120	
	2000	保定	10661	3811	5099	623	1982	
	2000	张家口	17700	6934	9776	594	833	
	2000	承德	7989	19598	10546	497	287	
	2000	沧州	11340	25	2	292	2232	
	2000	廊坊	5272	71	22	129	908	
	2000	衡水	7602	1	6	140	1073	
	2000	京津冀	109126	44582	35214	6208	17587	
	2015	北京	0	0	0	0	0	
	2015	天津	0	0	0	0	0	
	2015	石家庄	0	0	0	0	0	
	2015	唐山	0	0	0	0	0	
	2015	秦皇岛	0	0	0	0	0	
	2015	邯郸	0	0	0	0	0	
	2015	邢台	0	0	0	0	0	
	2015	保定	0	0	0	0	0	
	2015	张家口	0	0	0	0	0	
	2015	承德	0	0	0	0	0	
	2015	沧州	0	0	0	0	0	
	2015	廊坊	0	0	0	0	0	
	2015	衡水	0	0	0	0	0	
	2015	京津冀	0	0	0	0	0	
	2020	北京	0	0	0	0	0	
	2020	天津	0	0	0	0	0	
	2020	石家庄	0	0	0	0	0	
	2020	唐山	0	0	0	0	0	
	2020	秦皇岛	0	0	0	0	0	
	2020	邯郸						

图 6.21　生态空间保障综合分析功能管理界面

基础数据管理界面按功能共分为四个功能区：工具条区、数据显示区、数据控制区以及数据状态栏。

（1）工具条区主要包括添加、编辑、删除、保存、导入、导出、打印、刷新、合并等功能。

添加：鼠标左键单击"添加"按钮，系统弹出新增数据界面，如图 6.22 所示。输入新的指标数据，单击"新增"即可。单击"取消"按钮则关闭该界面。

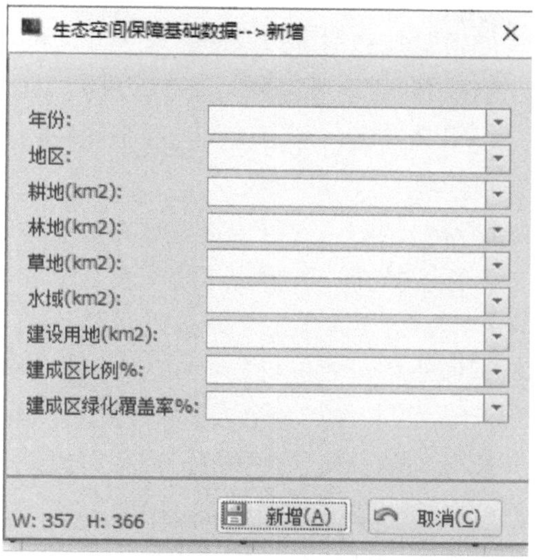

图 6.22　新增数据界面

编辑：鼠标左键单击"编辑"按钮，系统弹出编辑数据界面。更新数据，单击"保存"即可。单击"取消"按钮则关闭该界面（图6.23）。

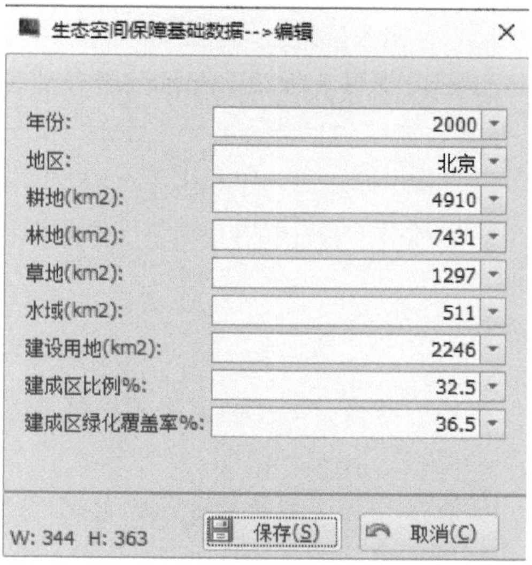

图 6.23　编辑数据界面

删除：鼠标左键单击"删除"按钮，系统弹出确认删除的对话框。单击"是"按钮，确认删除；单击"否"按钮，则关闭该界面。

保存：鼠标左键单击"保存"按钮，系统弹出确认执行保存结果的消息对话框。

导入：鼠标左键单击"导入"按钮，系统弹出选择导入数据的消息对话框，用户选择相应的导入模板，在对话框中单击打开即可。

　　导出：鼠标左键单击"导出"按钮的下拉菜单，选择相应的导出格式，将数据表格中的数据导出为对应的格式，包括 HTML、EXCEL、RTF、PDF、MHT、TEXT 等格式。

　　打印：鼠标左键单击"打印"按钮，系统弹出选择打印数据的界面，用户可以根据相应的需求在界面内进行调整和打印。

　　刷新：鼠标左键单击"刷新"按钮，数据表格将重新加载和刷新。

　　合并：鼠标左键单击"合并"按钮，数据表格将有重复值的单元格进行合并，方便用户直观地分析。当不需要合并视图，再次单击合并按钮即可。

　　（2）数据显示区是将数据以表格形式进行展示，用户可以在表格对数据进行修改、排序、筛选等功能。

　　（3）数据控制区可以控制数据的分组筛选情况，用户可以把某一列的标题拖动到数据控制区，数据显示区的数据可自动按照该列进行分组展示。

　　（4）数据状态栏是显示数据的记录条数，用户可以对数据集进行一定的操作，包括上一条记录、下一条记录、第一条记录、最后一条记录、上一页、下一页等功能。

（二）　生态系统服务基础数据管理

　　生态系统服务价值包括耕地生态服务价值、草地生态服务价值、林地生态服务价值、水域生态服务价值、建设用地生态服务价值，与各土地利用类型的面积和生态系统服务价值系数相关。生态系统服务分析功能用于管理生态系统服务的基础数据。单击菜单下的"生态系统服务基础数据"按钮，系统会自动跳出管理界面，如图 6.24 所示。当用户关闭基础数据管理窗体后，若想再次显示该窗口，单击菜单下的按钮即可。

　　基础数据管理界面按功能共分为四个功能区：工具条区、数据显示区、数据控制区以及数据状态栏。

　　（1）工具条区主要包括添加、编辑、删除、保存、导入、导出、打印、刷新、合并等功能。

　　添加：鼠标左键单击"添加"按钮，系统弹出新增数据界面，如图 6.25 所示。输入新的指标数据，单击"新增"即可。单击"取消"按钮则关闭该界面。

　　编辑：鼠标左键单击"编辑"按钮，系统弹出编辑数据界面。更新数据，单击"保存"即可。单击"取消"按钮则关闭该界面（图 6.26）。

　　删除：鼠标左键单击"删除"按钮，系统弹出确认删除的对话框。单击"是"按钮，确认删除；单击"否"按钮，则关闭该界面。

　　保存：鼠标左键单击"保存"按钮，系统弹出确认执行保存结果的消息对话框。

　　导入：鼠标左键单击"导入"按钮，系统弹出选择导入数据的消息对话框，用户选择相应的导入模板，在对话框中单击打开即可。

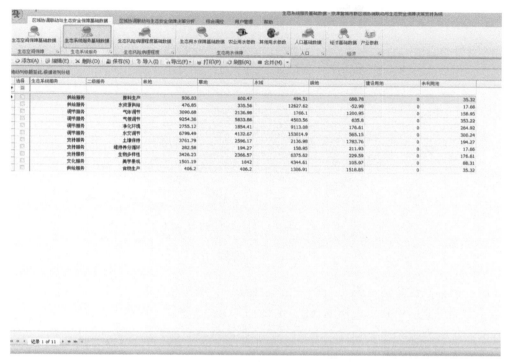

图 6.24　生态系统服务分析管理界面

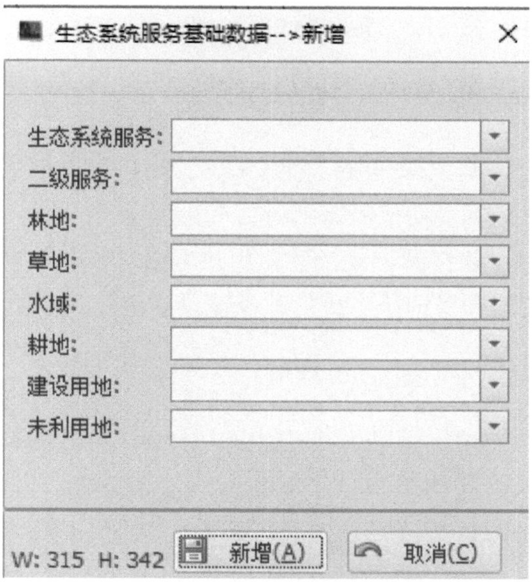

图 6.25　新增数据界面

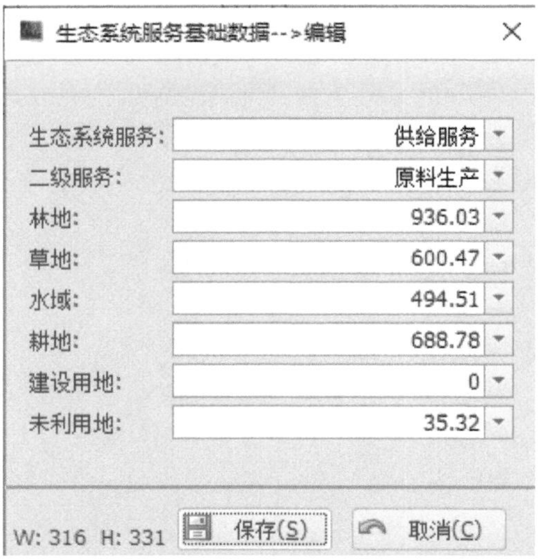

图 6.26　编辑数据界面

导出：鼠标左键单击"导出"按钮的下拉菜单，选择相应的导出格式，将数据表格中的数据导出为对应的格式，包括 HTML、EXCEL、RTF、PDF、MHT、TEXT 等格式。

打印：鼠标左键单击"打印"按钮，系统弹出选择打印数据的界面，用户可以根据相应的需求在界面内进行调整和打印。

刷新：鼠标左键单击"刷新"按钮，数据表格将重新加载和刷新。

合并：鼠标左键单击"合并"按钮，数据表格将有重复值的单元格进行合并，方便用户直观地分析。当不需要合并视图，再次单击"合并"按钮即可。

（2）数据显示区是将数据以表格形式进行展示，用户可以在表格对数据进行修改、排序、筛选等功能。

（3）数据控制区可以控制数据的分组筛选情况，用户可以把某一列的标题拖动到数据控制区，数据显示区的数据可自动按照该列进行分组展示。

（4）数据状态栏是显示数据的记录条数，用户可以对数据集进行一定的操作，包括上一条记录、下一条记录、第一条记录、最后一条记录、上一页、下一页等功能。

（三）生态风险病理程度基础数据管理

生态风险病理程度功能用于管理城市群生态风险病理程度基础数据。为表征土地生态系统变化与区域生态风险间的关联，采取各土地生态系统所占面积的比例来构建其土地利用变化的生态风险指数，用来描述研究区内每一个评估单元的综合生态风险的相对大小。利用这种指数采样法，可把研究区的生态风险变量空间化，并以研究区的土地利用面积结构来转化得出。单击菜单下的"生态风险病理程度基础数据"按钮，系统会自动跳出管理界面，如图 6.27 所示。当用户关闭管理窗体后，若想再次显示该窗口，单击菜单下的按钮即可。

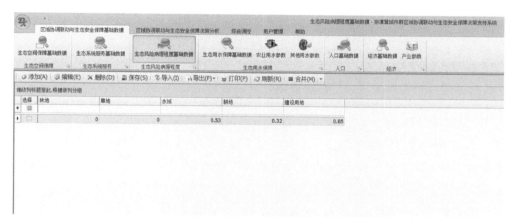

图 6.27 生态风险病理程度管理界面

基础数据管理界面按功能共分为四个功能区：工具条区、数据显示区、数据控制区以及数据状态栏。

（1）工具条区主要包括添加、编辑、删除、保存、导入、导出、打印、刷新、合并等功能。

添加：鼠标左键单击"添加"按钮，系统弹出新增数据界面。输入新的指标数据，单击"新增"即可。单击取消按钮则关闭该界面。

编辑：鼠标左键单击"编辑"按钮，系统弹出编辑数据界面。更新数据，单击"保存"即可。单击"取消"按钮则关闭该界面。

删除：鼠标左键单击"删除"按钮，系统弹出确认删除的对话框。单击"是"按钮，确认删除；单击"否"按钮，则关闭该界面。

保存：鼠标左键单击"保存"按钮，系统弹出确认执行保存结果的消息对话框。

导入：鼠标左键单击"导入"按钮，系统弹出选择导入数据的消息对话框，用户选择相应的导入模板，在对话框中单击打开即可。

导出：鼠标左键单击"导出"按钮的下拉菜单，选择相应的导出格式，将数据表格中的数据导出为对应的格式，包括 HTML、EXCEL、RTF、PDF、MHT、TEXT 等格式。

打印：鼠标左键单击"打印"按钮，系统弹出选择打印数据的界面，用户可以根据相应的需求在界面内进行调整和打印。

刷新：鼠标左键单击"刷新"按钮，数据表格将重新加载和刷新。

合并：鼠标左键单击"合并"按钮，数据表格将有重复值的单元格进行合并，方便用户直观地分析。当不需要合并视图，再次单击"合并"按钮即可。

（2）数据显示区是将数据以表格形式进行展示，用户可以在表格对数据进行修改、排序、筛选等功能。

（3）数据控制区可以控制数据的分组筛选情况，用户可以把某一列的标题拖动到数据控制区，数据显示区的数据可自动按照该列进行分组展示。

（4）数据状态栏是显示数据的记录条数，用户可以对数据集进行一定的操作，包括上一条记录、下一条记录、第一条记录、最后一条记录、上一页、下一页等功能。

（四）生态用水保障基础数据管理

生态用水保障功能用于管理城市群生态用水保障基础数据，如图 6.28 所示。水资源主要可以划分为可供水、用水部分。可供水量来源于三个方面：可利用水资源、再生水资源与调配水资源。再生水资源与污水处理量和再生水利用率相关，污水处理量则将供水量和用水量联系起来。用水量主要包括工业用水、农业用水、环境用水、生活用水。供水量与用水量的差值为供需缺口（图 6.29 和图 6.30）。水资源开发利用率通过用水量与可利用的水资源量的比例计算，生态用水保障程度用水资源开发利用率计算得出。单击菜单下的"生态用水保障基础数据"按钮，系统会自动跳出管理界面。当用户关闭管理窗体后，若想再次显示该窗口，单击菜单下的按钮即可。

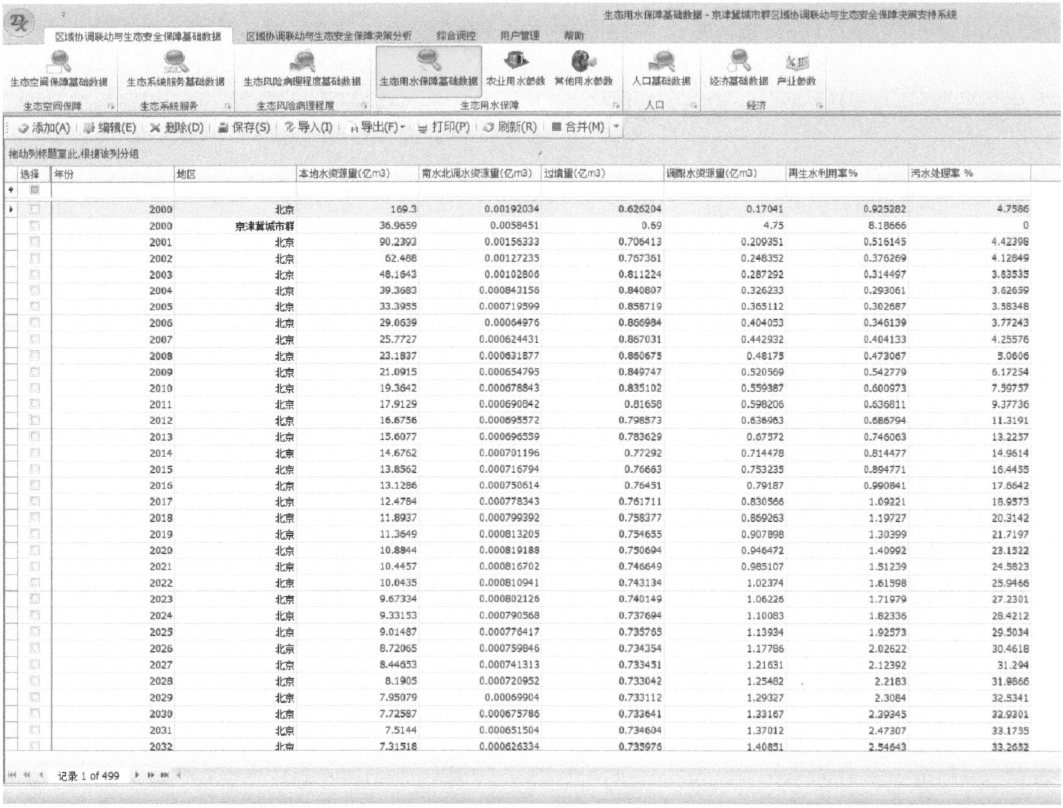

图 6.28　生态用水保障管理界面

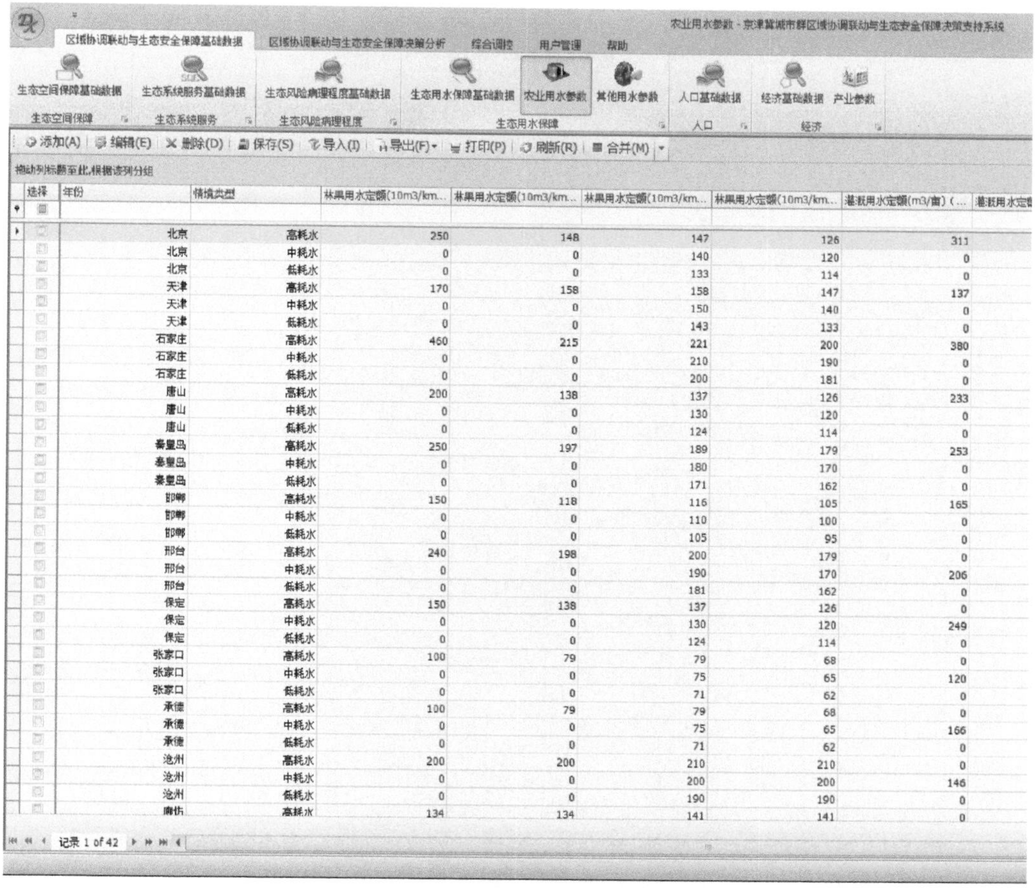

图 6.29　农业用水参数管理界面

基础数据管理界面按功能共分为四个功能区：工具条区、数据显示区、数据控制区以及数据状态栏。

（1）工具条区主要包括添加、编辑、删除、保存、导入、导出、打印、刷新、合并等功能。

添加：鼠标左键单击"添加"按钮，系统弹出新增数据界面。输入新的指标数据，单击"新增"即可。单击"取消"按钮则关闭该界面。

编辑：鼠标左键单击"编辑"按钮，系统弹出编辑数据界面。更新数据，单击"保存"即可。单击"取消"按钮则关闭该界面（图 6.31）。

删除：鼠标左键"单击"删除按钮，系统弹出确认删除的对话框。单击"是"按钮，确认删除；单击"否"按钮，则关闭该界面。

保存：鼠标左键单击"保存"按钮，系统弹出确认执行保存结果的消息对话框。

导入：鼠标左键单击"导入"按钮，系统弹出选择导入数据的消息对话框，用户选择相应的导入模板，在对话框中单击打开即可。

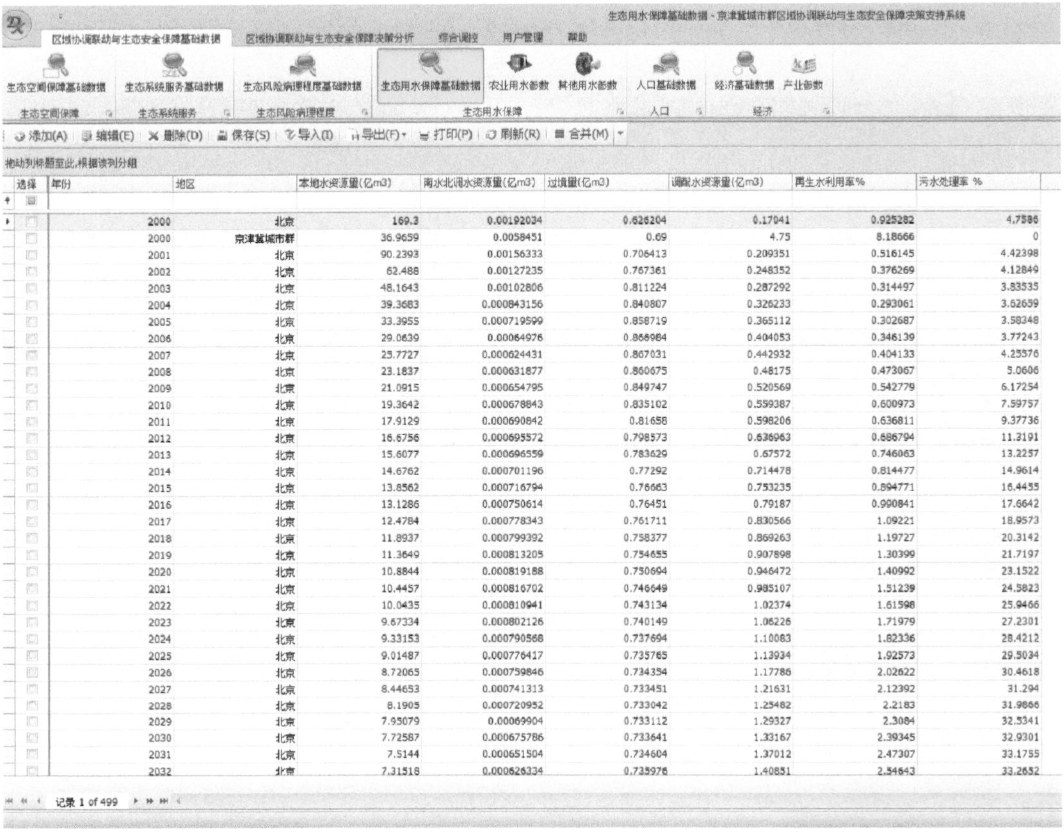

图 6.30　其他用水参数管理界面

选择	年份	地区	本地水资源量(亿m3)	南水北调水资源量(亿m3)	过境量(亿m3)	调配水资源量(亿m3)	再生水利用率%	污水处理率 %
	2000	京津冀城市群	169.3	0.00192034	0.626204	0.17041	0.925282	4.7586
	2000	北京	36.9659	0.0058451	0.69	4.75	8.18666	0
	2001	北京	90.2393	0.00156333	0.706413	0.209351	0.516145	4.42398
	2002	北京	62.488	0.00127235	0.767361	0.248352	0.376269	4.12849
	2003	北京	48.1643	0.0010206	0.811224	0.287292	0.314497	3.83535
	2004	北京	39.3683	0.000843156	0.840807	0.326233	0.293061	3.62659
	2005	北京	33.3955	0.000719599	0.858719	0.365112	0.302687	3.58348
	2006	北京	29.0639	0.00064976	0.866984	0.404053	0.346139	3.77243
	2007	北京	25.7727	0.000624431	0.867031	0.442932	0.404133	4.23576
	2008	北京	23.1837	0.000631877	0.860675	0.48175	0.473067	5.0606
	2009	北京	21.0915	0.000654795	0.849747	0.520569	0.542779	6.17254
	2010	北京	19.3642	0.000678843	0.835102	0.559387	0.600973	7.59757
	2011	北京	17.9129	0.000690842	0.81658	0.598206	0.636811	9.37736
	2012	北京	16.6756	0.000695572	0.798573	0.636963	0.686794	11.3191
	2013	北京	15.6077	0.000696559	0.783629	0.67572	0.746063	13.2257
	2014	北京	14.6762	0.000701196	0.77292	0.714478	0.814477	14.9614
	2015	北京	13.8562	0.000716794	0.76663	0.753235	0.894771	16.4455
	2016	北京	13.1286	0.000750614	0.76451	0.79187	0.990841	17.6642
	2017	北京	12.4784	0.000778343	0.761711	0.830566	1.09221	18.9573
	2018	北京	11.8937	0.000799392	0.758377	0.869263	1.19727	20.3142
	2019	北京	11.3649	0.00081205	0.754685	0.907898	1.30399	21.7197
	2020	北京	10.8844	0.000819188	0.750694	0.946472	1.40992	23.1522
	2021	北京	10.4457	0.00081670	0.746649	0.985107	1.51239	24.5823
	2022	北京	10.0435	0.000810941	0.743134	1.02374	1.61598	25.9466
	2023	北京	9.67334	0.000802126	0.740149	1.06226	1.71979	27.2301
	2024	北京	9.33153	0.000790568	0.737694	1.10083	1.82336	28.4212
	2025	北京	9.01487	0.000776417	0.735765	1.13934	1.92573	29.5034
	2026	北京	8.72065	0.000759846	0.734354	1.17786	2.02622	30.4618
	2027	北京	8.44653	0.000741313	0.733451	1.21631	2.12392	31.294
	2028	北京	8.1905	0.000720952	0.733042	1.25482	2.2183	31.9666
	2029	北京	7.95079	0.0006999004	0.733112	1.29327	2.3084	32.5341
	2030	北京	7.72587	0.000675786	0.733641	1.33167	2.39345	32.9301
	2031	北京	7.5144	0.000651504	0.734604	1.37012	2.47307	33.1755
	2032	北京	7.31518	0.000626334	0.735976	1.40851	2.54643	33.2652

记录 1 of 499

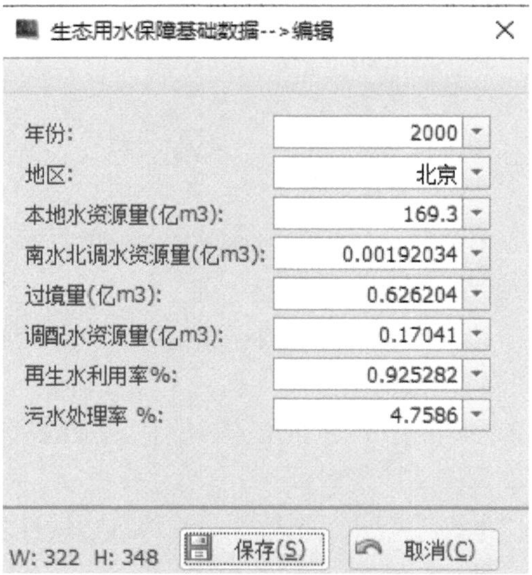

图 6.31　编辑数据界面

导出：鼠标左键单击"导出"按钮的下拉菜单，选择相应的导出格式，将数据表格中的数据导出为对应的格式，包括 HTML、EXCEL、RTF、PDF、MHT、TEXT 等格式。

打印：鼠标左键单击"打印"按钮，系统弹出选择打印数据的界面，用户可以根据相应的需求在界面内进行调整和打印。

刷新：鼠标左键单击"刷新"按钮，数据表格将重新加载和刷新。

合并：鼠标左键单击"合并"按钮，数据表格将有重复值的单元格进行合并，方便用户直观地分析。当不需要合并视图，单击"合并"按钮即可。

（2）数据显示区是将数据以表格形式进行展示，用户可以在表格对数据进行修改、排序、筛选等功能。

（3）数据控制区可以控制数据的分组筛选情况，用户可以把某一列的标题拖动到数据控制区，数据显示区的数据可自动按照该列进行分组展示。

（4）数据状态栏是显示数据的记录条数，用户可以对数据集进行一定的操作，包括上一条记录、下一条记录、第一条记录、最后一条记录、上一页、下一页等功能。

（五）人口基础数据管理

人口分析功能用于管理城市群人口基础数据。人口子系统在自然发展情况下，主要受自然增长和机械增长影响。常住人口为状态变量，包括出生人口、死亡人口、净迁入人口、政策迁移人口四部分，自然增长由出生率和死亡率控制，机械增长主要由净迁入人口和政策迁移人口控制。出生率、死亡率取 2005 年或 2006 年以来的平均值，北京、天津两市的净迁入人口按照 2014 年数据分别取 30 万人、40 万人，其他城市取平稳后的平均值，政策迁移人口依据《京津冀协同发展规划纲要》进行，北京将陆续疏解约 100 万人口，天津、河北会分别吸收一部分。单击菜单下的"人口基础数据"按钮，系统会自动跳出管理界面，如图 6.32 所示。当用户关闭管理窗体后，若想再次显示该窗口，单击菜单下的按钮即可。

基础数据管理界面按功能共分为四个功能区：工具条区、数据显示区、数据控制区以及数据状态栏。

（1）工具条区主要包括添加、编辑、删除、保存、导入、导出、打印、刷新、合并等功能。

添加：鼠标左键单击"添加"按钮，系统弹出新增数据界面，如图 6.33 所示。输入新的指标数据，单击"新增"即可。单击"取消"按钮则关闭该界面。

编辑：鼠标左键单击"编辑"按钮，系统弹出编辑数据界面，如图 6.34 所示。更新数据，单击"保存"即可。单击"取消"按钮则关闭该界面。

删除：鼠标左键单击"删除"按钮，系统弹出确认删除的对话框。单击"是"按钮，确认删除；单击否按钮，则关闭该界面。

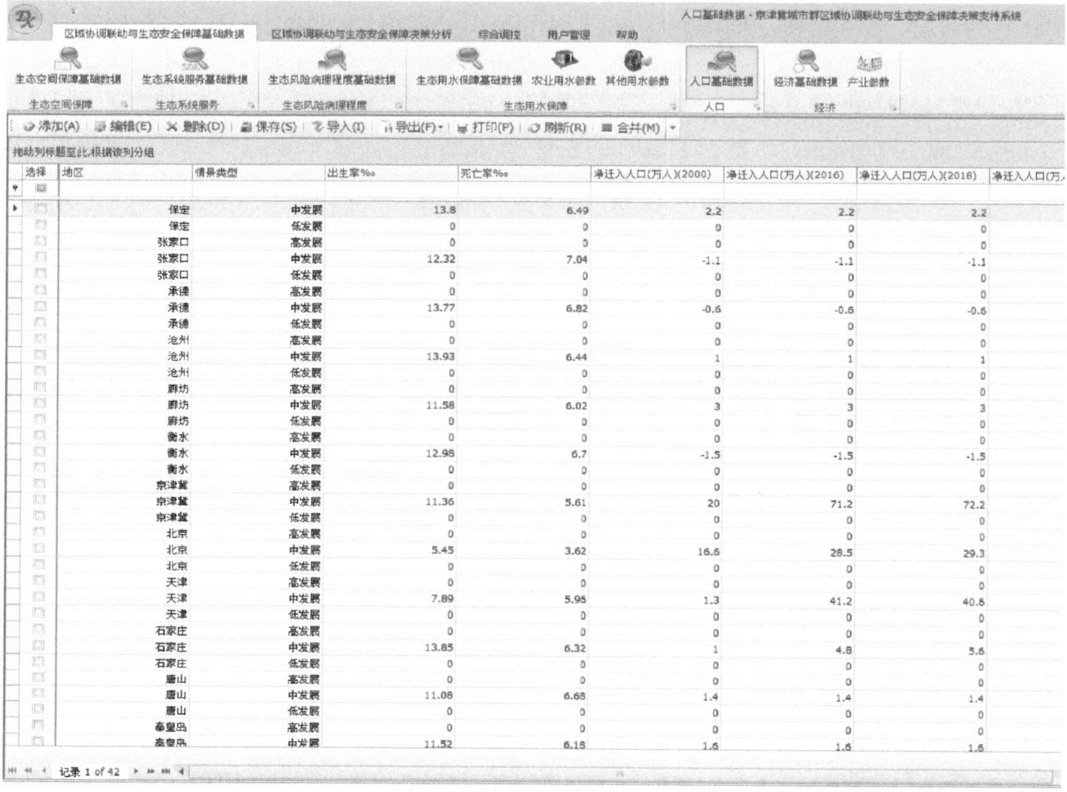

图6.32　人口分析管理界面

保存：鼠标左键单击"保存"按钮，系统弹出确认执行保存结果的消息对话框。

导入：鼠标左键单击"导入"按钮，系统弹出选择导入数据的消息对话框，用户选择相应的导入模板，在对话框中单击打开即可。

导出：鼠标左键单击"导出"按钮的下拉菜单，选择相应的导出格式，将数据表格中的数据导出为对应的格式，包括 HTML、EXCEL、RTF、PDF、MHT、TEXT 等格式。

打印：鼠标左键单击"打印"按钮，系统弹出选择打印数据的界面，用户可以根据相应的需求在界面内进行调整和打印。

刷新：鼠标左键单击"刷新"按钮，数据表格将重新加载和刷新。

合并：鼠标左键单击"合并"按钮，数据表格将有重复值的单元格进行合并，方便用户直观地分析。当不需要合并视图，再次单击"合并"按钮即可。

（2）数据显示区是将数据以表格形式进行展示，用户可以在表格对数据进行修改、排序、筛选等功能。

图 6.33　新增数据界面　　　　图 6.34　编辑数据界面

（3）数据控制区可以控制数据的分组筛选情况，用户可以把某一列的标题拖动到数据控制区，数据显示区的数据可自动按照该列进行分组展示。

（4）数据状态栏是显示数据的记录条数，用户可以对数据集进行一定的操作，包括上一条记录、下一条记录、第一条记录、最后一条记录、上一页、下一页等功能。

（六）经济基础数据管理

经济功能用于管理城市群经济基础数据。社会经济子系统中，GDP 为状态变量，包括第一产业增加值、第二产业增加值、第三产业增加值，三次产业增加值随产业增长率变化，工业增加值占比也随 GDP 总量的增长而提高。经济子系统的模拟不仅仅是对 GDP 的模拟，产业结构尤其是工农业占 GDP 的比例对资源环境利用具有重要的影响。单击菜单下的"经济基础数据"按钮，系统会自动跳出管理界面，如图 6.35 和图 6.36 所示。当用户关闭管理窗体后，若想再次显示该窗口，单击菜单下的按钮即可。

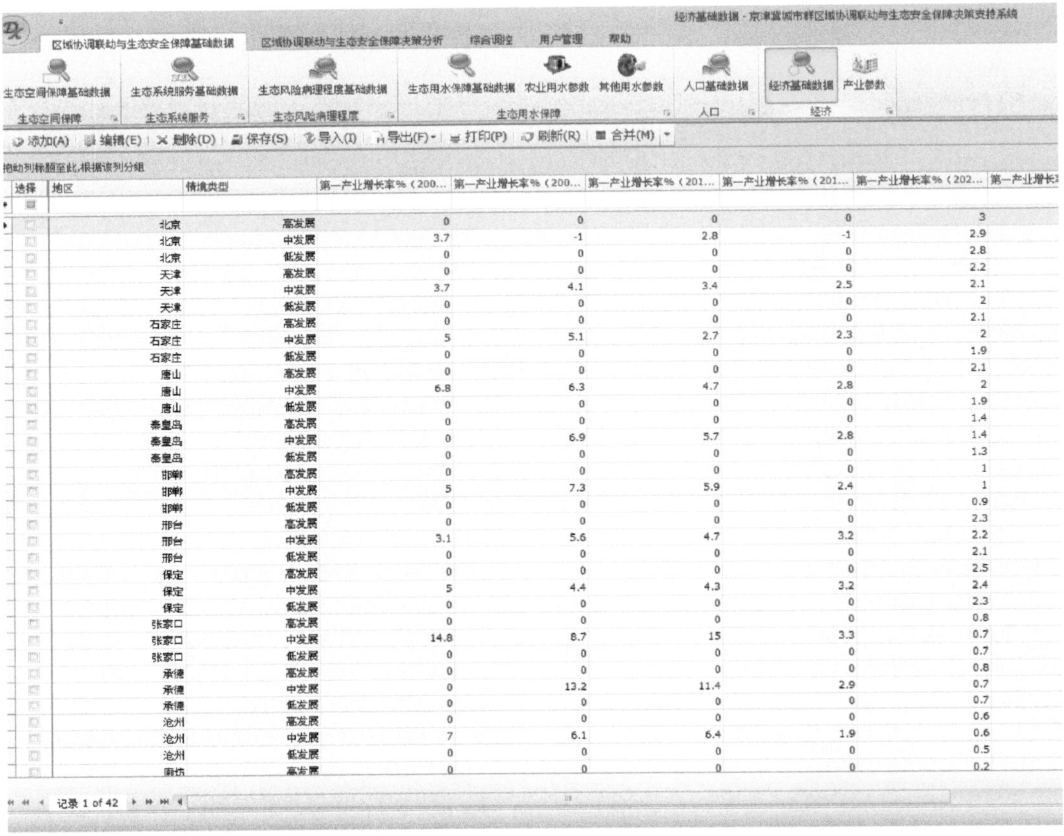

选择	地区	情境类型	第一产业增长率%（200…	第一产业增长率%（200…	第一产业增长率%（201…	第一产业增长率%（201…	第一产业增长率%（202…
	北京	高发展	0	0	0	0	3
	北京	中发展	3.7	-1	2.8	-1	2.9
	北京	低发展	0	0	0	0	2.8
	天津	高发展	0	0	0	0	2.2
	天津	中发展	3.7	4.1	3.4	2.5	2.1
	天津	低发展	0	0	0	0	2
	石家庄	高发展	0	0	0	0	2.1
	石家庄	中发展	5	5.1	2.7	2.3	2
	石家庄	低发展	0	0	0	0	1.9
	唐山	高发展	0	0	0	0	2.1
	唐山	中发展	6.8	6.3	4.7	2.8	2
	唐山	低发展	0	0	0	0	1.9
	秦皇岛	高发展	0	0	0	0	1.4
	秦皇岛	中发展	0	6.9	5.7	2.8	1.4
	秦皇岛	低发展	0	0	0	0	1.3
	邯郸	高发展	0	0	0	0	1
	邯郸	中发展	5	7.3	5.9	2.4	1
	邯郸	低发展	0	0	0	0	0.9
	邢台	高发展	0	0	0	0	2.3
	邢台	中发展	3.1	5.6	4.7	3.2	2.2
	邢台	低发展	0	0	0	0	2.1
	保定	高发展	0	0	0	0	2.5
	保定	中发展	5	4.4	4.3	3.2	2.4
	保定	低发展	0	0	0	0	2.3
	张家口	高发展	0	0	0	0	0.8
	张家口	中发展	14.8	8.7	15	3.3	0.7
	张家口	低发展	0	0	0	0	0.7
	承德	高发展	0	0	0	0	0.8
	承德	中发展	0	13.2	11.4	2.9	0.7
	承德	低发展	0	0	0	0	0.7
	沧州	高发展	0	0	0	0	0.6
	沧州	中发展	7	6.1	6.4	1.9	0.6
	沧州	低发展	0	0	0	0	0.5
	廊坊	高发展	0	0	0	0	0.2

图 6.35　经济分析管理界面

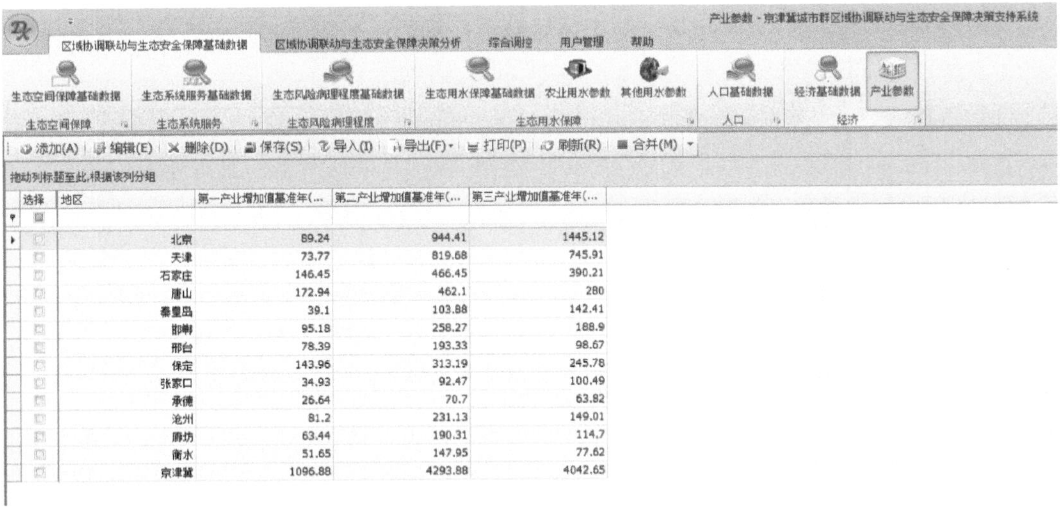

选择	地区	第一产业增加值基准年(…	第二产业增加值基准年(…	第三产业增加值基准年(…
	北京	89.24	944.41	1445.12
	天津	73.77	819.68	745.91
	石家庄	146.45	466.45	390.21
	唐山	172.94	462.1	280
	秦皇岛	39.1	103.88	142.41
	邯郸	95.18	258.27	188.9
	邢台	78.39	193.33	98.67
	保定	143.96	313.19	245.78
	张家口	34.93	92.47	100.49
	承德	26.64	70.7	63.82
	沧州	81.2	231.13	149.01
	廊坊	63.44	190.31	114.7
	衡水	51.65	147.95	77.62
	京津冀	1096.88	4293.88	4042.65

图 6.36　产业参数管理界面

基础数据管理界面按功能共分为四个功能区：工具条区、数据显示区、数据控制区以及数据状态栏。

（1）工具条区主要包括添加、编辑、删除、保存、导入、导出、打印、刷新、合并等功能。

添加：鼠标左键单击"添加"按钮，系统弹出新增数据界面，如图6.37所示。输入新的指标数据，单击"新增"即可。单击"取消"按钮则关闭该界面。

编辑：鼠标左键单击"编辑"按钮，系统弹出编辑数据界面（图6.38）。更新数据，单击"保存"即可。单击"取消"按钮则关闭该界面。

图6.37 新增数据界面

图6.38 编辑数据界面

删除：鼠标左键单击"删除"按钮，系统弹出确认删除的对话框。单击"是"按钮，确认删除；单击"否"按钮，则关闭该界面。

保存：鼠标左键单击"保存"按钮，系统弹出确认执行保存结果的消息对话框。

导入：鼠标左键单击"导入"按钮，系统弹出选择导入数据的消息对话框，用户选择相应的导入模板，在对话框中单击打开即可。

导出：鼠标左键单击"导出"按钮的下拉菜单，选择相应的导出格式，将数据表格中的数据导出为对应的格式，包括 HTML、EXCEL、RTF、PDF、MHT、TEXT 等格式。

打印：鼠标左键单击"打印"按钮，系统弹出选择打印数据的界面，用户可以根据相应的需求在界面内进行调整和打印。

刷新：鼠标左键单击"刷新"按钮，数据表格将重新加载和刷新。

合并：鼠标左键单击"合并"按钮，数据表格将有重复值的单元格进行合并，方便用户直观地分析。当不需要合并视图，再次单击"合并"按钮即可。

（2）数据显示区是将数据以表格形式进行展示，用户可以在表格对数据进行修改、排序、筛选等功能。

（3）数据控制区可以控制数据的分组筛选情况，用户可以把某一列的标题拖动到数据控制区，数据显示区的数据可自动按照该列进行分组展示。

（4）数据状态栏是显示数据的记录条数，用户可以对数据集进行一定的操作，包括上一条记录、下一条记录、第一条记录、最后一条记录、上一页、下一页等功能。

三、EDSS 决策分析功能管理

单击区域协调联动与生态安全保障决策分析菜单，系统会显示功能菜单的二级菜单。基础功能菜单主要包括指标体系、生态安全保障综合测算、生态安全保障综合分析等二级菜单，如图 6.39 所示。

图 6.39　EDSS 决策分析菜单

（一）指标体系功能管理

指标体系功能用于管理测算的指标体系。遵循科学性与可比性、综合性与主导性、系统性与层次性、动态性与稳定性、针对性与可行性等相结合的原则，重点考虑生态安全的现状、价值及保障程度，从生态用水保障程度、生态空间受损度、生态系统服务价值、植被覆盖度、生态风险病理程度、湿地覆盖度六个方面选取 21 个指标构成生态安全保障度的综合评价指标体系。为了能够对生态安全保障的子模块及集成模块进行合理分级，以 0.2 为极差将各类综合指数分为极不安全、不安全、临界安全、较安全、非常安全 5 级。

为了使评价结果在时间、空间尺度上均具有可比性并且更具有现实指导意义，通过参考国内外相关文献、国内外发达国家和地区的发展经验、全国平均水平，同时根据样本数据分布特点及经验值，最终确定了 6 个具体指标对应生态安全保障综合指数分级标准的阈值。

单击菜单下的“指标体系”按钮，系统会自动跳出管理界面，如图 6.40 所示。当用户关闭基础数据管理窗体后，若想再次显示该窗口，单击菜单下的按钮即可。

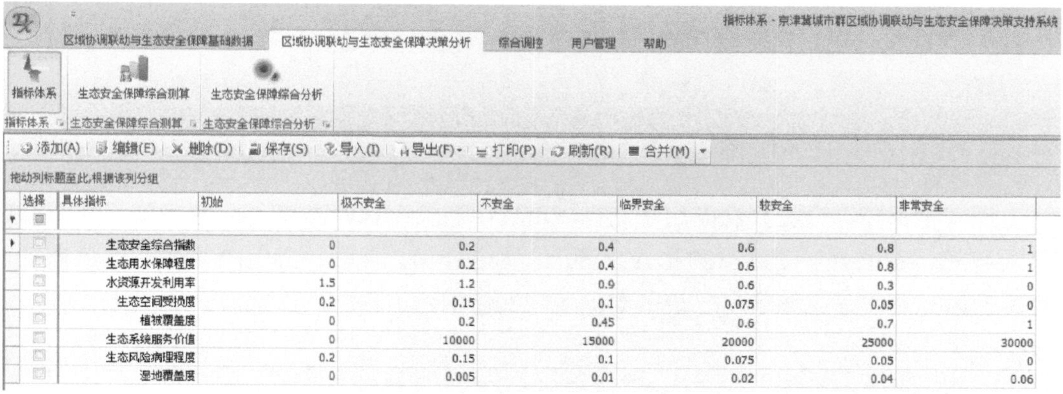

选择	具体指标	初始	极不安全	不安全	临界安全	较安全	非常安全
	生态安全综合指数	0	0.2	0.4	0.6	0.8	1
	生态用水保障程度	0	0.2	0.4	0.6	0.8	1
	水资源开发利用率	1.5	1.2	0.9	0.6	0.3	0
	生态空间受损度	0.2	0.15	0.1	0.075	0.05	0
	植被覆盖度	0	0.2	0.45	0.6	0.7	1
	生态系统服务价值	0	10000	15000	20000	25000	30000
	生态风险病理程度	0.2	0.15	0.1	0.075	0.05	0
	湿地覆盖度	0	0.005	0.01	0.02	0.04	0.06

图 6.40　指标体系管理界面

指标数据管理界面按功能共分为四个功能区：工具条区、数据显示区、数据控制区以及数据状态栏。

（1）工具条区主要包括添加、编辑、删除、保存、导入、导出、打印、刷新、合并等功能。

添加：鼠标左键单击“添加”按钮，系统弹出新增数据界面。输入新的指标数据，单击“新增”即可。单击“取消”按钮则关闭该界面。

编辑：鼠标左键单击“编辑”按钮，系统弹出编辑数据界面。更新数据，单击“保存”即可。单击“取消”按钮则关闭该界面。

删除：鼠标左键单击“删除”按钮，系统弹出确认删除的对话框。单击“是”按钮，确认删除；单击“否”按钮，则关闭该界面。

保存：鼠标左键单击“保存”按钮，系统弹出确认执行保存结果的消息对话框。

导入：鼠标左键单击“导入”按钮，系统弹出选择导入数据的消息对话框，用户选择相应的导入模板，在对话框中单击打开即可。

导出：鼠标左键单击“导出”按钮的下拉菜单，选择相应的导出格式，将数据表格中的数据导出为对应的格式，包括 HTML、EXCEL、RTF、PDF、MHT、TEXT 等格式。

打印：鼠标左键单击“打印”按钮，系统弹出选择打印数据的界面，用户可以根据相应的需求在界面内进行调整和打印。

刷新：鼠标左键单击“刷新”按钮，数据表格将重新加载和刷新。

合并：鼠标左键单击“合并”按钮，数据表格将有重复值的单元格进行合并，方便用户直观地分析。当不需要合并视图，再次单击“合并”按钮即可。

（2）数据显示区是将数据以表格形式进行展示，用户可以在表格对数据进行修改、排序、筛选等功能。

（3）数据控制区可以控制数据的分组筛选情况，用户可以把某一列的标题拖动到数据控制区，数据显示区的数据可自动按照该列进行分组展示。

（4）数据状态栏是显示数据的记录条数，用户可以对数据集进行一定的操作，包括上一条记录、下一条记录、第一条记录、最后一条记录、上一页、下一页等功能。

（二）生态安全保障综合测算功能管理

生态安全保障综合测算功能用于测算城市群生态安全保障程度。单击菜单下的“综合测算”按钮，系统会自动跳出测算管理界面，如图 6. 41 所示。当用户关闭基础数据管理窗体后，若想再次显示该窗口，单击菜单下的按钮即可。

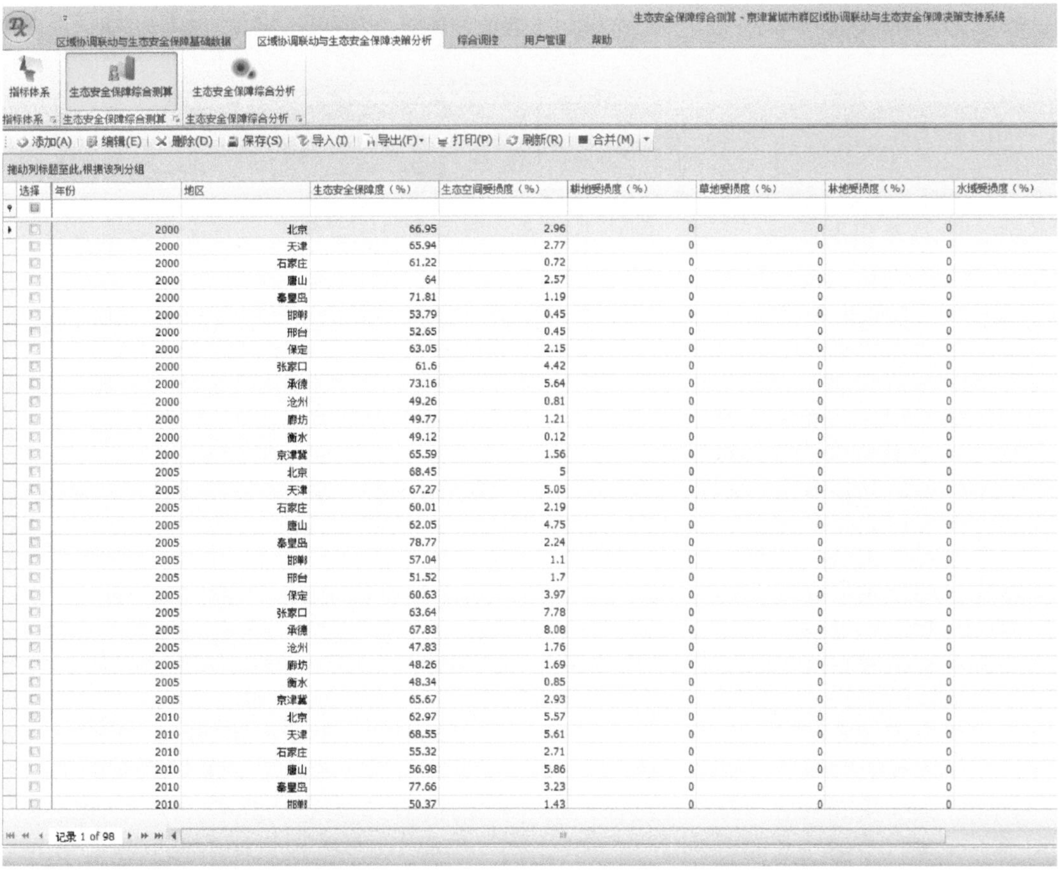

选择	年份	地区	生态安全保障度（%）	生态空间受损度（%）	耕地受损度（%）	草地受损度（%）	林地受损度（%）	水域受损度（%）
	2000	北京	66.95	2.96	0	0	0	
	2000	天津	65.94	2.77	0	0	0	
	2000	石家庄	61.22	0.72	0	0	0	
	2000	唐山	64	2.57	0	0	0	
	2000	秦皇岛	71.81	1.19	0	0	0	
	2000	邯郸	53.79	0.45	0	0	0	
	2000	邢台	52.65	0.45	0	0	0	
	2000	保定	63.05	2.15	0	0	0	
	2000	张家口	61.6	4.42	0	0	0	
	2000	承德	73.16	5.64	0	0	0	
	2000	沧州	49.26	0.81	0	0	0	
	2000	廊坊	49.77	1.21	0	0	0	
	2000	衡水	49.12	0.12	0	0	0	
	2000	京津冀	65.59	1.56	0	0	0	
	2005	北京	68.45	5	0	0	0	
	2005	天津	67.27	5.05	0	0	0	
	2005	石家庄	60.01	2.19	0	0	0	
	2005	唐山	62.05	4.75	0	0	0	
	2005	秦皇岛	78.77	2.24	0	0	0	
	2005	邯郸	57.04	1.1	0	0	0	
	2005	邢台	51.52	1.7	0	0	0	
	2005	保定	60.63	3.97	0	0	0	
	2005	张家口	63.64	7.78	0	0	0	
	2005	承德	67.83	8.08	0	0	0	
	2005	沧州	47.83	1.76	0	0	0	
	2005	廊坊	48.26	1.69	0	0	0	
	2005	衡水	48.34	0.85	0	0	0	
	2005	京津冀	65.67	2.93	0	0	0	
	2010	北京	62.97	5.57	0	0	0	
	2010	天津	68.55	5.61	0	0	0	
	2010	石家庄	55.32	2.71	0	0	0	
	2010	唐山	56.98	5.86	0	0	0	
	2010	秦皇岛	77.66	3.23	0	0	0	
	2010	邯郸	50.37	1.43	0	0	0	

图 6. 41　生态安全保障综合测算管理界面

（三）生态安全保障综合分析功能管理

生态安全保障综合分析功能用于分析城市群生态安全保障情况。单击菜单下的"生态安全保障综合分析"按钮，系统会自动跳出管理界面，如图 6.42 所示。当用户关闭管理窗体后，若想再次显示该窗口，单击菜单下的按钮即可。

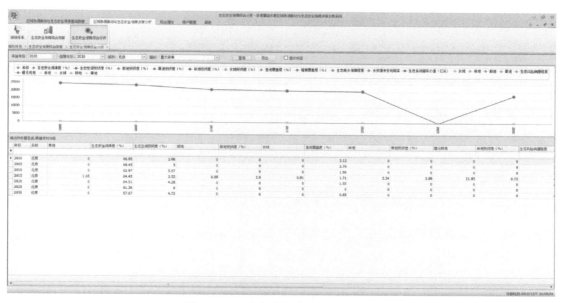

图 6.42　生态安全保障综合分析界面

分析界面按功能共分为三个功能区：工具条区、图表显示区以及数据显示区。

（1）工具条区主要包括开始年份、结束年份、指标、查询、导出、显示标签等功能。

开始年份：鼠标左键单击开始年份旁的下拉框，选择相应的年份作为数据查询的起始年份。

结束年份：鼠标左键单击结束年份旁的下拉框，选择相应的年份作为数据查询的结束年份。

指标：鼠标左键单击指标旁的下拉框，选择相应的指标作为查询的数据。

查询：鼠标左键单击"查询"按钮，进行查询。

导出：鼠标左键单击"导出"按钮，选择相应的导出格式，将数据表格中的数据和图表导出为对应的格式。

显示标签：鼠标左键单击勾选显示标签按钮。如果选中，则图表区中的数据将显示标签；如果不选中，则图表区中的数据将不显示标签。

（2）图表显示区是按照年份、指标的不同，将数据以图表的形式进行可视化展示。

（3）数据显示区是将数据以表格形式进行展示，用户可以在表格对数据进行修改、排序、筛选等功能。

四、EDSS 综合调控分析功能管理

单击综合调控菜单，系统会显示功能菜单的二级菜单。基础功能菜单主要包括生态安全参数调控、生态安全情景结果模拟、生态安全情景模拟分析等二级菜单，如图 6.43 所示。

图 6.43　EDSS 生态安全综合调控分析菜单

（一）生态安全参数调控功能管理

生态安全参数调控功能用于管理调控生态安全基础数据的 127 个参数。按照系统性、科学性、合理性、层次性、动态性等原则，对参与模拟调控的基础数据进行调整。用户单击"生态安全参数调控"菜单，系统自动弹出数据调控页面。用户可以按照情景模拟需求，对数据进行直接更改，并单击"开始模拟测算"按钮进行模拟测算，如图 6.44 所示。当用户关闭基础数据管理窗体后，若想再次显示该窗口，单击菜单下的按钮即可。

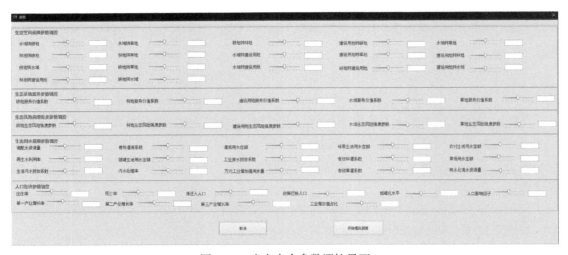

图 6.44　生态安全参数调控界面

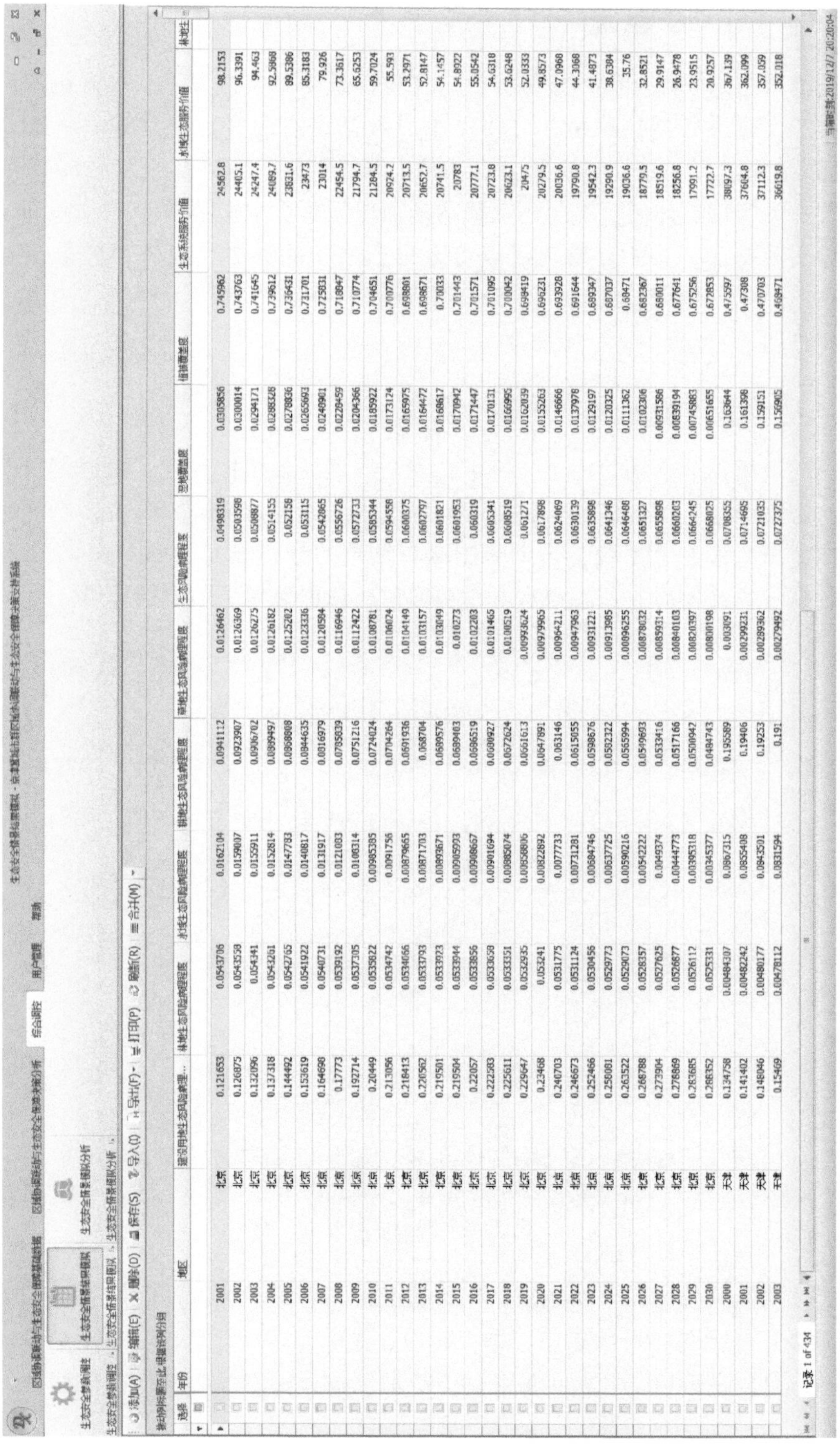

图 6.45 生态安全情景结果模拟结果管理界面

（二） 生态安全情景结果模拟功能管理

生态安全情景结果模拟功能用于测算生态安全情景结果模拟程度。根据用户调控的参数结果，对生态安全进行情景模拟，并将结果以数据表格形式进行呈现。单击菜单下的"生态安全情景结果模拟"按钮，系统会自动跳出测算结果管理界面，如图 6.45 所示。当用户关闭基础数据管理窗体后，若想再次显示该窗口，再次单击菜单下的按钮即可。模拟的结果可以导出和打印，其中，导出可以将数据表格中的数据导出为对应的格式，包括 HTML、EXCEL、RTF、PDF、MHT、TEXT 等格式；打印可以根据用户相应的需求在界面内进行调整和打印。

（三） 生态安全情景模拟分析功能管理

生态安全情景模拟分析功能用于分析生态安全情景结果模拟程度。根据用户调控的参数结果，对生态安全进行情景模拟，并将结果以图表形式进行呈现。单击菜单下的"生态安全情景模拟分析"按钮，系统会自动跳出测算结果的分析界面，如图 6.46 所示。当用户关闭基础数据管理窗体后，若想再次显示该窗口，单击菜单下的按钮即可。

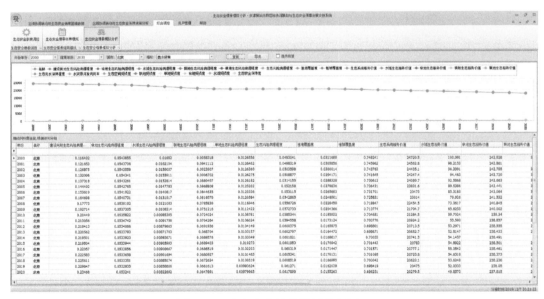

图 6.46　生态安全情景结果分析界面

分析界面按功能共分为三个功能区：工具条区、图表显示区以及数据显示区。

（1）工具条区主要包括开始年份、结束年份、指标、查询、导出、显示标签等功能。

开始年份：鼠标左键单击开始年份旁的下拉框，选择相应的年份作为数据查询的起始年份。

结束年份：鼠标左键单击结束年份旁的下拉框，选择相应的年份作为数据查询的结束年份。

指标：鼠标左键单击指标旁的下拉框，选择相应的指标作为查询的数据。

查询：鼠标左键单击"查询"按钮，进行查询。

导出：鼠标左键单击"导出"按钮，选择相应的导出格式，将数据表格中的数据和图表导出为对应的格式。

显示标签：鼠标左键单击勾选显示标签按钮。如果选中，则图表区中的数据将显示标签；如果不选中，则图表区中的数据将不显示标签。

（2）图表显示区是按照年份、指标的不同，将数据以图表的形式进行可视化展示。

（3）数据显示区是将数据以表格形式进行展示，用户可以在表格对数据进行修改、排序、筛选等功能。

五、EDSS 用户管理

（一）用户管理

单击用户管理菜单，系统会显示功能菜单的二级菜单。基础功能菜单主要包括修改密码、用户变更两个二级菜单。

1. 修改密码

修改密码用于修改用户当前使用的密码。单击"修改密码"按钮，系统会自动跳出修改密码界面。当用户关闭修改密码窗体后，若想再次显示该窗口，单击"修改密码"按钮即可。用户依次输入原始密码和新密码，单击"确定"即可修改；单击"取消"，关闭该窗体。

2. 用户变更

用户变更用于管理当前使用系统的用户。单击"添加用户"按钮，系统会自动跳出添加用户界面。当用户关闭添加用户窗体后，若想再次显示该窗口，单击"添加用户"按钮即可。用户依次输入新用户名和新密码，单击"确定"即可修改；单击"取消"，关闭该窗体。

单击"删除用户"按钮，系统会自动跳出删除用户界面。当用户关闭删除用户窗体后，若想再次显示该窗口，单击"删除用户"按钮即可。用户勾选需要删除的用户，单击"确定"即可删除；单击取消，关闭该窗体。

（二）帮助文件

单击帮助菜单，系统会显示功能菜单的二级菜单。基础功能菜单为用户帮助文档的二级菜单，单击"用户帮助文档"按钮，系统自动弹出用户帮助文档，便于用户参考。

主要参考文献

鲍超，方创琳 . 2009. 干旱区水资源对城市化约束强度的情景预警分析 . 自然资源学报，24（9）：1509-1519.

鲍超，邹建军 . 2018. 基于人水关系的京津冀城市群水资源安全格局评价 . 生态学报，38（12）：4180-4191.

曹祺文，鲍超，顾朝林，等 . 2019. 基于水资源约束的中国城镇化 SD 模型与模拟 . 地理研究，38（1）：167-180.

方创琳，鲍超 . 2004. 黑河流域水–生态–经济协调发展耦合模型及应用 . 地理学报，59（4）：781-790.

方创琳 . 2014. 中国城市群研究取得的重要进展与未来发展方向 . 地理学报，69（8）：1130-1144.

刘金雅，汪东川，张利辉，等 . 2018. 基于多边界改进的京津冀城市群生态系统服务价值估算 . 生态学报，38（12）：4192-4204.

Bao C，He D. 2019. Scenario modeling of urbanization development and water scarcity based on system dynamics：A case study of Beijing-Tianjin-Hebei urban agglomeration，China. International Journal of Environmental Research and Public Health，16（20）：3834-3852.

Du L，Li X，Zhao H，et al. 2017. System dynamic modeling of urban carbon emissions based on the regional National Economy and Social Development Plan：A case study of Shanghai city. Journal of Cleaner Production，172：1501-1513.

Forrester J W. 1958. Industrial dynamics：A major breakthrough for decision makers. Harvard Business Review，36（4）：37-66.

Forrester J W. 1969. Urban Dynamics. Cambridge：MIT Press.

Nabavi E，Daniell K A，Najafi H. 2017. Boundary matters：The potential of system dynamics to support sustainability? Journal of Cleaner Production，140：312-323.

Sun Y，Liu N，Shang J，et al. 2017. Sustainable utilization of water resources in China：A system dynamics model. Journal of Cleaner Production，142：613-625.

Wei T，Lou I，Yang Z，et al. 2016. A system dynamics urban water management model for Macau，China. Journal of Environmental Sciences，50：117-126.